高等学校建筑环境与能源应用工程专业
“十三五”规划·“互联网+”创新系列教材

建筑设备自动化

主编　喻李葵

十三五
互联网+

出版说明

Publisher's Note

遵照《国务院关于印发“十三五”国家战略性新兴产业发展规划的通知》(国发〔2016〕67号)提出的推进“互联网+”行动,拓展“互联网+”应用,促进教育事业服务智能化的发展战略,中南大学出版社理工出版中心、中南大学能源科学与工程学院廖胜明教授,湖南大学土木工程学院杨昌智教授,南华大学王汉青教授等共同组织国内建筑环境与能源应用工程领域一批专家、学者组成“高等学校建筑环境与能源应用工程专业‘十三五’规划·‘互联网+’创新系列教材”编委会,共同商讨、编写、审定、出版这套系列教材。

本套教材的编写原则与特色:

1. 新颖性

本套教材打破传统的教材出版模式,融入“互联网+”“虚拟化、移动化、数据化、个性化、精准化、场景化”的特色,最终建立多媒体教学资源服务平台,打造立体化教材。采用“互联网+”的形式出版,其特点为:扫描书中的二维码,阅读丰富的工程图片,演示动画,操作视频,工程案例,拓展知识,三维模型等。

2. 严谨性

本套教材以《高等学校建筑环境与能源应用工程本科指导性专业规范》为指导,教材内容在严格按照规范要求的基础上编写、展开、丰富,精益求精,认真把好编写人员遴选关、教材大纲评审关、教材内容主审关。另外,本套教材的编辑出版,中南大学出版社将严格按照国家相关出版规范和标准执行,认真把好编辑出版关。

3. 实用性

本套教材针对21世纪学生的知识结构与素质特点,以应用型人才培养为目标,注重理论知识与案例分析相结合,传统教学方式与基于现代信息技术的教学手段相结合,重点培养学生的工程实践能力,提高学生的创新素质。

4. 先进性

本套教材要既能突出建筑环境与能源应用工程专业理论知识的传承,又能尽可能全面反映该领域的新理论、新技术和新方法。本着面向实践、面向未来、面向世界的教育理念,培养符合社会主义现代化建设需要,面向国家未来建设,适应未来科技发展,德智体美全面发展以及具有国际视野的建筑环境与能源应用工程专业高素质人才。

本套教材不仅仅是面向建筑环境与能源应用工程专业本科生的课程教材,还可以作为其他层次学历教育和短期培训教材和广大建筑环境与能源应用工程专业技术人员的专业参考书。由于我们的水平和经验有限,这套教材可能会存在不尽人意的地方,敬请读者朋友们不吝赐教。编审委员会将根据读者意见、建筑环境与能源应用工程专业的发展趋势和教学手段的提升,对教材进行认真的修订,以期保持这套教材的时代性和实用性。

编委会

2018年6月

内容简介

Abstract

建筑设备自动化是智能建筑的主要功能之一，也是实现绿色建筑的基本途径之一。本书基于可持续发展的理念，通过对建筑设备自动化理论、技术及应用的系统分析，全面介绍了建筑设备自动化的技术基础、基本构成、主要功能及相关应用。

本书的目的是让读者通过本书了解建筑设备自动化的基本概念、相关技术及应用方法，为今后从事相关建筑设备自动化的设计、施工和管理奠定理论基础。

本书可作为建筑环境与能源应用工程、建筑电气与智能化等专业高校学生的教材使用，也可供从事建筑节能、绿色建筑、可持续建筑设计及研究的专业技术人员参考。

前言

Preface

采用传统模式“生产”的建筑，给人类带来了环境污染、能源枯竭等问题。这使人类领悟到，在建筑中必须走可持续发展的道路。在信息社会已经到来之际，集高新技术为一体的智能建筑将是创造可持续发展的人居环境的主流，它是一项集计算机、通信、人工智能、自动化控制为一体的人居环境系统工程，反映了人类社会进步、生产力发展以及知识经济时代的必然需要。其中，建筑设备自动化是智能建筑的主要组成之一，也是实现建筑可持续发展的基本途径之一。

随着科学技术的进步、生产效率的提高、技术革命的创新，在建筑中人们把更多的目光投向更高新的后工业技术，主张利用太阳能、风能、地热技术等，尤其是主张将多种智能、信息技术、自动化技术与新型能源结合起来，形成新型建筑——智能绿色建筑。因此，建筑设备自动化的发展不能再局限于用自动化技术控制建筑，而是应更加关注与自然结合的建筑自控，使之成为绿色建筑体系的一部分。以智能化推进绿色建筑的发展，节约能源，促进新能源、新技术的应用，降低资源消耗和浪费、提高工作效率、减少对环境的污染，是建筑设备自动化发展的方向和目的，也是建筑可持续发展的必由之路。

建筑设备自动化本身的发展，以及它经过的历程，正是在朝着绿色建筑的方向在发展。要完成建筑可持续发展的总目标，必须要辅之以建筑设备自动化相关的功能，特别是有关的计算机技术、自动控制、建筑设备等楼宇控制相关技术。没有相关的技术，建筑可持续发展的许多功能就完成不了。从这个意义上来看，建筑设备自动化是建立在信息技术基础之上、具有与人和自然高度和谐、平衡共生的绿色建筑技术，是注重经济效益、安全、环保和人文关怀的且具有时代特征的高技术。

建筑设备自动化是建筑可持续发展的技术支撑之一，建筑可持续发展是建筑设备自动化的目标，因此，将建筑设备自动化与可持续发展合二为一，以建筑设备自动化推进建筑可持续发展，以绿色理念推进建筑设备自动化，体现了人类对现代生存环境在安全舒适、节约能源、减少污染方面的追求。从长远来看，既是满足以人为本，解决建筑、城市可持续发展的问题的需要，也丰富、完善、更新、拓展了传统建筑。

随着智能化、网络化、数字化的发展，建筑设备自动化正处于前所未有的高速发展阶段，各种新理论、新方法、新技术、新设备不断涌现，且由于编者水平有限，因此书中不妥之处或错误在所难免，恳请各位读者和同行给予批评指正。作者邮箱：lkyu@csu.edu.cn

作者

2018 年 3 月

目录
Contents

第 1 章　绪　论 …………………………………………………………………… (1)

1.1　智能建筑概述 …………………………………………………………… (1)
1.2　建筑设备自动化概述 …………………………………………………… (7)

第 2 章　暖通空调系统调节与监控 ……………………………………………… (12)

2.1　冷热源监控 ……………………………………………………………… (12)
2.2　中央空调系统调节 ……………………………………………………… (40)
2.3　集中供热系统调节 ……………………………………………………… (68)

第 3 章　建筑给排水系统监控 …………………………………………………… (82)

3.1　建筑给水系统监控 ……………………………………………………… (82)
3.2　生活热水给水系统控制 ………………………………………………… (90)
3.3　建筑排水系统监控 ……………………………………………………… (92)
3.4　建筑给排水系统节水与节能 …………………………………………… (94)

第 4 章　建筑电气系统监控 ……………………………………………………… (99)

4.1　建筑供配电系统监控与节能 …………………………………………… (99)
4.2　建筑照明系统监控与节能 ……………………………………………… (109)
4.3　电梯监控与停车场管理 ………………………………………………… (121)

第 5 章　建筑可再生能源利用与监控 …………………………………………… (137)

5.1　太阳能利用与监控 ……………………………………………………… (137)
5.2　环境热能利用与监控 …………………………………………………… (155)
5.3　风能利用与监控 ………………………………………………………… (167)
5.4　雨水/中水利用与监控 ………………………………………………… (173)

第 6 章　消防自动化系统 ………………………………………………………… (179)

6.1　火灾探测器 ……………………………………………………………… (179)

6.2 火灾报警控制器 …… (190)
6.3 灭火系统 …… (193)
6.4 联动控制 …… (200)

第7章 安防自动化系统 …… (206)

7.1 入侵报警系统 …… (206)
7.2 视频监控系统 …… (212)
7.3 其他楼宇安防系统 …… (217)

第8章 系统集成 …… (222)

8.1 系统集成概述 …… (222)
8.2 集成模式与技术 …… (225)
8.3 建筑设备自动化系统集成 …… (229)

参考文献 …… (235)

第1章 绪 论

人类的发展过程，某种意义上来说也是建筑的发展过程，从最原始的洞穴、草棚，到采用土木结构的传统建筑，再到以钢筋水泥为筋骨的现代高楼大厦，这其中经历了几十万年的发展。不过，采用传统模式“生产”的建筑，在给人类带来舒适、方便和安全的同时，也给人类带来了环境污染、能源枯竭等问题。这使人类领悟到，在建筑建设中必须走可持续发展的道路。在信息社会已经到来之际，集高新技术为一体的智能建筑将是创造可持续发展的人居环境的主流，它是一项集计算机、通信、自动化控制为一体的人居环境系统工程；它反映了人类社会进步、生产力发展以及知识经济时代的必然需要。

1.1 智能建筑概述

建筑由最初用于遮阳避雨和防风御寒的场所，发展到具有艺术性和多功能性的建筑，直到近代的摩天大楼和今天的智能建筑，都是时代赋予建筑的烙印，是不同时代科技水平的反映，并代表着人类文明进步的足迹和科学技术发展的成就。

1.1.1 智能建筑的起源与定义

1. 智能建筑的起源

1984 年，美国康涅狄格州哈特福德市的都市大厦(City Place)由于多种因素，出租率不断下降。为了改变这种局面，大厦聘请了美国联合技术公司(United Technology Corporation)对其进行改造，在楼内铺设了大量通信电缆，增加了程控交换机和计算机等办公自动化设备，并将楼内的机电设备(变配电、供水、空调和防火等)均采用计算机管理与控制，实现了计算机与通信设施的连接，向楼内用户提供文字处理、语言传输、信息检索、发送电子邮件和情报资料检索等服务，实现了办公自动化、设备自动控制和通信自动化，这就是世界上的第一栋智能建筑(Intelligent Building，IB)。改造后，该大厦的出租率大幅上升，这就起到了一个很好的示范作用，从此，智能建筑在世界各地迅速发展起来。

亚洲第一栋智能建筑是 1985 年 8 月在日本东京建成的青山大楼。该楼进一步提高了建筑的综合服务功能，采用了门禁管理系统，电子邮件等办公自动化系统，安装了安全防火、防灾系统，节能系统等。另外，该建筑还采用了灵活的建筑结构设计，少有柱子和隔墙，以便于满足各种商业用途，用户可以根据需要自由分隔。

国内智能建筑建设始于 20 世纪 80 年代末期。1990 年建成的北京发展大厦可谓是我国智能建筑的雏形，它安装了建筑设备自动化系统、通信网络系统、办公自动化系统，但这三个子系统未能实现系统集成进行统一控制和管理。1993 年在广州市建成的广东国际大厦除可提供舒适的办公与居住环境外，更主要的是它具有较完善的建筑智能化系统及高效的国际金融信息网络，通过卫星可以直接接收国际经济信息，被认为是我国首座智能化商务大厦。在这以后，智能建筑在我国大城市便如雨后春笋般地拔地而起。

智能建筑主要用于办公楼、酒店、商场、图书馆、博物馆、体育场馆、机场、车站等大型公共建筑。近年来，随着电子技术、自动控制技术、计算机及网络技术等信息技术的高速发展，智能建筑技术已渗透到城市中的普通住宅和小区，这些智能住宅和智能小区也同属于智能建筑。

2. 智能建筑的通俗描述

不管是哪种类型的智能建筑，一般都可以这样描述："重厚长大"的骨骼和肌肉(传统建筑)加上"聪明"的头脑、"灵敏"的神经系统和"敏捷"的手脚。

(1)建筑物能"知道"建筑内外所发生的一切：像室外空气的温度、湿度、风速、洁净度等，室内空气的温度、湿度、洁净度；建筑内部是否有火灾发生，建筑内部是否出现了非法入侵等。

(2)建筑物能"确定"最有效的方式为用户提供方便、舒适和富有创造力的环境。例如，智能建筑中的空调系统可以根据室内外空气的参数来确定送风的形式，是采用全新风送风，还是混合一部分回风送风，还能够确定回风的比例。

(3)建筑物能迅速地"响应"用户的各种要求。只要用户做出了要求，智能建筑就能马上反应。例如，如果想将室内温度调低，采用风机盘管空调系统的智能建筑马上就会加快风机盘管风机的转速或开大冷水阀门的开度，直到室内温度达到要求的温度为止。

3. 智能建筑的定义

智能建筑发展至今，其功能不断发展和完善，实现技术也不断成熟和更新。随着科学技术的发展，智能建筑仍将不断地采用高新技术，并不断发展。这种不断发展的特性使得智能建筑在不同的时期具有不同的内涵和外延，至今尚无形成统一的、权威的说法，各国、各行业和研究组织多从自己的角度提出了对智能建筑的认识。

(1)欧洲智能建筑组织把智能建筑定义为："使其用户发挥最高效率，同时又以最低的维护成本，最有效管理自身资源的建筑。"智能建筑应提供"反应快、效率高和有支持力的环境，使用户能达到其业务目标"。这个定义从智能建筑的运行角度抽象地概括了智能建筑的功能和特点，但没有涉及任何实现技术。

(2)美国智能研究所把智能建筑定义为："智能建筑通过对建筑物的四个基本要素，即结构、系统、服务和运营以及它们之间内在关联的最优化设计，来提供一个投资合理且高效率、高功能与高舒适性的建筑，从而为用户提供一个高效和具有经济效益的工作环境。"该概念又称为"四要素"定义，它将智能建筑的功能和特点具体化，强调了智能建筑"以人为本"的思想，给出了智能建筑的实现方法，即系统最优化，既要舒适、健康，又要有较好的经济效益，不能偏向任何一个方面。但这种实现方法过于抽象化，没有涉及任何实用技术。

(3)日本对智能建筑的定义为："提供商业支持功能、通信支持功能等在内的高度通信服务，并通过高度的大楼管理体系，保证舒适的环境和安全，以提高工作效率。”日本的概念比较简单，仅仅从目的出发进行了定义。

(4)新加坡把智能建筑定义为至少具备三个条件的建筑：一是具有保安、消防及环境控制等先进的自动化控制系统，以及自动调节建筑内温度、湿度、灯光等参数的各种设施，以提供舒适安全的环境；二是具有良好的通信网络设施，使信息能在建筑物内传输和共享；三是提供足够的对外通信设施与能力。其优点是对智能建筑的功能进行了细化和总结，在某种意义上，给出了智能建筑的基本组成和要素，但它在智能建筑的构成中忽略了最终实现其“智能”的基础。

(5)我国《智能建筑设计标准》(GB/T 50314—2000)把智能建筑定义为：“以建筑为平台，兼备建筑设备、办公自动化及通信网络系统，集结构、系统、服务、管理及它们之间的最优组合，向人们提供一个安全、高效、舒适、便利的建筑环境。”该定义既给出了智能建筑的基本组成和要素，又给出了智能建筑的基本功能和特点。

从智能建筑的多种定义可以看出，智能建筑是一个复杂的巨大系统，它不仅与现代自然科学密切相关，而且还涉及社会、人文、经济和环境等各个方面，因此不同国家、不同组织、不同行业的定义都不同。另外，智能建筑是一个学科交叉的工程领域，它会随着科学技术的进步和人们对世界看法的变化而得到充实，因此是一个不断发展的概念。

4. 智能建筑的组成

根据各部分的性质，智能建筑可以划分为：建筑设备自动化系统(Building Automation System，BAS)、通信自动化系统(Communication Automation System，CAS)与办公自动化系统(Office Automation System，OAS)——“3A”，它们是智能建筑的基础；综合布线系统(Generic Cabling System，GCS)和建筑管理系统(Building Management System，BMS)，把智能建筑有机地联系起来构成一个整体，如图1－1所示。

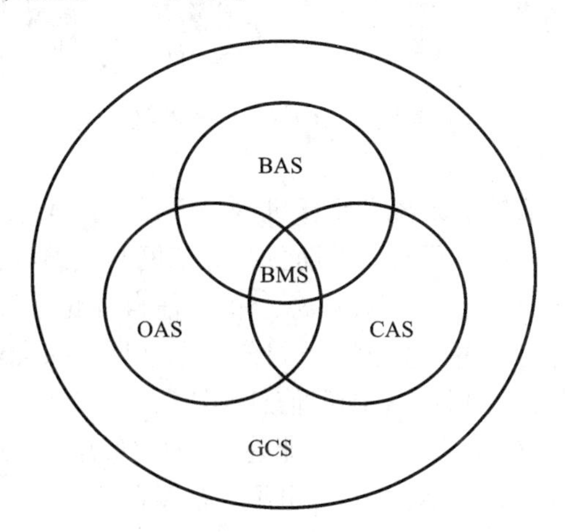

图1－1 智能建筑系统结构

从整个技术角度来看，智能建筑融合了计算机技术、现代控制技术、现代通信技术、微电子技术、建筑技术以及其他很多先进技术，几乎涵盖信息社会中人类所有的智慧。建筑设备自动化系统、办公自动化系统、通信自动化系统是智能建筑的主要物理构成。通过综合布线系统及建筑管理系统将各子系统在物理上、逻辑上和功能上连接在一起，实现信息综合、资源共享，使之成为有机的整体。

（1）建筑设备自动化系统又称为楼宇自动化系统，主要是提供给用户安全、健康、舒适、温馨的生活和高效的工作环境，并能保证系统运行的经济性和管理的智能化。建筑自动化系统通常包括供配电、照明、给排水、热水供应、煤气、供暖、通风、空调、电梯、广播、消防、安防等设施和系统。有时也把安全防范自动化系统（Security Automation System，SAS）和消防自动化系统（Fire Automation System，FAS）分出来和建筑设备自动化系统并列，所以智能建筑又称为“5A”建筑。

（2）办公自动化系统是一个计算机网络与数据库技术结合的系统，它利用计算机多媒体技术，提供集文字、声音、图像为一体的图文式办公手段，为各种行政、经营的管理与决策提供统计、规划、预测支持，实现信息库资源共享与高效的业务处理（图1－2）。办公自动化系统的产生与发展，并非是个别办公工具的发展或者某些办公方式的改进，而是在智能型工具的支持和协助下，提出解决问题的新途径，实现办公一体化、过程化和智能化，同时以节约时间，节省人力、物力和财力为目的。

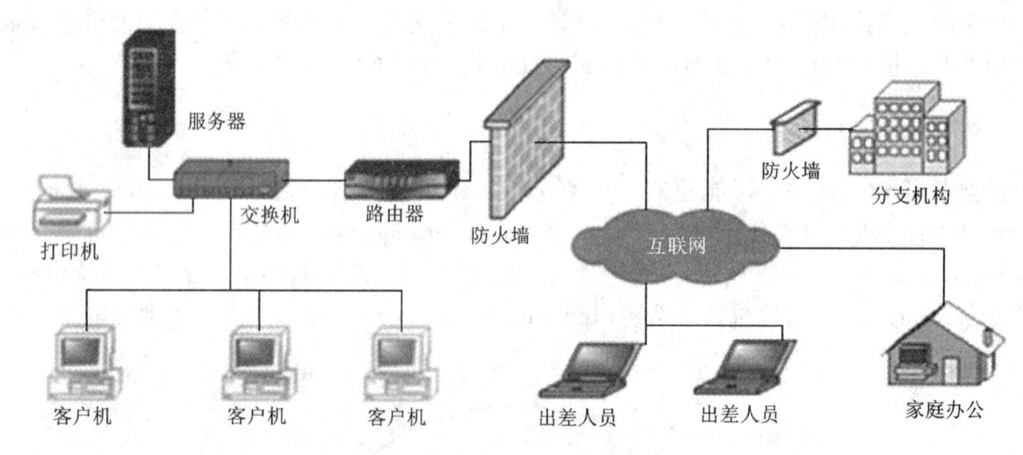

图1－2　办公自动化系统

（3）通信自动化系统包括通信系统、计算机网络系统、接入系统三大部分，它是通过数字程控交换机来转换声音、数据和图像，借助公共通信网与建筑物内部综合布线系统的接口进入多媒体通信的系统。我国智能建筑设计标准将通信自动化系统定义为“楼内的语音、数据、图像传输的基础，同时与外部通信网络（如公用电话网、综合业务数字网、计算机互联网、数据通信网及卫星通信网等）相连，确保信息畅通”。

综合布线系统的传输介质

（4）综合布线系统是在智能建筑中构筑信息通道的设施。它采用光纤通信电缆、铜缆通信电缆及同轴电缆，布置在建筑物的垂直管井与水平线槽内，与每一层面的每个用户终端连接（图1－3），具有兼容性、开放性、灵活性、可靠性、经济性的特点。GCS可以各种速率传送话音、图像、数据信息，BAS、OAS、CAS的信号从理论上都可以由GCS沟通，因此，GCS又可称为智能建筑的神经系统。

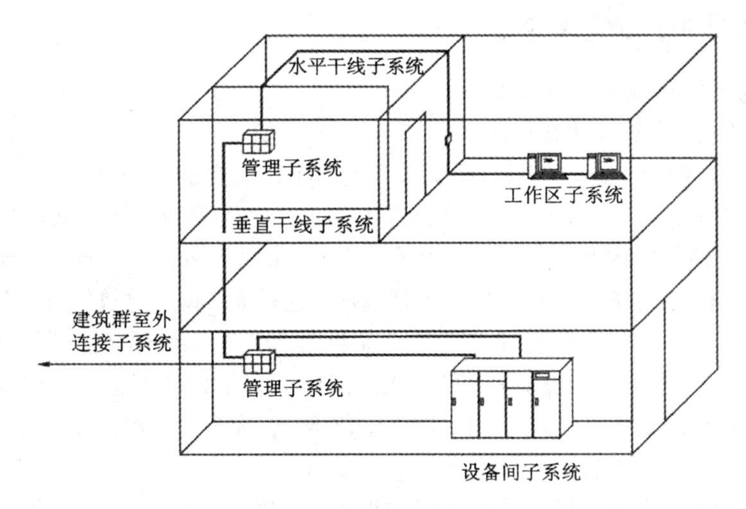

图1-3 综合布线系统

(5)建筑管理系统是为了对建筑设备实现管理自动化而设置的计算机系统，它把相对独立的BAS(包括各个子系统)、CAS和OAS采用网络通信的方式实现信息共享与互相联动(图1-4)，以保证高效的管理和快速的应急响应。建筑管理系统又称作智能建筑的系统集成，它是把智能建筑的各部分集合成一个整体的保证。通过它，才有可能充分发挥出智能建筑的各项功能。

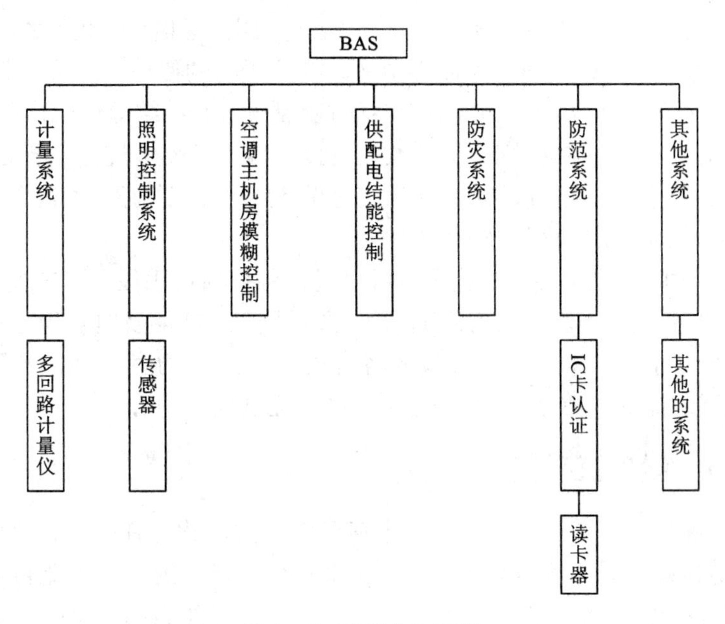

图1-4 建筑管理系统

1.1.2 智能建筑的基本功能

智能建筑与传统建筑的主要区别在于“智能化”，也就是它不仅具有传统建筑的功能，而且具有一些“拟人智能”的特性和功能。

(1)创造安全、健康、舒适的生活环境和能提高工作效率的办公环境

现在，不少大厦的中央空调系统不符合卫生要求，往往成为传播疾病的媒介；室内大量装饰材料的采用，使得室内空气中的挥发性有机物(Volatile Organic Compounds，VOCs)超标，用户经常出现头痛、精神萎靡不振，甚至频繁生病，这就是“病态建筑综合征”。智能建筑首先要确保安全和健康，其防火系统和保安系统智能化；其空调系统能监测出空气中的有害污染物含量，并能自动消毒，使之成为“安全健康大厦”。智能建筑对温度、湿度、照度均能自动调节，甚至控制色彩、背景噪声等，使用户心情舒畅，从而大大提高工作效率。

(2)在满足用户需求的前提下节约能源

在现代化大厦中，空调与照明系统的能耗很大，可以占到大厦总能耗的70%。在满足使用者对环境要求的前提下，智能建筑可以通过其“智慧”，尽可能利用自然光和大气冷量(或热量)来调节室内环境，以最大限度地减少能源消耗。按事先确定的运行程序，区分“工作”与“非工作”时间，对室内环境实施不同标准的自动控制，下班后自动降低室内照度与温度、湿度控制标准，已成为智能建筑的基本功能。利用空调与控制等行业的最新技术，最大限度地节省能源是智能建筑的主要特点之一，其经济性也是智能建筑得以迅速推广的重要原因。

(3)能满足多种用户对不同环境功能的要求

普通建筑根据事先给定的功能要求，完成其建筑与结构设计。智能建筑要求其建筑结构设计必须具有智能功能，除支持建筑设备自动化、办公自动化、通信自动化等的要求外，必须是开放式、大跨度框架结构，允许用户迅速而方便地改变建筑物的使用功能或重新规划建筑平面。室内办公所必需的通信、电力供应等也具有极大的灵活性，通过结构化综合布线系统，在室内分布着多种标准化的弱电与强电插座，只要改变跳接线就可以快速改变插座功能；空调系统送风干管上也留有多个送风支管接口，或将送风支管设计成可以根据用户的需要而变动。

(4)提供现代化的通信手段与办公条件

在信息时代，时间就是金钱。智能建筑可以提供各种通信手段，用户既可以使用普通电话，又可以使用卫星电话，还可以使用因特网、局域网等，能够及时获得全球性金融商业情报、科技情报等最新信息，可以随时与世界各地的企业或机构联系进行各种业务工作。另外，智能建筑还可以提供电视会议、网络会议、办公无纸化等功能。

1.1.3 绿色建筑与智能建筑

绿色建筑及其评价

绿色建筑是当今人类面临生存环境日益恶化，追求人类社会可持续发展和营造良好人居环境的必然选择。因此，智能建筑的发展不能再局限于用智能系统控制建筑，而是应更加关注与自然结合的建筑自控，使之成为绿色建筑体系的一部分。以智能化推进绿色建筑的发展，节约能源、促进新能源新技术的应用，降低资源消耗和浪费、提高工作效率、减少对环境的污染，是智能建筑发展的方向和目的，也是绿色建筑发展的必由之路。从这个意义上来看，智能建筑是建立在信息技术基础之上、具有与人和自然高度和谐、平衡共生的绿色建筑，是注重经济效益、安全、环

保和人文关怀的且具有时代特征的高技术的绿色建筑。

(1)绿色是目的、方向和总纲

根据可持续发展的理论，对于智能建筑来说，绿色是其目的、方向和总纲，智能建筑本身的发展，以及它经过的历程，正朝着绿色建筑的方向发展。这就要求在智能建筑的规划、设计、开发、使用和管理中，必须坚持绿色建筑的概念，更有效地使用能源、水及其他资源，减少对环境的破坏，为使用者提供健康、安全的生活和工作环境，以保护居住者的健康，提高工作人员的生产力，不能仅仅把智能建筑定义在狭义的弱电系统与建筑的结合上。

(2)智能是手段、措施和技术

智能是为了促进建筑绿色指标的落实，达到节约、环保、生态的要求。智能建筑其实就是一个实现绿色建筑总目标的手段或工具，是功能性的。要完成绿色建筑的总目标，必须要辅之以智能建筑相关的功能，特别是有关的计算机技术、自动控制、建筑设备等楼宇控制相关技术。没有智能建筑相关的技术，绿色建筑的许多功能就实现不了。

从以上两点可以看出，智能建筑是绿色建筑的技术支撑，绿色建筑是智能建筑的目标，绿色建筑和智能建筑是对现代建筑两个不同方面的追求，因此，将智能与绿色合二为一，以智能化推进绿色建筑，以绿色理念促进智能，体现了人类对现代生存环境在安全舒适、节约能源、减少污染方面的追求。从长远来看，既是满足了以人为本，解决建筑、城市可持续发展的问题的需要，也丰富、完善、更新、拓展了传统建筑。把绿色建筑和智能建筑这两个概念结合起来，即坚持绿色智能建筑的概念，才可能真正达到可持续发展的目的。

1.2 建筑设备自动化概述

1.2.1 建筑设备自动化的组成

建筑设备系统包括供配电、照明、给排水、热水供应、煤气、供暖、通风、空调、电梯、广播(多媒体)、消防、安防等设施和系统(图1-5)。建筑设备自动化在工程上又称为楼宇设备控制，它将自动控制技术、计算机技术和网络通信技术等应用于建筑设备系统，来控制和优化建筑设备系统的性能。建筑设备自动化系统将整个建筑物中的建筑设备系统有机地联系在一起，智能地完成各种指令，自动地调节各种设备，使其始终运行于最佳状态，为用户提供一个安全、舒适、高效而节能的工作生活环境。

在智能建筑中，建筑设备自动化是智能建筑各项功能和可持续发展的主体。根据当前的技术水平和已运行的大多数智能建筑来看，建筑设备自动化系统主要包括供配电自动化系统、照明自动化系统、给排水自动化系统、暖通空调自动化系统及交通运输自动化系统以及消防自动化系统和安防自动化系统等。

(1)供配电自动化系统

供配电系统是建筑物最主要的能源供给系统，其作用是对由城市电网供给的电能进行变换处理、分配，并向建筑物内的各种用电设备提供电能。为了确保智能建筑内用电设备的正常运行，必须保证供电的可靠性，而电力供应管理和设备节电运行也离不开供配电设备的监控与管理，因此，供配电自动化系统是建筑设备自动化系统最基本的监控对象之一，该系统对于保证楼宇供电质量与可靠性、区域能源计量、功率因数补偿等具有重要意义。

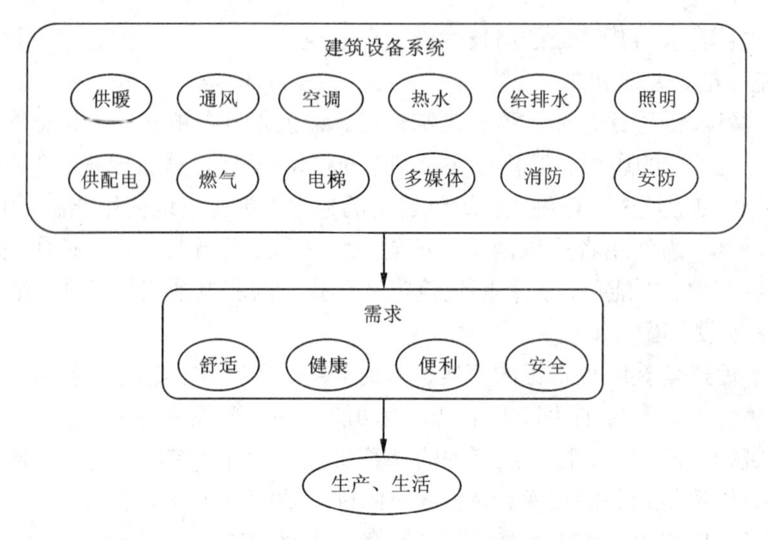

图 1-5 建筑设备自动化组成及其作用

目前，民用建筑中的供配电自动化系统主要以监视为主，各类控制、保护及联动功能一般在各开关柜、变压器、配电箱内部实现或由人工就地控制。系统监视包括高压侧监视、低压侧监视、变压器监视、应急发电机和直流操作电源监视等几部分。

(2)照明自动化系统

照明系统为使用者提供良好、舒适的光环境。所谓“光环境控制”是指按照不同时间和用途对环境的光照进行控制，以满足工作、娱乐、休息的不同需求，产生不同的视觉效果，通过改善光环境提高工作效率和生活舒适度。

在现代建筑中，照明用电量占建筑总用电量很大的一部分，仅次于暖通空调系统，而且照明系统的用电量大，还会导致空调负荷的增加。如何做到既保证照明质量又节约能源，是照明自动化系统的重要内容。在多功能建筑中，不同用途的区域对照明有不同的要求，应根据使用的性质及特点，对照明设施进行不同的控制。

利用照明自动化系统，合理地安排各区域的照明方式和照明时间，不仅可以满足正常生活、工作的需要，方便物业管理流程，又能起到节能的作用；同时交替使用不同回路作为长明灯，还能保证同一区域照明设施寿命基本相同，并延缓光源老化，增加其使用寿命。

照明系统的监控包括建筑物各层的照明配电箱和应急照明配电箱。按照功能，可将照明监控系统划分为走廊、楼梯照明监控，办公室照明监控、障碍照明，建筑物立面照明监控和应急照明的应急启/停控制、状态显示几个部分。

(3)给排水自动化系统

给排水系统包括生活给水系统、消防给水系统和污水排放系统等，主要由水泵、水箱、水池、管道及阀门等组成。对给排水设备的监控主要是通过计算机对各种水位、各种泵类运行状态和管网压力进行实时监测，按照一定要求控制水泵的运行方式、台数和相应阀门的动作，以达到需水量和供水量之间的平衡、污水的及时排放，实现水泵高效、低耗的最优化控制，达到经济运行的目的；并对排水系统的设备进行集中管理，保证系统可靠运行。对给排水系统实行监控，是提高科学管理水平，减轻劳动强度，保证人们用水质量和节约能源的一项重要而必需的技术措施。

对生活给水系统和消防给水系统实行监控的内容主要包括蓄水池(或水箱)液位控制、给水泵监控、给水总管(或补水管)参数监测;对污水排放系统实行监控主要是当集水井或污水池的液位达到一定高度时对污水进行排放,主要内容包括集水井或污水池的液位监视、潜水泵的监控等。

(4)暖通空调自动化系统

暖通空调系统在建筑能耗中所占的比例最大,因此在保证提供舒适环境的条件下,暖通空调自动化系统的主要任务是节能。为了使智能化大厦真正达到舒适、节能的效果,对不同区域的暖通空调系统按预先编制的程序或根据环境温度自动控制建筑物内的冷热源和通风空调设备的启停;监视、动态显示和记录各设备的状态、室内外各测点的温度、湿度、压力、流量、CO_2 含量、空气负离子含量、阀门的开度和运行时间等参数;自动进行故障报警或停机,动态显示有关水泵、阀门、风机的位置和状态等。

冷热源是重要的建筑物设备。系统冷源可以是冷水机组、空调器等,主要为建筑物空调系统提供冷量;系统热源可以是锅炉或热泵机组等,除为建筑物空调系统提供热水外,还提供生活热水。冷热源机组监控系统的功能主要有两个:一是优化运行,实现节能,如冷热源启停优化运行配置、供回水温度再设定、冷冻水系统的节能优化运行控制、冷却水系统和冷却塔的优化运行控制等;二是实时监测关键运行参数,以保护冷热源机组安全运行,如冷却水断流保护、冷冻水防冻保护、启停顺序保护等。

空调通风设备包括空调设备和送/排风设备,是建筑物中设备控制规律最复杂、监控点数最多,也是节能效果最明显的部分。空调通风设备的调节主要包括:调节水阀、风阀的开度保持系统内各房间的参数稳定;室内外参数和处理设备后的参数的检测(数字显示和打印记录);电、水、蒸汽的用量及其他参数的测量和记录;工况的自动转换;设备的联锁与自动保护;中央监控与管理等。

(5)交通运输自动化系统

电梯是现代建筑内部必备的交通工具,分为直升电梯和自动扶梯(包括水平型)两种。对电梯系统要具备:安全可靠、启动和制动平稳、乘坐舒适、平层准确、候梯时间短、节约能源的基本属性,由于每台电梯本身都有控制箱来对电梯的运行进行控制,所以建筑自动化系统主要是实现对电梯运行状态及相关情况的监视,只有在特殊情况下,如发生火灾安保等突发事件时才对电梯进行必要的控制。

根据建筑设计规范,大型建筑和民用住宅小区必须设置汽车停车场,以满足车辆交通需要,保障车辆安全,方便公众使用。近几年,随着汽车保有量的快速增加,不仅需要在公用场所和住宅小区修建更多数量的停车场,而且还需要对停车场进行高效管理,使之发挥最大效能。一般来说,停车场管理系统由车辆出入检测与控制、车位状况显示与管理、计时收费管理等三部分组成。采用停车场管理系统后,可显著提高停车场管理的质量、效益和安全性。

(6)消防自动化系统

智能建筑投资巨大,楼内人员密集,为了保障建筑内人员生命和财产的安全,必须根据国家有关消防规范设置火灾自动报警与消防联动控制设备。火灾自动报警系统设计必须符合国家强制性标准《火灾自动报警系统设计规范》(GB50116—98)的规定,同时也要适应建筑智能化系统集成的要求。

消防自动化系统包括火灾自动报警与消防联动控制两个部分，其主要功能是：通过火灾探测器自动探测、监视区域内火灾发生时产生的烟雾、热气或火光，发出声光报警信号，同时联动有关消防设备，控制自动灭火系统，接通紧急广播、事故照明等设施，实现监测报警、控制灭火的自动化。

(7)安全防范自动化系统

安全防范是指以维护社会公共安全为目的，防入侵、防被盗、防破坏、防火、防爆和安全检查等的措施，它是社会公共安全的一部分，安全技术防范及其产业是社会公共安全科学技术及其产业的一个分支。通常所说的安全防范主要是指安全技术防范。为了达到上述保障安全目的采用了以电子技术、传感器技术和计算机技术为基础的安全防范技术的器材设备，并将其构成一个系统，即安全防范系统，如防盗报警系统、电视监控系统、出入口控制系统、访客对讲系统和电子巡更系统等。

1.2.2 建筑设备自动化的发展

绿色智能建筑区别于其他建筑的根本特征是智能建筑的“智能(Intelligence)”，以及在此基础上所表现出的与人和谐、与自然生态环境和谐的友好特性，是生态环保与现代科技相结合的产物。建筑设备自动化系统是智能建筑中最基本的系统，是由多个不同建筑设备监控子系统组成的集成系统。因此，从技术层面来看，建筑设备自动化的发展具有环保化、节能化、信息化、自动化、网络化、集成化等诸多趋势。

(1)环保化

绿色智能建筑的首要特点是生态绿色、保护环境。在智能化设计上，它充分利用自然通风、自然采光，利用自动调节技术进行智能调控，保持室内空气的新鲜度。例如，有的建筑设计了太阳能风道，通过太阳能加热了风道内的空气，使热空气上升，从而使建筑物内部产生自然风，而风量的大小可以由智能化系统调控；有的建筑设计了太阳房，太阳房玻璃屋顶上层设有自动卷帘，智能控制装置可根据阳光的强弱自动调节卷帘的开启程度；有的建筑安装了采用液晶技术的玻璃，它可以根据室内的照度自动调节玻璃的透明度。

(2)节能化

节能的定义与途径

我国是一个能源短缺的国家，又是一个能源大国，我国政府十分重视节能和能源开发，并确立了以加强节能和提高能源利用效率为核心的“节能优先、结构多元、环境友好”的能源发展战略。建筑设备自动化必须是低能耗的，是节能的，它的目标是以最低的能源、资源消耗去创造更高的效益。

(3)信息化

信息化是指社会各个领域，在生活、服务、生产、管理各个层次，应用各种信息技术，开发和利用各类信息资源，以促进社会经济发展、促进科学技术进步、促进人民生活水平提高的实践行为。信息化则以信息系统工程为支持，在建筑设备自动化各子系统以及系统集成中，广泛利用信息工程为大厦和住宅小区提供信息服务。智能化系统工程与信息系统工程在建筑设备自动化中的交汇与融合，反映了建筑设备自动化系统高度信息化的特点。

(4)自动化

随着自动控制技术的发展，建筑设备自动化系统引进了大量自动控制机制，对建筑物机电设备进行调控。自动控制包括感知、判断、决策、执行等一系列逻辑分析和推理过程，其主要任务就是要把被控的物理量调控在要求的范围内，其具体方法是通过测量元件对被控对象的参数进行测量，与给定值进行比较，如有偏差，控制器就产生控制信号驱动执行机构动作，直到被控参数值满足预定要求为止。在建筑设备自动化系统中，如空调、供热、制冷、通风、给排水、变配电、照明、电梯，以及消防系统、安全防范系统等机电设备，过去采用各种仪表、信号灯、继电器及操作按钮来控制，如今普遍采用计算机系统进行监控，使系统更加智能化、自动化。

(5)网络化

建筑设备自动化的各个子系统，几乎全部采用网络化结构。如许多子系统是由直接数字控制器组成的实时监控网，采用 lonworks 总线技术；智能化系统集成由许多工作站(work station)组成局域网络，采用 BACnet 总线技术等。此外，控制器局域网总线(CAN)在小区物业管理、安全防范系统中应用也比较普遍。建筑智能化系统的各种设备无不在各自系统的网络之中，网络化最为突出的特点是实现资源共享，实时监控，达到信息共享、数据共享、程序共享，有效地扩大了智能领域。

物联网

(6)集成化

集成的目的是密切联系、消除隔离、相互结合、统一协调。建筑设备自动化涉及的专业范围很广，属于一种大系统工程范畴。大系统具有多目标、高维数、离散性、随机性、模糊性等诸多特点，同时包含着众多的子系统，各子系统又有很多的小系统，各子系统、小系统之间又有着千丝万缕的联系。建筑设备自动化集成设计包括功能集成设计、网络集成设计、软件界面集成设计等内容和任务；设计的关键在于解决系统之间的互联和互操作问题，把各子系统架构到“同一个界面环境上”，达到信息集成、资源共享的目的。

本章重点

本章介绍了智能建筑的定义、基本功能，智能建筑与绿色建筑之间的关系，及建筑设备自动化的组成及未来的发展方向。重点为智能建筑与绿色建筑之间的关系、建筑设备自动化的未来发展方向。

思考与练习

1. 智能建筑的定义是什么？它有什么特点？
2. 智能建筑由哪几部分组成？
3. 综合布线系统的作用是什么？它有什么特点？
4. 建筑管理系统的作用是什么？
5. 智能建筑有哪些基本功能？
6. 智能建筑与绿色建筑是什么关系？
7. 什么是建筑设备自动化？它的作用是什么？
8. 建筑设备自动化系统有哪些基本功能？
9. 建筑设备自动化由哪些子系统组成？
10. 建筑设备自动化未来的发展具有哪些趋势？

第2章 暖通空调系统调节与监控

暖通空调系统是建筑中最重要的组成部分之一。通常，暖通空调系统的能耗占到了整个建筑能耗的35%，有的甚至高达45%以上。对暖通空调系统实现自动控制不仅可以创造适宜的生活与工作环境，保证暖通空调系统安全、可靠运行，而且还可以节约大量的能源，减少对周围环境的影响。据工程测试，一个进行了综合节能控制的空调系统可节能30%以上，因此暖通空调系统监控对建筑的可持续发展具有非常重要的意义。

2.1 冷热源监控

暖通空调系统的冷热源一般以冷水机组、热泵、锅炉等为主，它是暖通空调系统的心脏，其消耗的能量可以占到暖通空调系统总能耗的50%～70%，即相当于建筑总能耗的25%～45%。因此，冷热源装置的效能，将直接地影响到暖通空调系统的效益及整个建筑的总能耗。所以，合理地选用冷热源装置，并对其形成有效的监控，是建筑可持续发展的一项基本要求。

目前在建筑中，冷源主要是冷水机组，有压缩式冷水机组和吸收式冷水机组两种，它们主要为中央空调系统提供一定温度要求的冷冻水；热源主要是锅炉、直燃式吸收式机组或热泵机组等，它们除为中央空调系统提供热水外，还可以提供生活热水。

冷热源监控的主要任务有：

①实时控制冷热源的输出量，使其与负荷变化相匹配，以保证被控制参数(如温度、湿度等)达到给定值。

②实时监测关键运行参数，以保护冷热源机组安全运行，如冷却水断流保护、冷冻水防冻保护、启停顺序保护等。

③优化运行，实现节能，如冷热源启停优化运行配置、冷冻水系统的节能优化运行控制、冷却水系统和冷却塔的优化运行控制以及制冷机的群控等。

2.1.1 压缩式冷水机组监控

压缩式制冷原理

压缩式冷水机组的能效比高、占地面积小、制冷量大；以电为能源，使用安装方便；初投资和运行费用均较吸收式冷水机组低；通过换向阀切换改变制冷剂流向还可用于冬季供热，能做到一机两用。因此，压缩式冷水机组是建筑中使用最广泛的一种冷源设备。

建筑中使用的压缩式冷水机组包括活塞式、螺杆式、离心式、涡旋式等。一般来说，压缩式冷水机组的监控主要包括以下几个方面：压缩机能量调节、冷水机组安全保护以及冷水机组群控等。这些监控既是为了满足负荷要求，也是为了节约能源、保证冷水机组安全可靠工作所必需的。从系统总体出发，这几个方面又是相互关联的。

1. 压缩机能量调节

压缩机能量调节是指改变压缩机的制冷能力，使之与变动的负荷相适应。压缩机能量调节的方法很多，通用的调节方法主要有：压缩机间歇运行、热气旁通和压缩机变速调节。另外，对于多缸活塞式压缩机，还可以采用气缸卸载的方法；对于螺杆式压缩机，还可以采用滑阀卸载的方法；对于离心式压缩机，还可以采用调节进口导叶角度的方法；对于涡旋式压缩机，还可采用数码涡旋调节方法。

（1）压缩机间歇运行

当压缩机吸气压力或制冷温度达到设定值下限时，压缩机停止运行；当压缩机吸气压力或制冷温度达到设定值上限时，压缩机重新通电运行。这种方法一般用于无变容能力的压缩机能量调节，该调节不是连续的，因而控制精度较差，又因电动机启动时伴随着较大的电流冲击，所以负荷变化大时压缩机启停频繁，这不仅电能损失大，还会影响压缩机的寿命。

（2）热气旁通

热气旁通是将制冷系统高压侧气体旁通到低压侧的一种能量调节方法，它主要应用于无变容能力的压缩机。图 2－1 所示为热气旁通能量调节基本实施图，它的工作原理为：当制冷负荷下降时，吸气压力降低，采用热气旁通阀将高压侧气体旁通一部分到低压侧，用于补偿因负荷下降而减少的蒸发器回气量，从而保持压缩机连续运行所必需的最低吸气压力。制冷负荷下降越多，旁通回的热气就越多。

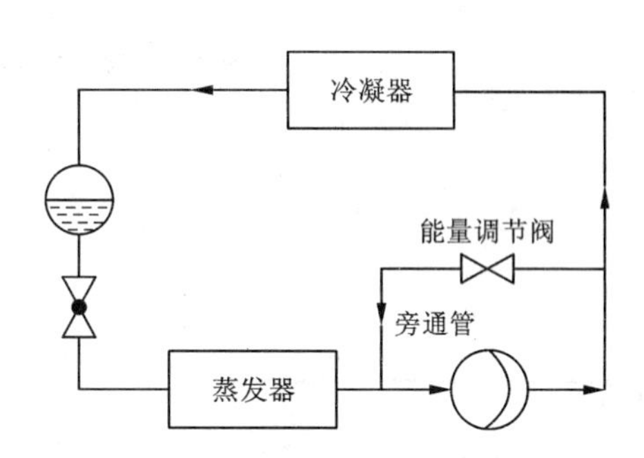

图 2－1 热气旁通能量调节基本实施

由于热气旁通基本实施方法可能会使压缩机排气温度过分升高，因此热气旁通能量调节在具体实施时有多种改进方式，如热气向吸气管旁通＋喷液冷却（图 2－2）、高压饱和蒸汽向吸气管旁通（图 2－3）、热气向蒸发器中部或蒸发器前旁通。这些实施方式各有优缺点，应根据制冷系统的具体情况灵活布置。

（3）压缩机变速

压缩机为恒转矩负载，压缩机制冷能力及消耗功率与其转速成比例，因此可以通过改变压缩机的转速实现能量调节。对于交流异步电动机，有：

$$n = 60f(1-s)/p \qquad (2-1)$$

式中：n——电动机转速，r/min；

f——频率，Hz；

s——转差率；

p——磁极对数。

从式（2－1）可知，当磁极对数 p 和转差率 s 一定时，改变电源频率 f，即可改变电机转速 n。

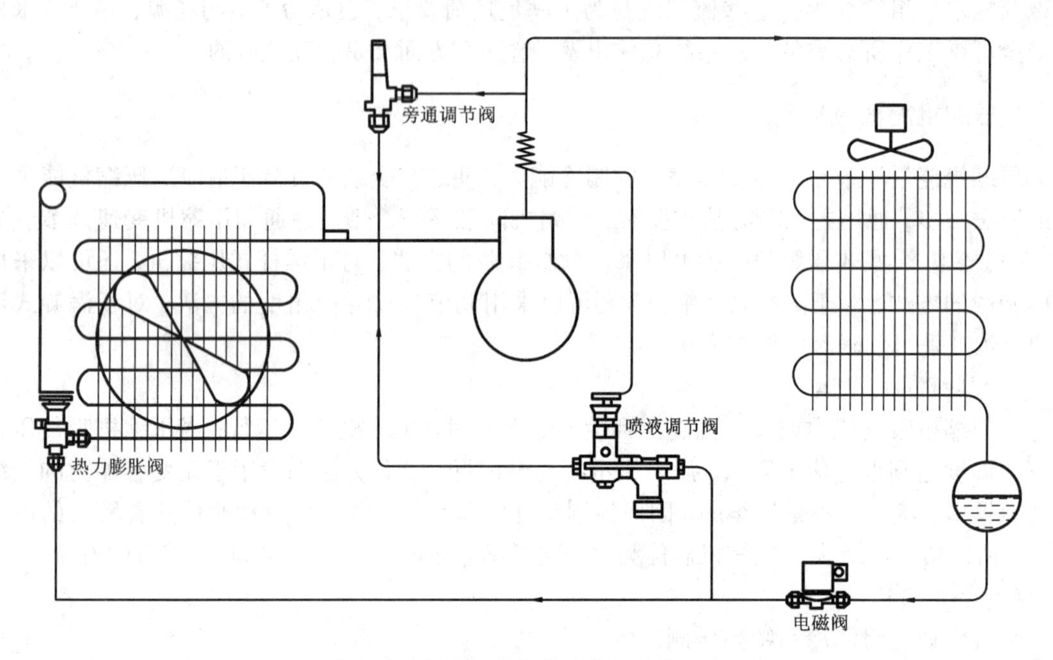

图 2-2 热气向吸气管旁通+喷液冷却

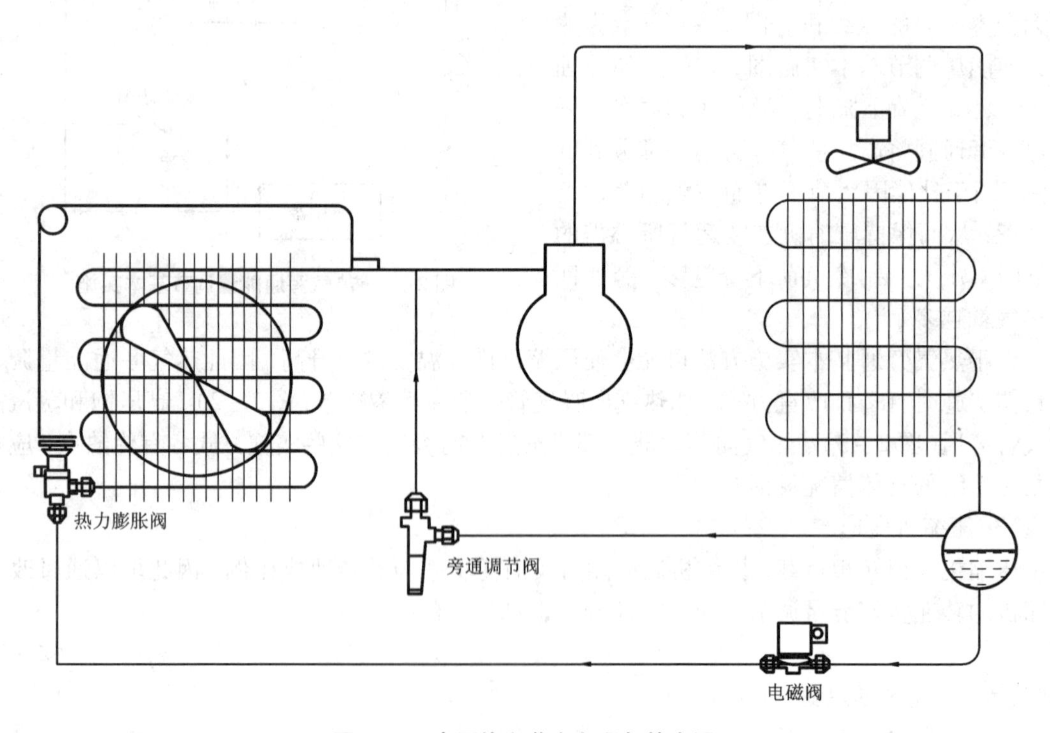

图 2-3 高压饱和蒸汽向吸气管旁通

当采用变频器改变压缩机电机电源频率时，电动机的电源电压也会随频率成比例地变化，故又称变电压变频(Variable Voltage Variable Frequency，VVVF)。变频器是利用电力半导体器件的通断作用将工频电源变换为另一频率的电能控制装置。现在使用的变频器主要采用交—直—交方式(VVVF 变频或矢量控制变频):先把工频交流电源通过整流器转换为直流电源,然后再把直流电源转换成频率、电压均可控制的交流电源以供给电动机。压缩机变频调节时,根据检测信号(如冷水温度、制冷量等)控制变频器的输出频率和电压,从而使压缩机产生较大范围的能量连续变化。

压缩机变频调速不仅具有节能、速冷、连续调节、延长压缩机寿命、电动机软启动等优点,而且还具有温控精度高、易于实现自动控制的优点;另外,还可结合变频器开发出新的控制功能。因此,变频调速在压缩机能量调节中的应用越来越广泛。

(4)活塞式压缩机气缸卸载

一些多缸(如六缸、八缸等)活塞式压缩机常带有气缸卸载结构,当油压作用于卸载机构的油缸时,气缸正常工作;当油压释放时,卸载机构上的顶杆将吸气阀片顶开,气缸因失去压缩作用而卸载。活塞式压缩机气缸卸载采用吸气压力(或蒸发温度)作参数控制气缸的投入或退出运行,每组气缸(一般两个气缸为一组)投入或退出运行分别对应各自设定不同的吸气压力值(或蒸发温度)。

图2-4所示为一台八缸活塞式压缩机采用压力控制器和电磁滑阀控制气缸卸载的原理。压缩机的八个气缸中,安排四个气缸作为基本能级(图中的Ⅰ、Ⅱ两组),另外四个气缸作为调节缸,每次上载两缸(图中的Ⅲ组和Ⅳ组),使压缩机能量分为1/2、3/4和4/4三级。调节缸的卸载机构受油压驱动。当油压作用于卸载机构的油缸时,气缸正常工作(上载);当油压释放时,卸载机构上的顶杠将吸气阀片顶开,气缸因失去压缩作用而卸载。

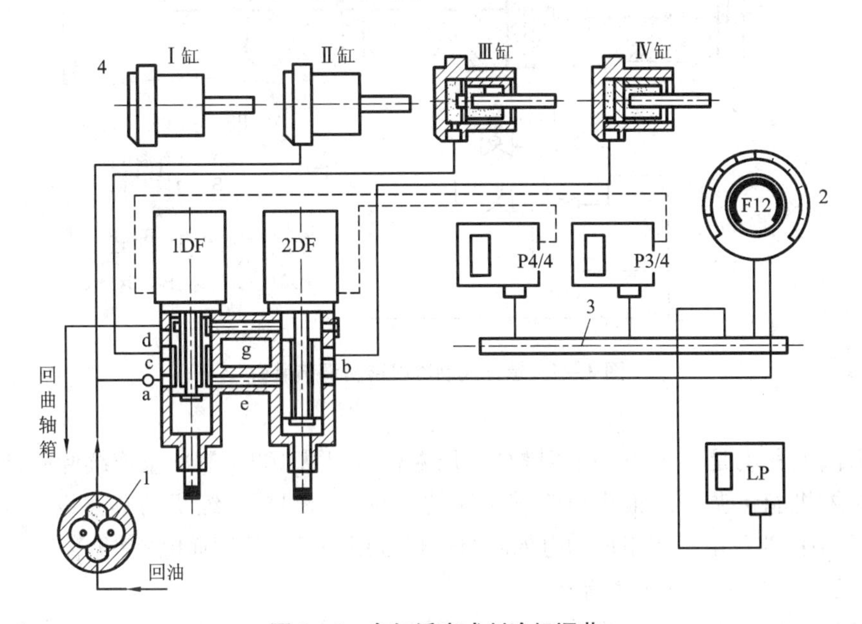

图2-4 多缸活塞式制冷机调节

1—油泵;2—油压差表;3—吸气管;4—液压缸

1DF、2DF—电磁滑阀;P3/4、P4/4—压力控制器;LP—低压控制器

这种方法可在运转中根据负荷进行调节,经济性较好,而且可以轻载启动,不必使用大容量的电动机,但由于只能进行分级调节,因此控制精度较差。

(5)螺杆式压缩机滑阀卸载

带有滑动调节阀(简称滑阀)的螺杆式压缩机可通过调节排气量来调节制冷量，它根据吸气压力或蒸发温度变化调节滑阀的移动，来调整转子的有效工作长度，从而调节压缩机的实际排气量。螺杆式压缩机滑阀卸载可获得10%～100%的无级调节，因此调节效果好，而且它在启动时可调节到最低负荷实现轻载启动。

如图2－5所示，滑阀的移动是靠油活塞带动的。当四只电磁阀A_1、A_2、B_1、B_2都关闭时，油活塞两侧油路封闭，滑阀停留在某一固定位置，压缩机维持在一定的制冷量。当电磁阀A_1、A_2接通，B_1、B_2关闭时，油压从油缸的右侧进入，推动油活塞向左移动，回油从油缸左侧的油孔流出。这时油活塞带动滑阀左移，制冷量增大。移动到滑阀与吸气侧的固定端贴合时，制冷量为100%，这时螺杆压缩机工作腔的长度全部有效。相反，当电磁阀A_1、A_2关闭，B_1、B_2接通时，油压从油缸的左侧进入，推动油活塞向右移动，回油从油缸右侧的油孔流出。这时油活塞带动滑阀右移，制冷量减小。

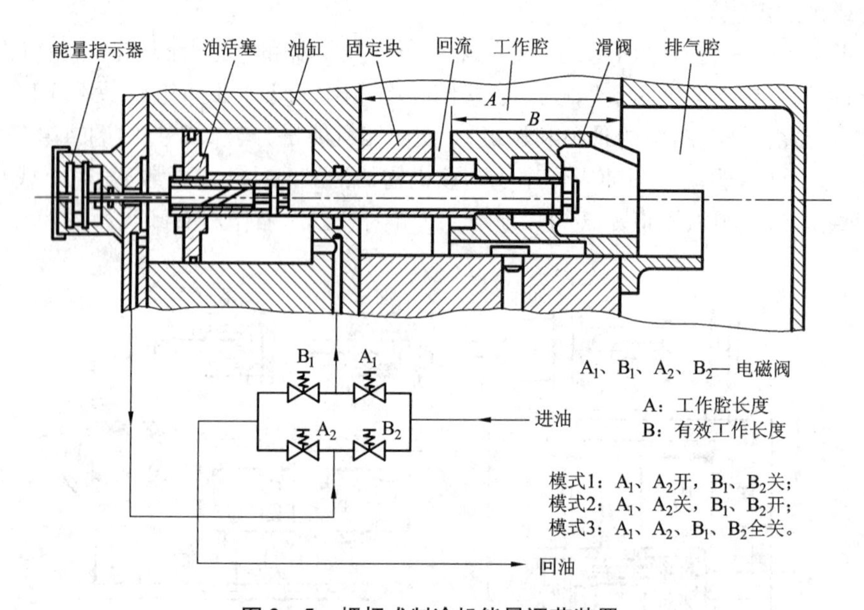

图2－5 螺杆式制冷机能量调节装置

由于滑阀的移动是连续的，所以螺杆式压缩机可以从100%制冷量连续卸载到20%(有的螺杆式压缩机能量调节的最小值为满负荷的10%，因螺杆压缩机的具体设计而异)。另外，图2－5中由四只电磁阀组成的电磁阀组也可以用一只三位四通电磁阀代替。

(6)离心式压缩机进口导叶调节

带有进口导叶的离心式压缩机(图2－6)可以采用冷冻水温度或蒸发温度作参数调整进口导叶的角度来调节进入压缩机的蒸汽量，从而调节制冷量。

如图2－7所示，当机组进入正常运行状态后，控制器不断检测冷水出水温度T_x：当冷水出水温度T_x大于冷水设定温度T_s时，表示机组制冷量小于系统实际需冷量，因此渐开进口导叶，使得机组的制冷量增大；当冷水出水温度T_x小于冷水设定温度T_s时，表示机组制冷量大于系统实际需冷量，因此渐关进口导叶，减小机组的制冷量；当冷水出水温度T_x等于冷

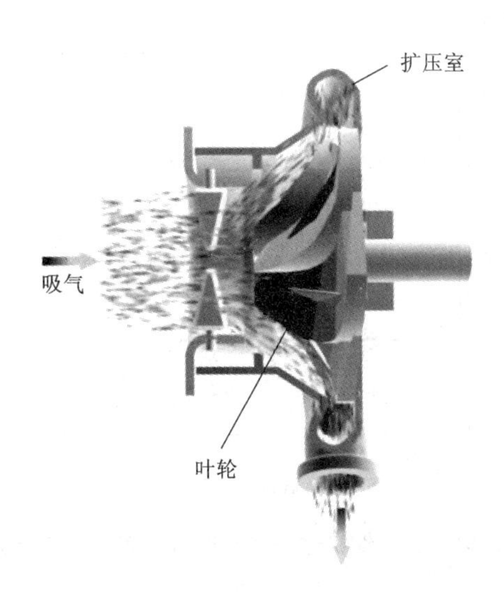

图2-6 带有进口导叶的离心式压缩机

水设定温度 T_s 时，表示机组制冷量正好满足系统需冷量，因此维持进口导叶角度不变。

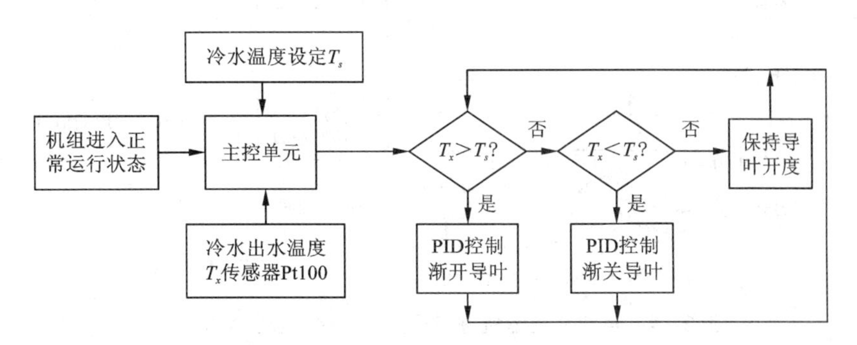

图2-7 离心式压缩机进口导叶调节

这种方式在运转中可以根据制冷负荷自动调节，制冷量可在25%～100%无级变化，因此经济性较好。不过，如图2-8所示，采用进口导叶调节方式的能耗比变速调节方式的能耗要高。另外，由于离心式压缩机在低负荷时容易出现喘振①的现象，因此采用进口导叶开度调节时一般应保持在50%以上负荷。

在工程中，为了更好地对离心式压缩机进行能量调节，往往将进口导叶调节与压缩机变频调速结合使用(图2-9)。其具体实施如下：满负荷工况时，进口导叶全开，调节电动机转速；当冷负荷下降时，电机转速也随之下降，直至电机转速最小；当电机转速为最低时，如负荷继续下降，则调节导叶开度。

采用进口导叶与压缩机变速优化调节可以取得更好的调节效果和获得更宽的调节范围：

---

① 对于离心式压缩机，当流量减少到某极小值(小于20%)时，工质气体会在压缩机出口产生周期性气流振荡，这就是喘振。

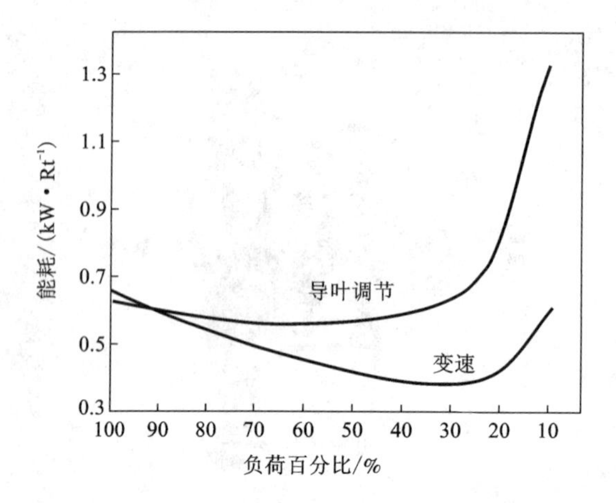

图 2-8 离心式压缩机进口导叶调节与变速调节能耗比较

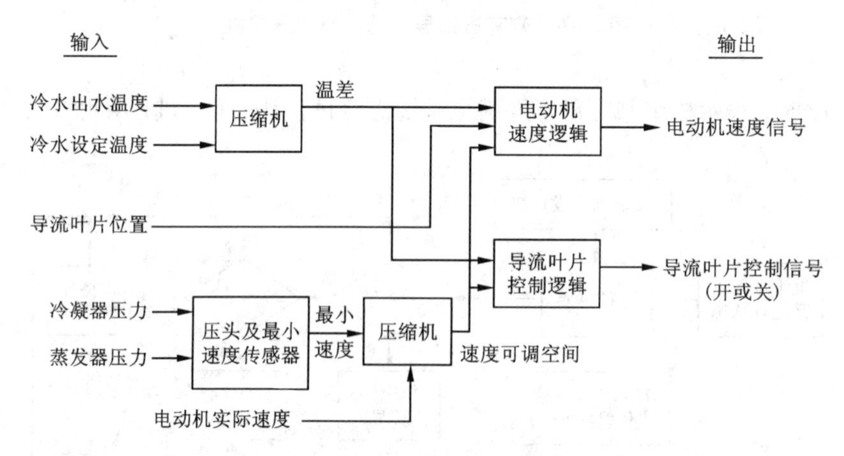

图 2-9 离心式压缩机进口导叶与压缩机变速优化调节

可保持在高效率区域运行，尤其是低负荷，因此节能效果好；大大增强了卸载能力，减少喘振的发生，可在 10% ~100% 无级调节；可软启动，且运行时宁静。

(7)数码涡旋调节

涡旋压缩机是高效回转容积式压缩机，它有一对涡旋盘，一个是定盘(定子)，一个是动盘(转子)。动盘随电机转动时，夹在两个盘的涡旋面之间的容积发生周期性的变化，从而对气体进行压缩。正常工作时，定盘和动盘贴合在一起，当定盘与动盘分开时，压缩机失去压缩作用。数码涡旋调节通过控制定盘的上下移动，来控制定盘与动盘的分离或贴合，从而使压缩机处于非工作或工作状态(图 2-10)。由于这种方式通常采用控制电磁阀接通/断开的方式控制定盘的上/下移动，因此被称为数码涡旋调节。

数码涡旋调节具有节能性好(卸载时功率消耗仅为满载功率的 10%)，控制方便等优点。另外，与涡旋压缩机变速能量调节方式相比，数码涡旋调节还具有回油好，无电磁污染的优点。

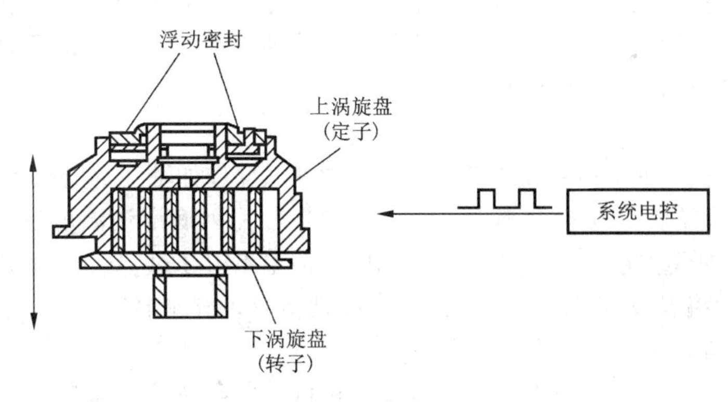

图2-10 数码涡旋调节

2. 冷水机组安全保护

安全保护是自动化系统必备的内容。为了保证冷水机组安全可靠运行，压缩式冷水机组有一套安全保护系统，它可以在运行参数出现不正常时做出处理，防止事故发生或扩大，以及安全性监视等。

(1)排气压力与吸气压力保护(高低压保护)

制冷系统工作时，压缩机排气压力过高，如超过机器设备的承压能力，将造成人、机事故；压缩机吸气压力过低，则会使运行经济性变差。可以采用压力控制器进行排气压力和吸气压力保护，即当排气压力超过安全值时，高压控制器切断压缩机电源，使机器停止工作，并报警；当吸气压力低于设定值时，低压控制器切断压缩机电源，使机器停止工作(图2-11)。

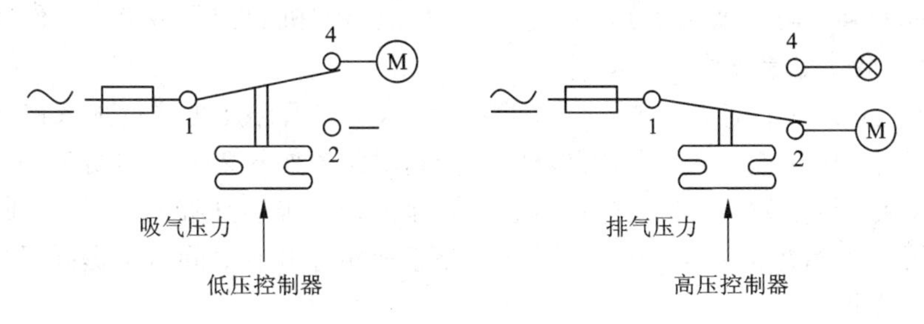

图2-11 高低压控制器工作原理

(2)排气温度保护

压缩机排气温度过高会使润滑条件恶化、润滑油结焦，影响机器寿命，严重时，会引起制冷剂分解、爆炸(如R717)，因此需要对压缩机排气温度进行保护。采用排气温度控制器，当压缩机排气温度超过限制值时(不同制冷剂所对应的限制值不同)，温控器使压缩机断电停机。

(3)油压差保护

采用油泵强制供油润滑的压缩机，如无油压差或油压差不足，就会使运动部位得不到充分的润滑而烧毁机器；对于有油压卸载机构的压缩机，如油压不正常，则卸载机构也不能正常工作。油压差保护采用压差控制器实现，当油压差达不到要求时，它会令压缩机停车。由于油压差只能在油泵运行以后才会建立，为了不影响油泵在无压差下正常启动，由油压差所控制的停机动作应延时执行，一般约 60 s。

(4)油温保护

润滑油温度过高会使油的黏度下降，压缩机的摩擦部件如轴瓦等磨损加大。在压缩机运转过程中，有时尽管油压差完全正常，也有可能发生轴瓦因润滑油温度过高而烧坏的事故。根据规定，当周围环境温度为 40℃时，曲轴箱中的油温不得超过 70℃，因此温度控制器可设定在 60℃左右，而将温包(温度传感器)放置在曲轴箱的润滑油中。

(5)冷冻水防冻保护

在冷水机组运行时，如蒸发器中冷冻水温度过低，则容易发生冻结，会使蒸发器受到破坏，因此设置了冷冻水防冻保护系统，当冷冻水出口温度低于设定值(一般为 2.5℃)时，冷水机组的压缩机停止运转。只有当冷冻水回升到一定温度时，压缩机才能恢复运转。另外，冷冻水流量过小时，冷冻水也容易发生冻结现象，因此当冷冻水流量小于一定值(一般为 60% ~80%)时，制冷压缩机也会停止运转。

(6)断水保护

在冷水机组运行过程中，有时会由于冷却水泵发生故障或其他方面的因素而造成断水，这对水冷式压缩机和水冷式冷凝器在高压控制器保护失灵的情况下，将会造成严重的事故。为了保证冷水机组的安全，在压缩机水套出水口及冷凝器出水口，都应装设断水保护装置，一旦断水，自动切断电动机电源并发出灯光及声响报警信号，以防止事故发生。不过，为了避免水中气泡等对流量计测量的影响，一般应延时 15 ~30 s 动作。

(7)离心式压缩机防喘振保护

喘振会使压缩机性能显著恶化，气体参数(压力、排量)大幅度脉动；噪声加大；机组振动加大，对部件(如轴承、密封等)易造成损害，且使压缩机的转子和定子元件经受交变的动应力；另外，还会使电流发生脉动。

一旦进入喘振工况，应立即采取调节措施，降低出口管路压力或增加入口流量。可以采用热气旁通来进行喘振保护，其系统循环图与控制示意图如图 2 - 12 和图 2 - 13 所示。从冷凝器引一根连接管到蒸发器，当运行点越过喘振保护线而未达到喘振线时，控制系统打开热气旁通电磁阀，使冷凝器的热气排到蒸发器，不仅降低了压比，同时也提高了排气量，从而避免了喘振的发生。

(8)启停顺序保护

为使冷水机组能正常运行和系统安全，需严格按照各设备启停顺序的工艺流程要求运行。冷水机组的启动、停止与辅助设备的启停控制须满足工艺流程要求的逻辑联锁关系。

冷水机组的启动流程为：冷却塔风机启动→冷却水阀门、冷却水泵启动→冷冻水阀门、冷冻水泵启动→冷水机组启动。

冷水机组的停机流程为：冷水机组停机→冷冻水泵、冷冻水阀门停机→冷却水泵停机、冷却水阀门→冷却塔风机停机。

冷水机组的启动与停机流程正好相反。冷水机组一般具有自锁保护功能：冷水机组通过水流开关监测冷却水和冷冻水回路的水流状态，如果正常，则解除自锁，允许冷水机组正常启停。

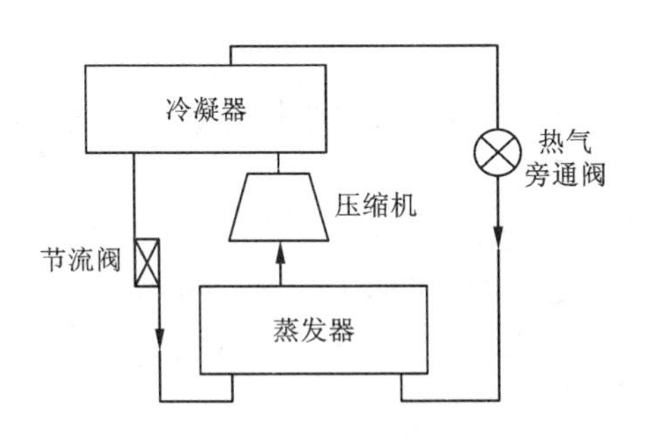

图2-12 热气旁通喘振保护系统循环

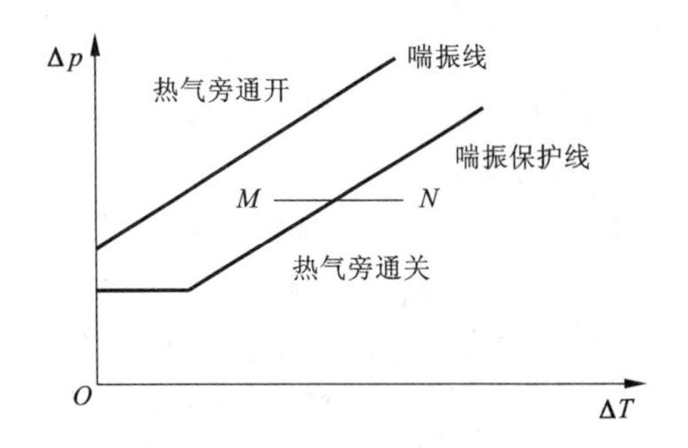

图2-13 热气旁通防喘振控制示意图

ΔP = 冷凝压力 - 蒸发压力；ΔT = 回水温度 - 出水温度

3. 冷水机组群控调节

对于大型建筑物，冷源一般由多台冷水机组组成。冷水机组群控的第一个目的是在冷水机组的产冷量满足建筑物内冷负荷需求的情况下，使整个空调系统的能量消耗最少，即根据系统负荷的大小，开启或停开相应的机组和水泵，使其运行在能效最高的工作点，达到节能的目的；第二个目的是通过合理分配多台机组的使用时间，延长机组寿命，提高设备利用率；第三个目的是使系统更舒适，避免过冷或过热，达到设计要求。

现阶段，工程中采用的冷水机组群控策略主有以下几种：

(1)回水温度控制法

回水温度控制法通过测量冷冻水回水温度，根据其值的大小控制冷水机组启动的台数。这种方法适用于冷水机组确定出水温度的空调水系统。通常冷水机组的出水温度设定在7℃。回水温度实际上反映了空调系统的需冷量。当回水温度高于某一临界值时，说明负荷大，自动启动一台冷水机组；当回水温度低于某一临界值时，说明负荷小，自动关闭一台冷水机组。

不过，当多台冷水机组需要群控时，不同台数切换值之间的差距相对变窄，且目前常用的水温传感器精度较低，所以回水温度控制法的误差较大，常导致冷水机组开启过早或过晚。另外，由于压差旁通的作用，回水温度并不能很好地反映实际负荷的需求，这时采用回水温度作为唯一的判定依据是不科学的。因此，工程上回水温度控制法仅用于两台冷水机组，且不带压差旁通管的冷源的控制。

供水温度同样也可以作为增加机组的依据，当供水温度大于设定值时，说明负荷大，需要增加一台冷水机组。但是，对于定供水温度的冷水机组，供水温度无法作为增减机的依据。

(2)负荷法

通常工程中都在冷冻水供回水总管上设置流量和温度传感器，检测冷冻水总流量和供回水温度。通过式(2-2)可计算出冷冻水系统的瞬时制冷量。

$$Q = C_p G(t_2 - t_1) \tag{2-2}$$

式中：Q——负荷；

C_p——水的比热；

G——流量；

t_1——供水温度；

t_2——回水温度。

假设冷源由多台同型号(制冷量相同)的冷水机组组成，若单台冷水机组的最大制冷量为 q_{max}，运行台数为 N，则：

①当 $Q \leq q_{max}(N-1)$时，关闭一台冷水机组及相应循环水泵；

②当 $Q \geq 0.95 q_{max} N$ 时，且冷水机组出水温度在一定时间(可取 15 ~ 20 min)内高于设定值，开启一台冷水机组及相应循环水泵；

③当 $q_{max}(N-1) < Q < 0.95 q_{max} N$ 时，保持现有状态。

但在实际运行中，有时机组无法实现根据实际冷负荷调整制冷机的台数。例如，当开启冷水机组的产冷量远不能满足空调末端需要，此时冷冻水温由于制冷负荷的不足而升高，冷水机组出水温度超过设定值，则冷水通过风机盘管与室内空气的热交换效率下降，导致供回水温差减小，而此时供水流量未发生变化，因此计算出的冷负荷减小。这显然非真实所需的冷负荷。另外，水温传感器的精度同样也会影响到负荷法控制的准确性。

如冷源是由不同型号(额定制冷量)的多台冷水机组组成，则可以根据不同冷水机组的组合划分为不同的能级，再根据实际冷负荷在不同的能级之间进行调节。

(3)负荷 + 冷冻水供水温度再设

冷水机组的效率与机组的运行工况有关。运行工况的外在参数主要是冷却水温度和冷冻水温度。在一定范围内冷却水温度越低，冷冻水温度越高，主机的制冷效率就越高，反之，则下降。一般来说，冷冻水温度提高 1℃，或冷却水温度降低 1℃，机组的能效系数(Coefficient of Performance，COP)值可提高 3%。因此，在机组运行时，希望降低冷却水温度而提高冷冻水温度，这就是冷冻水温的再设控制。

有两种方法可以实现冷冻水温的再设控制：一种方法是工程上常用的简化方法，即根据室外气温分阶段设定出水温度。另一种方法是不断根据用户负荷的变化与运行台数的关系来确定出水温度的设定值：当需要增加冷水机组台数时，在一定程度上可以通过降低冷冻水出水温度来满足用户负荷的增长，较低的冷冻水温可以扩大末端设备的传热温差，从而增加传热量，进而推迟开启新机组的时间，而降低供水温度所增加的冷水机组的电耗总是小于增开一台冷水机组和对应水泵所产生的电耗；当冷水机组提供的负荷与用户负荷达到平衡时，可以试图提高出水温度，以减少电耗，提高效率，使水温和用户负荷在新的温度上建立热平衡。

设冷冻水供水温度的允许范围为 t_{min} 和 t_{max}，在负荷法的基础上，台数控制的规则可以进一步完善为：

①若 $Q \leq q_{max}(N-1)$时，关闭一台冷水机组及相应循环水泵；

②若 $q_{max}(N-1) < Q < 0.95 q_{max} N$，且 $t_{set} < t_{max}$，则每隔一定时间(可取 15 ~ 20 min)将 t_{set} 上升 0.5℃；

③若 $Q \geq 0.95 q_{max} N$ 时，且 $t_{set} > t_{min}$，则每隔一定时间将 t_{set} 降低 0.5℃；

④若 $Q \geq 0.95 q_{max} N$ 时，且 $t_{set} = t_{min}$，且冷水机组出水温度在一定时间内高于设定值，则开启一台冷水机组及相应循环水泵。

同样地，如冷源是由不同型号(额定制冷量)的冷水机组组成，则可以将不同的冷水机组组合划分为不同的能级，再根据冷负荷及冷冻水供水温度的实际情况进行冷冻水温的再设调节和能级调节。

(4)群控序列策略

冷水机组的群控序列策略，就是解决在启动下一台冷水机组时，决定哪一台先启动；在停止一台运行的冷水机组时，决定哪一台先停止。这种序列策略的目的是与设备管理、维修计划更好地配合，充分利用设备的无故障周期来提高设备的使用寿命。

在需要启动一台冷水机组时，可按以下策略进行：

①当前停运时间最长的优先；

②累计运行时间最少的优先；

③轮流排队等。

在需要停止一台冷水机组时，可按以下策略进行：

①当前运行时间最长的优先；

②累计运行时间最长的优先；

③轮流排队等。

为了延长机组设备的使用寿命，需记录各机组设备的运行累计小时数及启动次数。通常要求各机组设备的运行累计小时数及启动次数尽可能相同。因此，每次启动机组时，都应优先启动累计运行小时数最少的设备，特殊设计要求(如某台冷水机组是专为低负荷节能运行而设置的)除外。

2.1.2 吸收式冷水机组监控

吸收式冷水机组以热能为动力，不需消耗大量电力，可降低夏季用电高峰负荷，且对热能的要求不高(最低可为0.2个大气压蒸汽或75℃热水)，因此能利用多种低品位热能，如废热、余热、太阳能热等；通常以水为制冷剂，溴化锂溶液为吸收剂，无臭、无毒、无爆炸危险，对环境无破坏作用；整个装置除功率很小的屏蔽泵外，没有其他运动部件，运转平稳，噪声低，维护操作简单。因此，随着环保意识的增长及国际性地限制CFC类物质的实施，吸收式冷水机组的应用明显增长，尤其是在强调环境友好的绿色建筑中，更是得到了广泛的应用。

吸收式冷水机组

根据热源种类的不同，吸收式冷水机组分为蒸汽型、热水型和直燃(燃气或燃油)型三种。通常，吸收式冷水机组的监控包括四个部分，即参数检测与显示、能量调节、程序控制和安全保护与故障处理。

1. 参数检测与显示

在运行过程中，监控系统对冷水机组的运行参数及主要部件的工作状态不停地进行监测，并将这些数据送至控制中心，为冷水机组的能量调节、程序控制、安全保护与故障诊断等提供保证。

①需要检测的参数值：冷媒水进口温度、冷媒水出口温度、冷却水进口温度、冷却水出口温度、高压发生器溶液温度以及加热蒸汽/热水调节阀的开度。对于直燃型机组，还需检测燃烧状况、燃料压力、排气温度、空气压力等。

②需要检测的主要部件的工作状态：溶液泵、冷剂泵和真空泵运行状态，加热蒸汽/热水阀开启/关闭状态、稀释运行状态等。对于直燃型机组，还需检测燃料阀开启状态、燃烧器风扇运行状态等。

在采用微机控制的自动化系统中，这些参数值和工作状态除直接显示外，还加入了许多直观的图形监视功能，它可以将机组运行状态及各参数的实际值显示于系统流程图上。

2. 能量调节

吸收式冷水机组在运行过程中，用户终端的热负荷不可能一直恒定，这就要求机组的输出负荷也做相应的改变，以保持机组冷水出水温度基本恒定。吸收式冷水机组的能量调节就是当外界负荷变化时，以稳定机组冷水出水温度为目的，对驱动热源、溶液循环量等参数进行检测调节，保证机组运行的经济性与稳定性。

(1)发生器的加热量控制

一定范围内改变发生器的加热量，可以使发生器的冷剂发生量产生变化，从而改变机组的制冷量。图 2 - 14 为蒸汽型机组发生器加热量调节示意图，通过蒸汽管道上安装调节阀，利用冷水出口管道上感温元件发出的信号，调节机构控制调节阀开度，改变发生器的加热负荷，从而使冷水机组的制冷量发生变化。

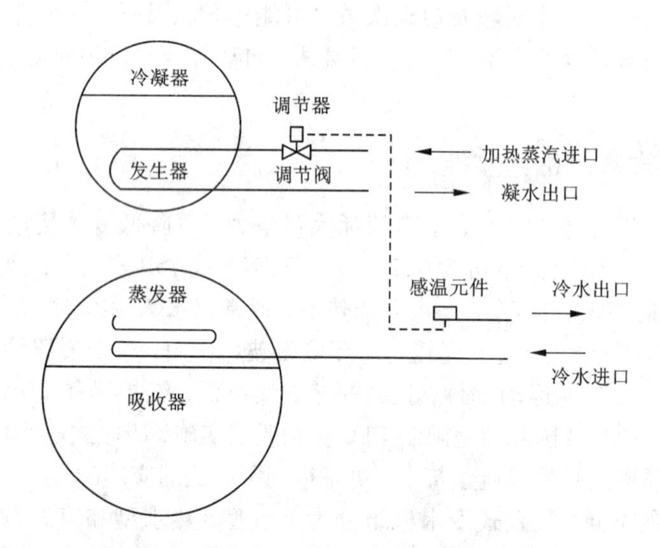

图 2 - 14 蒸汽型机组发生器加热量调节示意图

随着发生器热负荷的变化，发生器中溶液的液位也会随之变化，特别是双效机组更为明显，因此在发生器中必须安装液位控制器，以使液位基本恒定，否则会影响机组效率。如液位过低，还会使传热管暴露在液面外，从而影响到传热管的使用寿命。

采用发生器加热量控制时，调节元件安装在加热管道进口处，不涉及机组的真空系统，不受溴化锂腐蚀，且调节反应较快。但是，如果稀溶液循环量不随负荷的改变而变化，会使冷水机组单位制冷量的耗热量增加，热力系数从而降低，因此这种方法不适合于低负荷运行的机组。

(2)控制溶液循环量

当外界负荷变化时，温度传感器将蒸发器出口冷水温度变化转换成电信号，通过调节器发出指令，调节进入发生器的溶液循环量，使机组的输出负荷发生改变，保持冷水出口温度在设定的范围内(图 2 - 15)。另外，通过设在发生器中的液位计检测溶液液位的变化，调节进入发生器的稀溶液循环量，也可以达到同样的效果。

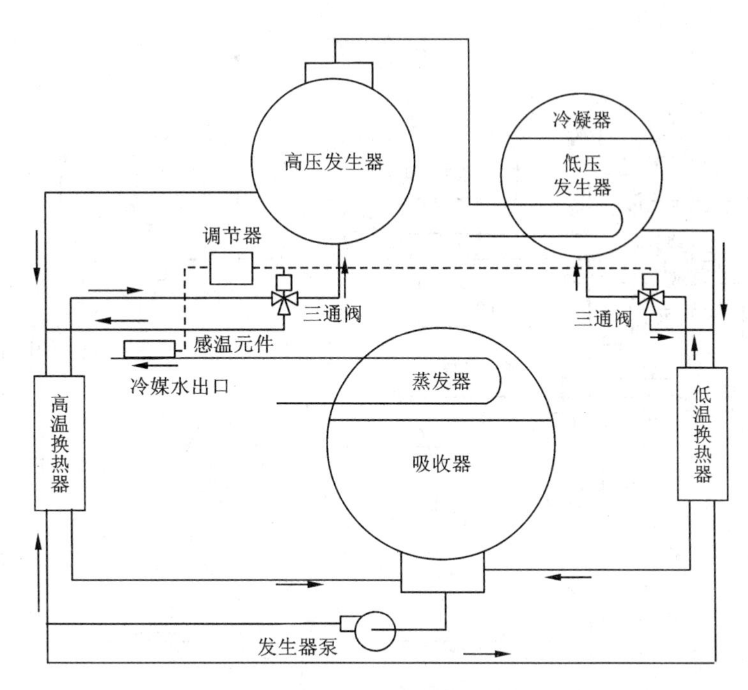

图 2－15　控制溶液循环量调节示意图

送往发生器的稀溶液循环量有几种控制方法：

①经济阀控制。经济阀就是二位阀，只有开、关两种状态，结构较为简单，控制较方便。但该方法会使发生器中溴化锂溶液的浓度波动较大，容易出现结晶的现象。

②两通调节阀控制。随着负荷的降低，单位传热面积（传热面积/制冷量）增大，蒸发温度上升而冷凝温度下降，因而热力系数上升，单位能耗减小，但这种方法不能过分减小溶液循环量，否则会出现高温侧的结晶和腐蚀。

③三通阀控制。这种方法同样具有热力系数高，单位能耗低等优点，但控制阀结构较复杂，且易损坏，因此使用较少。

④变频泵控制。这种方法控制原理与两通调节阀控制原理类似，但由于发生器泵（稀溶液泵）的功率一般较小，且不能过分减小溶液循环量，因此节能效果一般。

溶液循环量调节具有很好的经济性，但因调节阀需要安装在溶液管道上，易受溴化锂溶液的腐蚀，且对机组的真空度有影响。另外，当负荷降低的时候，如不调节发生器加热量，易使发生器中溶液浓度过高而出现结晶的现象。

（3）组合调节

图 2－16 为蒸汽机组加热量和稀溶液循环量组合调节示意图。当负荷降低时，控制安装在加热蒸汽管道和发生器出口稀溶液管道上的调节阀的开度，减少加热蒸汽量和进入发生器的稀溶液量。这种方法经济性较好，能在低负荷下运行，但系统比较复杂。加热量和溶液循环量组合调节方法是现阶段溴化锂吸收式冷水机组能量调节最常采用的方法。

（4）直燃型机组热源的控制

直燃型机组热源的控制方式一般有两种：一种是设置有两只以上的喷嘴，根据外界负荷变

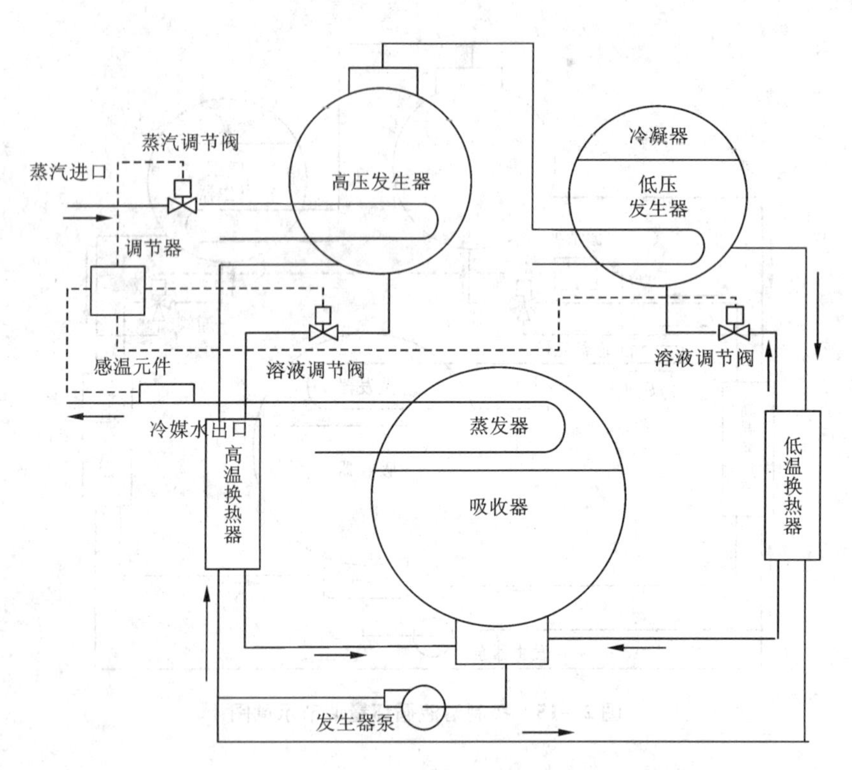

图 2－16　蒸汽机组加热量和稀溶液循环组合调节示意图

更喷嘴的数量，进行分级调节；另一种是利用调节机构来改变进入喷嘴的燃料量(图2－17)，并同时改变送入的空气量。前者控制方式较为简单，但为有级控制，热效率较低；后者虽控制设备较复杂，但能无级控制，具有明显的节能效果。

无论是何种调节方法，在调节燃量的同时必须对空气量进行调节，使燃烧器工作于稳定的燃烧范围。供应的空气量过多，超过了燃烧器稳定的燃烧范围，则会引起火焰不稳定或吹灭火焰，还会因送气量过多使烟气带走的热量增加，从而造成能源浪费。如果供应的空气量过少，则会使燃料燃烧不充分，造成能源浪费，还会引起火焰延伸或一氧化碳增加，并诱发在烟道中的二次燃烧，这是相当危险的。因此，在图 2－17 中，燃料调节阀和空气流量阀应采用流量特性相同的阀门，且两阀门之间采用机械联锁的方式，以保证两阀门的开度相同。另外，也可以根据排气中一氧化碳的含量调整送风量，以保证排气中的一氧化碳含量在 0.05% 以下，这不仅可以节约能源，还能降低工作中的危险。

3. 程序控制

程序控制是根据机组的工艺流程和规定的操作程序，启动或停止机组及其相关的设备。吸收式冷水机组在运转过程中，除了机组本身的溶液循环、冷剂水循环外，还与外界的供热系统、冷却水系统、冷水系统密切相关。根据机组的特点，按一定程序运转，无疑对机组的稳定经济运行，是十分重要的。吸收式冷水机组的运转程序控制包括程序启动、程序停机、带负荷自动开停机等内容。

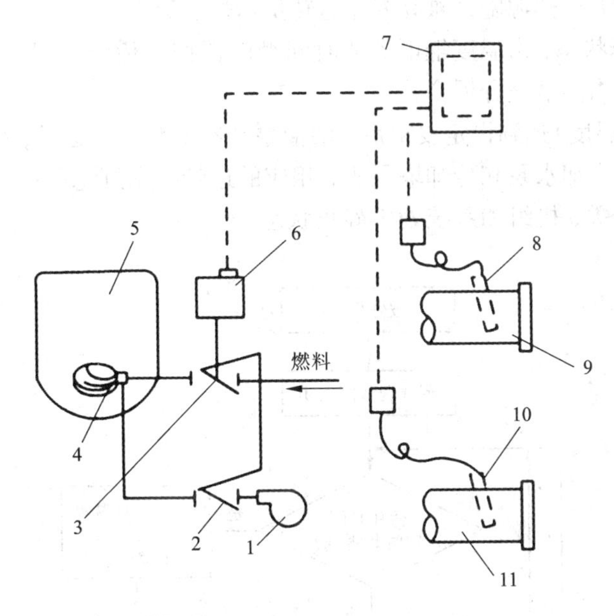

图2－17 直燃机燃料控制示意图

1—燃烧器风机；2—空气流量阀；3—燃料调节阀；4—燃烧器；5—高压发生器；
6—调节电动机；7—温度控制器；8—温度传感器；9—冷水出口管；10—温度传感器；11—热水出口管

(1)蒸汽/热水型

1)程序启动

程序启动指按顺序将冷水机组及相关系统由静止状态启动，投入运行状态，其具体步骤如下：

①合上电源开关，接通机组及系统电源。

②发出启动指令，运转指示灯亮。

③启动冷水泵与冷却水泵。安装在冷水管道与冷却水管道上的流量控制器动作，如流量在正常范围内，机组转入下一步启动程序。同时，安装在冷却水进口管道上的温度控制器动作，当冷却水温度低于低温设定温度时发出指令，调节冷却水流量，以防机组结晶；当冷却水温度高于高温设定温度时，启动冷却塔风机，进行冷却降温。

④设置的安全保护装置投入工作，对机组及系统的状态进行检测，确保机组安全进入启动状态。如果发生故障，机组停止启动，处于自锁状态。

⑤启动溶液泵，待发生器液位处于正常液面后，打开热源控制阀，对溶液进行加热。

⑥启动冷剂泵。冷剂泵的启动控制常用的有两种方式：一种是以溶液泵的开动时间为依据，延迟若干分钟后启动；另一种由蒸发器上安装的液位控制器发出信号，当液位达到一定高度后自动启动冷剂泵。冷剂泵启动后，机组进入制冷状态。

2)程序停机

溴化锂机组的程序停机是指机组及系统按顺序由工作状态转为停止状态。由于溴化锂浓溶液在低温时容易结晶，程序停机的一个主要目的是将机组内的溴化锂溶液充分混合，使发生器内的浓溶液浓度降低，避免在低温时出现结晶现象，因此溴化锂吸收式机组的程序停机又称为“稀释停机”。其步骤如图2－18所示。

①停机信号发出后，热源随即被切断，运转指示灯熄灭；

②机组转入稀释状态，由温度继电器或时间继电器控制稀释过程，溶液泵、冷剂泵继续运转一段时间，使机内溶液充分混合；

③稀释时间(或温度)达到设定要求后，溶液泵和冷剂泵停止运转，处于停机状态；

④关闭冷水泵、冷却水泵和冷却塔风机，相应的运转指示灯熄灭；

⑤闭合总电源开关，机组和系统处于静止状态。

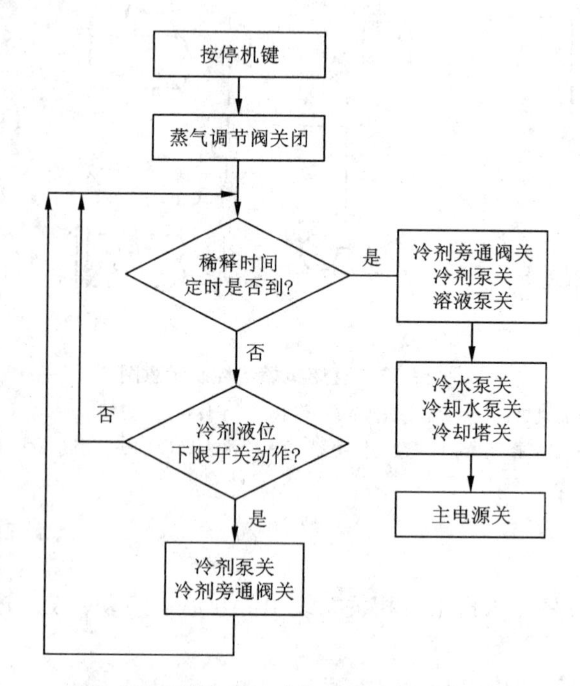

图 2－18　溴化锂冷水机组程序停机流程图

3)带负荷自动开停机

所谓带负荷是指机组与系统都已进入工作状态。由于使用场合负荷发生变化，机组的输出能量也相应地发生改变。带负荷自动开停机就是机组在负荷状态自动开停机。如负荷低到造成冷媒水温度降到停机温度的设定值(一般为 4℃)，则应使机组正常停机。溴化锂机组停机前先转入稀释运行，持续 15 min，在 15 min 内如冷媒水温度回升到控制值的上限，机组重新回到制冷运行，否则停机。停机后，机组处于等待负荷阶段，待冷媒水温度回升到上限值时，重新投入制冷运行。具体如图 2－19 所示。

4)故障停机

溴化锂吸收式冷水机组在运行中出现故障时，需进行停机进行检修。由于故障的性质不同，其导致的后果也不同。对于发生器异常故障，可采用正常的程序停机，待机组内的溴化锂溶液充分混合后停机。对于泵异常及冷冻水、冷却水异常，由于正常的程序停机时间较长，可能会导致相关设备的损坏，因此不采用稀释停机方式，直接停止所有泵工作，并同时报警。图 2－20 为溴化锂蒸汽吸收式机组各类故障停机流程图。

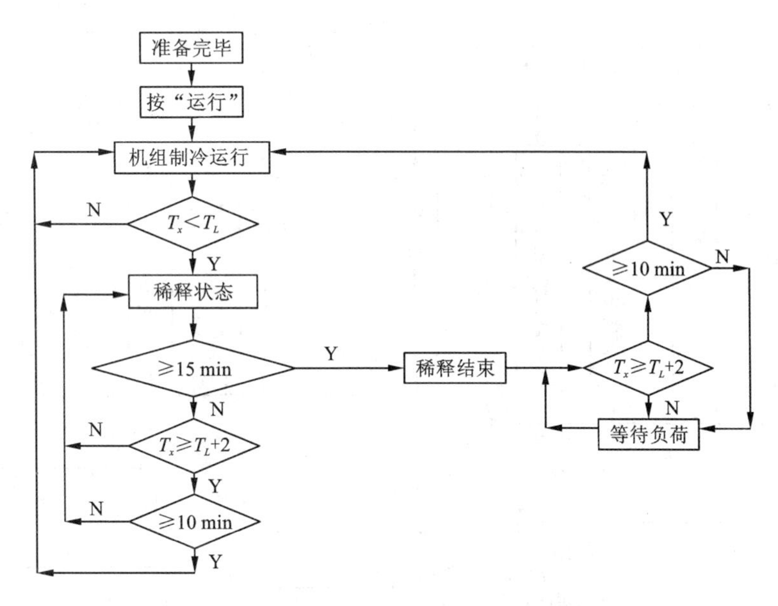

图2-19　溴化锂制冷机带负荷开停机流程图

T_x—冷水出口温度，℃；T_L—停机温度设定值，℃

(2)直燃型

1)程序启动

燃气直燃机组在启动时应检查冷热水转换开关的位置、冷热水转换阀的位置、燃气阀打开的位置，并控制风门位于燃气供给较少的位置。当判明上述开关和阀的位置后，按下列启动程序投入运转：

①启动冷水泵、冷却水泵和冷却塔风机；

②确定保护系统正常工作；

③燃烧控制器动作，风机启动；

④电磁点火阀打开；

⑤火花塞点火；

⑥检查火焰，确认点火装置正常点火；

⑦时间继电器动作，火花塞停止点火；

⑧时间继电器动作，燃气截止阀开启；

⑨主燃烧器点火，投入正常运行。

当②和⑥不能正常完成时，发出报警信号，机组停止运行。

2)程序停机

停机信号发出后，先关闭燃气截止阀和燃气供给主阀，停止燃料供给，然后再进行炉膛扫气。当完成这些程序后，再进行稀释停机，与蒸汽型机组相同。

3)故障停机

①当出现冷水断水或冷水量不足、屏蔽泵故障、冷剂水温过低时，不做稀释运转而直接停机，同时发出声光报警信号，有关的故障指示灯亮。

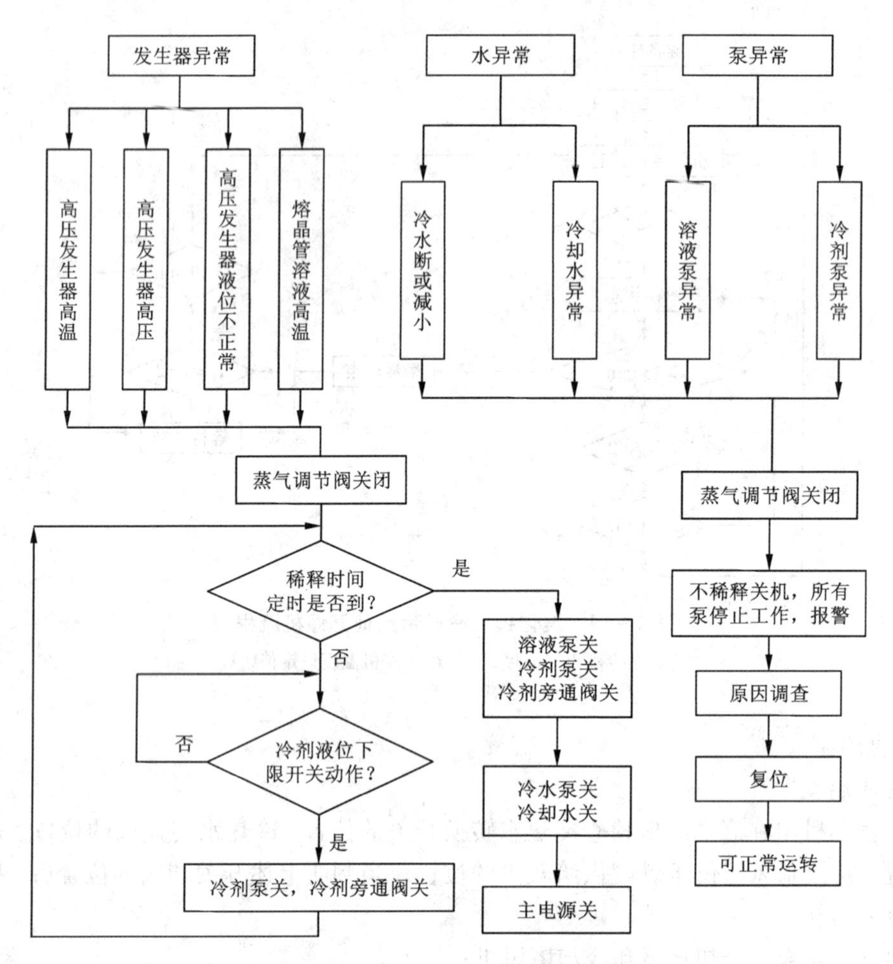

图 2－20 溴化锂蒸汽吸收式机组故障停机流程

②当发生熄火、高压发生器液位过高或过低、高压发生器压力过高、燃气排气温度过高等故障时，紧急切断气源，并在稀释运转后停机，故障报警，有关的故障指示灯亮。

4. 安全保护

安全保护的作用是监控机组的运行状态，一旦机组发生故障，及时发出报警信号并采取相应措施，以保证机组安全运行。溴化锂吸收式冷水机组的故障可分为自处理故障和非自处理故障两类。自处理故障又称为轻故障，如冷媒水低温、冷剂水液位过高或过低、高压发生器溶液液位过高以及熔晶管溶液高温等。这类故障发生后，机组控制系统能针对故障情况采取相应措施，自行处理。非自处理故障也称为重故障，包括冷水流量减少、屏蔽泵过载、高压发生器高压、高温等，由于这些故障机组本身无法处理，只能报警停机。

对于蒸汽型和热水型吸收式机组，主要有以下安全保护：

(1)冷媒水低温保护

冷媒水温度降低，表明机组负荷下降；当冷媒水温度过低时，会造成蒸发器管冻裂。在冷媒水出口管道上设置温度控制器，报警温度为 3～4℃。当冷媒水温度低于报警温度时，报警，关闭加热，机组转入稀释运行；当温度回升到设定值＋差动值（1～2℃）以上时，重新恢复正常运行。

（2）冷媒水流量过小及断水保护

冷媒水流量过低及断水时，蒸发器管将会冻裂。这属于严重事故，因此溴化锂吸收式冷水机组中冷媒水流量的减小幅度只允许在额定流量的80%以内。冷媒水流量过小及断水保护可采用冷媒水泵压差发出信号，因为流量增大时，泵压差大；流量减小时，泵压差小。设定在冷媒水流量降到额定流量80%所对应的泵压差值时，压差控制器动作，发出报警和停机信号。冷媒水系统故障排除后，流量恢复到额定流量的95%以上，才可以重新启动冷水机组。

需要注意的是：如果冷媒水系统中有杂物，使流道部分受堵，导致水阻力增大。这种情况下，流量减小，却反映不出压差降低，甚至压差还可能提高，造成保护功能丧失。因此，需要经常核对运行中压差—流量特性有无畸变。冷媒水流量过小及断水保护也可采用压差流量计发出信号，当冷媒水水量低于给定值时，发出警报，并使冷水机组停机。

（3）冷却水断水或流量过小保护

当冷却水断水或流量过小时，会导致发生效果与吸收效果下降，从而降低了机组效率，同时还可能导致浓溶液结晶及冷却水泵易烧坏。采用流量控制或压差控制，根据冷却水流量或冷却水泵进出口之间的压力差执行开关动作。当冷却水流量减小到一定值（如额定值40%以下）时，或冷却水泵进出口压差低于设定值时，声光报警，关闭热源，直接停机。

（4）冷却水温度过高或过低保护

当冷却水温度过低时，会导致如下问题：稀溶液温度低，热交换器浓溶液出口处易结晶；冷凝压力低，冷剂水易受发生器溴化锂溶液污染；冷凝水增多，蒸发器冷剂水液位下降，冷剂泵气蚀破坏。当冷却水温度过高时，会导致如下问题：冷凝压力高，抑制发生器发生强度；吸收温度高，降低吸收器吸收效果。因此，当检测到冷却水温异常时，如冷却水温高于35℃或低于20℃（部分公司允许最低温度为10℃）时，声光报警，关闭热源，直接停机。

（5）机组泄漏保护

溴化锂吸收式冷水机组在极高的真空下工作，当机组发生泄漏时，空气很容易进入机组内。另外，溴化锂溶液对金属材料的腐蚀，也会产生氢气等不凝性气体。随着机体内不凝性气体的增加，会严重影响蒸发与吸收效果，使得送往发生器的稀溶液浓度升高，导致发生器溶液浓度过高而发生结晶故障。可在自动抽气装置集气筒上设置真空检测仪表，如发现泄漏，立即报警并启动真空泵排气（图2－21）。

（6）熔晶管高温保护

结晶是溴化锂吸收式机组经常出现的故障。当溴化锂溶液温度过低或浓度过高时，往往就会出现结晶故障，使机组循环产生故障，无法正常工作。全负荷运行时，熔晶管不发烫，说明机组运行正常。一旦出现结晶，由于结晶一般首先发生在溶液热交换器的浓溶液出口端，因此浓溶液出口被堵塞，发生器液位越来越高，当液位高到熔晶管位置（溶晶管安装在发生器上部），溶液就绕过溶液热交换器，直接从熔晶管回到吸收器，因此，熔晶管发烫是结晶的显著特征。这时，发生器液位高，吸收器液位低且温度高，机组性能下降。设温度控制器，当溶晶管温度高时，温控器动作，开始报警，并使机组转入稀释运行，这时温度较高的稀溶液通过溶液热交换器，就可将溶液热交换器浓溶液出口端的结晶融化掉，恢复机组正常运行，如图2－22所示。

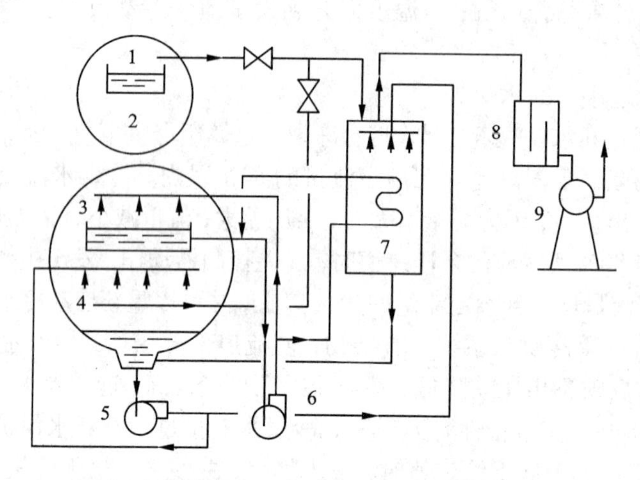

图 2－21 溴化锂吸收式冷水机组机械抽气装置

1—冷凝器；2—发生器；3—蒸发器；4—吸收器；5—吸收器泵；6—蒸发器泵；7—水气分离器；8—阻油器；9—旋片式真空泵

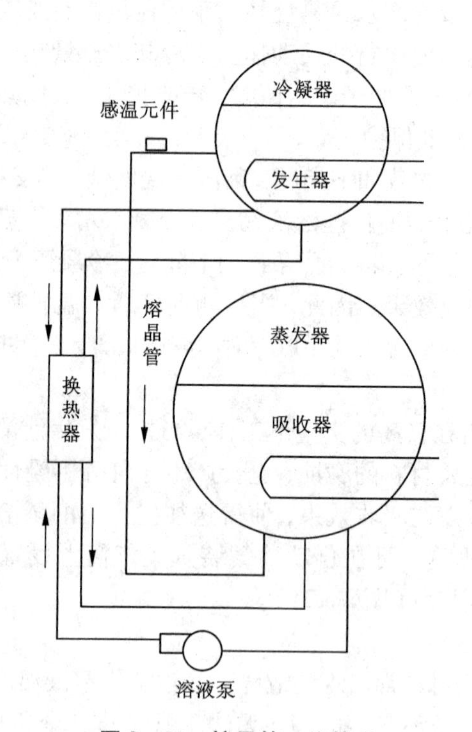

图 2－22 熔晶管工作管理

(7)屏蔽泵保护装置

系统中使用的溶液泵和冷剂水泵又称屏蔽泵，屏蔽泵是溴化锂吸收式冷水机组的“心脏”，是机组运转中唯一的运动部件。如屏蔽泵发生故障，会导致机组不能运行。造成屏蔽泵故障的原因很多，主要有：泵的叶轮卡死，产生过负荷，使电机烧坏；电机单相运行，电源负荷不平衡，等等。为了防止上述事故发生，一般在屏蔽泵的电路中装设过负荷继电器(如热继电器)。当屏蔽泵卡死或其他原因超负荷时,电机温度升高,电流过大,此时继电器动作,切断电源,使屏蔽泵停止运转。

对于直燃型机组,除了与蒸汽/热水型机组一样具有低温保护、防结晶保护、液位控制和屏蔽泵保护装置外,还有一些特殊的保护装置。

(1)安全点火装置

直燃型机组的燃烧系统分为主燃烧系统和点火燃烧系统。主燃烧系统是机组的加热源,由主燃烧器、主稳压器、燃料控制阀等组成,供机组在运行时使用;点火燃烧系统由点火燃烧器、点火稳压器、点火电磁阀等构成,其作用是辅助主燃烧器点火。点火燃烧器内设有电打火装置,启动时,点火燃烧器先投入工作,经火焰检测器确定正常后,延时打开主燃料阀,使主燃烧系统进行正常燃烧,一旦主燃烧器正常工作,点火燃烧器即自动熄火。如果点火燃烧器点火失败,受火焰检测器控制的主燃烧器阀将不会被打开,防止燃料大量溢出,发生泄漏或爆炸事故。

(2)燃料压力保护装置

机组工作时,需要保持燃料压力稳定。燃料压力的波动会使正常燃烧受到影响,严重时甚至会产生回火或熄灭等故障。因此,在燃气(油)系统中安装燃气(油)压力控制器,一旦燃气(油)压力的波动超过设定范围,压力控制器立即动作,发出报警信号,同时切断燃料供应,使机组转入稀释状态。

(3)熄火安全装置

当燃气型机组熄火或点火失败时,炉膛中往往留有一定量的燃气。这部分气体应及时排出机外,否则再次点火时有产生燃气爆炸的危险,而引发事故。一般采用延时继电器等控制元件,使燃烧器的风机在熄火后继续工作,将炉膛内的燃气吹扫干净。

(4)排气高温继电器

当排气温度超过300℃以上时,排气高温继电器动作,使机组自动停止运行。

(5)空气压力开关

当空气压力低于490 Pa时,空气压力开关动作,使机组自动停止运行。

(6)燃烧器风扇过电流保护

设置继电器或熔断器等保护装置,防止燃烧器风扇故障。如过载保护器动作,机组自动停止运行。

2.1.3 供热锅炉监控

锅炉是实现将“一次能源”(即从自然界中开发出来未经动力转换的能源,如煤、石油、天然气等)经过燃烧转化成“二次能源”,并且把工质(水或其他流体)加热到一定参数的热能设备。图2-23为供热锅炉结构示意图。为了确保供热锅炉能够安全、经济地运行,合理调节其运行工况,满足建筑热负荷的需要,节能降耗,减少烟气对大气的污染,减轻操作人员的劳动强度,提高管理水平,必须对锅炉及其辅助设备进行监控。

供热锅炉监控的主要任务有:

①保持汽包水位和炉膛负压在规定范围内;

②使锅炉蒸发量满足负荷的需要;

③保持蒸汽或热水的压力和温度稳定;

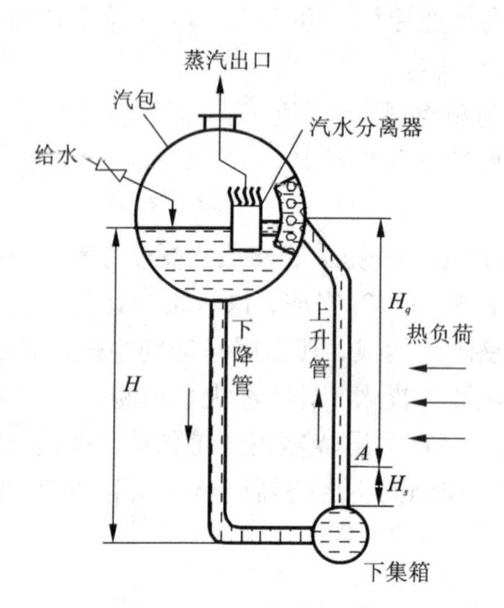

图 2－23 供热锅炉结构示意图

④保持燃烧经济性和运行安全性。

按照性质的不同，供热锅炉的监控通常包括燃烧控制、运行调节和安全保护三个部分。

1. 燃烧控制

供热锅炉燃烧控制的主要目的是保证加热的工艺参数，维持蒸汽压力稳定；保持一个较佳的空燃比（空气与燃料的比例），达到经济燃烧；保证燃烧设备安全运行。按照锅炉所使用的燃料或能源种类，供热锅炉分为燃煤、燃气（如天然气、城市煤气、沼气等）、燃油（如柴油、机油、煤油等）和电锅炉等类型。由于它们的燃烧过程和工作机理不同，如燃油与燃气是将燃料随空气喷入炉室内混合后进行燃烧（即室燃烧）；燃煤锅炉是将燃料层铺在炉排上与送风混合后进行燃烧（即层燃烧）；电锅炉则是通过电加热元件，消耗电能，对工质进行加热。所以，不同供热锅炉燃烧系统的监控功能和过程也不同。

（1）燃煤锅炉的燃烧控制

对于采用层燃烧的燃煤锅炉（链条炉）（图 2－24），燃烧控制的方式一般有位式控制、风煤比连续控制、氧量校正风煤比连续控制等。

1）位式控制

位式控制分为双位控制和三位控制两种。气压超压或低于给定值，就表示锅炉的蒸汽生产量与负荷蒸汽量不平衡，此时必须改变燃料量，以改变锅炉的燃烧发热量，从而改变锅炉蒸汽量，以恢复蒸汽干管压力为额定值。使用双位控制时，压力控制器在气压偏离额定值时，能切除或投入送、引风机和加煤机，锅炉随之停运或满载运行。三位控制将锅炉运行分为满载、中载、停运三个状态：当锅炉满载运行时，如压力高于某给定值时，则压力控制器动作，使送、引风机和加煤机降低其出力到某一中间值，即进入中载运行状态；当锅炉在中载运行时，压力如继续升高，控制器就切除送、引风机及加煤机，使锅炉停运；反之，当锅炉中载运行时，如压力持续低于某给定值，则系统加载至满负荷运行状态。

位式控制采用的设备简单、投资省，但是持续工作，气压会有一定的波动。由于小容量

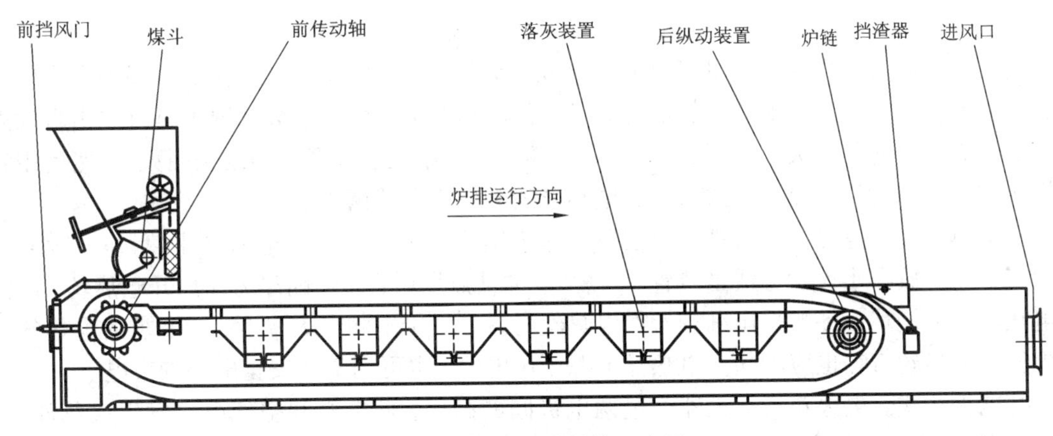

图2-24 链条炉结构示意图

的供热锅炉相对来说水容量较大，蓄热能力也大，锅筒压力变化速度较缓慢，且建筑用汽对气压稳定性要求不高，允许波动范围大，故一般小型供热锅炉(6.5t/h以下)可使用位式控制。

2)连续控制

对于容量较大的供热锅炉，由于锅筒容积，燃烧强度以及热惯性等方面与小型锅炉均有较大区别，送、引风机等辅助设备功率也相应较大，不允许频繁启停，也不允许突然变速，因此不能采用位式控制。为了保证蒸汽质量、合理燃烧工况、安全生产及延长辅机使用寿命，应采用连续控制。但供热锅炉如完全按照电站锅炉燃烧控制方案，则投资高，调试、整定、维修工作量大，故供热锅炉一般采用如下方案：

①风煤比连续控制。以蒸汽压力或出水温度变化为信号调节给煤量(调节给煤机构的速度或位置)，并按比例控制送风量和引风量。这种方法只要根据具体的工艺确定最佳的风煤比，就可以使系统既能保证蒸汽压力稳定，又可保证燃料充分燃烧，节约能源。

风煤比连续控制系统结构简单，适合于燃料量干扰小、燃料量容易测量的场合。一般来说，可用于20 t/h左右的链条炉。但在实际工程中，由于对煤量的测量不易准确，且煤质(水分、灰分、发热量)和煤层厚度等很不一致，对燃烧过程都有很大影响。而且当负荷波动较大时，虽然燃料-空气的信号比可以保证，但由于风门线性太差，也影响风煤比。所以，在燃料干扰、负荷波动等的影响下，系统的经济稳定性会受到影响。

②氧量校正风煤比连续控制。因为烟气中的过量空气系数 α 能比较正确地反映燃烧经济性，因此，检测烟气成分并对燃料-空气比值进行修正，就可以提高效率。

$$\alpha = \frac{0.21}{0.21 - w(O_2)_{烟}} \tag{2-3}$$

式中：$w(O_2)_{烟}$ 为烟气中的含氧量。

从式(2-3)可知，烟气中的含氧量可以直接反映空气过剩系数，所以可以采用以蒸汽压力变化和烟气含氧量变化(一般控制烟气含氧量为3%~6%)为信号调节给煤量，并相应调节送风量和引风量。这种方法控制相互协调，燃烧经济性较好，但需进行烟气含氧量检测。

现阶段，供热锅炉烟气含氧量的测量一般采用氧化锆氧量计。

(2)燃油和燃气锅炉的燃烧控制

1)自动点火

自动点火装置的作用是提供可靠的引火源，安全地将燃烧器点燃。在供热锅炉燃烧装置中，由于燃烧器的负荷都很大，因此很难用火花将其直接点燃。多数情况下是首先由自动点火装置引燃小负荷的点火燃烧器，产生一个火种(又称小火、值班火焰或长明火)，然后用它点燃主燃烧器。常用的点火方式可分为电热丝式和电火花式两类。

①电热丝式。电热丝式自动点火装置是靠金属或非金属丝在通电后产生热量点燃小火。一般将电热丝放在小火附近适当位置，当燃气/油被点燃后，火焰因浮力而离开电热丝，以保证电热丝不被烧坏。一般采用细铂丝作电热丝材料。对于不同着火温度，所要求的电热丝线圈内径及电热丝直径也应不同。电热丝电源可用电池，也可用降至安全电压的市电。

②电火花式。电火花式点火器通过两电极间的高压，使电极间空气电离发生火花放电，进而引燃气/油。根据产生高电压的方法不同，可分为市电脉冲点火装置，电子脉冲点火装置及压电陶瓷点火装置几种。

2)燃烧过程控制

燃油和燃气锅炉的燃烧控制常采用比值控制。比值控制是将两种或两种以上的物料按一定的比例混合或参加化学反应。过程一般如下：通过实时监测蒸汽压力、燃油/燃气的流量和送风量的参数大小，送入计算机，经过相应控制规律的运算，产生相应的控制指令，改变燃油/燃气电动调节阀和送风电动调节阀的开度大小，控制送入炉膛的燃油/燃气流量和送风量，达到合理的燃油/燃气－空气的比例，实现经济燃烧。同时，把燃油/燃气电动调节阀和送风电动调节阀的阀位信号反馈到控制系统。

①引射式燃料/空气比例控制。这种方法最简单，所用设备最少，又可分为燃料引射空气式和空气引射燃料式两种。这种方法调节性能较差，但由于其结构简单，制造容易，造价低，因此仍得到广泛应用。图2－25为燃气引射空气的燃烧器。

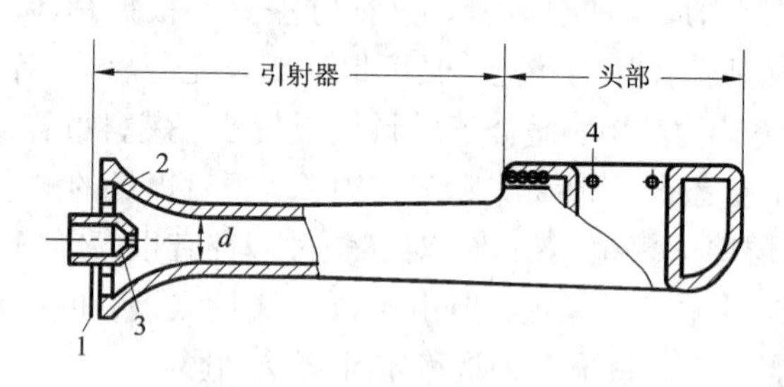

图2－25　燃气引射空气的燃烧器

1—调风板；2—一次空气口；3—喷嘴；4—火孔

②组合阀控制。这种方法要求燃料及空气都具有恒定压力，这样，当燃料阀与空气阀联动时才能保证比例恒定。另外，两个阀门应具有同样的流量特性，且两阀之间采用机械装置联锁，如连杆、链条连接等，以保证相同的开度。

③压力控制。当燃烧器喷嘴面积恒定时，可通过改变燃料和空气压力来调节燃料/空气比例。这种方法需测量燃料和空气的压力，成本增加，但可以提高燃烧的经济性。

④流量控制。对燃料和空气的流量同时进行测量，并控制其中之一的流量，使它与另一

方匹配，以获得预定的比例。一般来说，先调节燃料量，再调节空气量与之相适应。这种方法燃烧的经济性最好，但由于需要测量燃料和空气的流量，成本较高。

2. 运行调节

当锅炉在运行过程中受到干扰，其参数会偏离工艺要求的设定值，因此，为了保证提供合格的蒸汽，满足各用汽设备的技术要求，并实现安全、经济运行的目的，必须对生产过程中的各个参数进行严格的控制。

（1）汽包水位控制

锅炉汽包水位是保证锅炉安全运行和提供合格热媒的重要参数。水位过高，会影响汽水分离装置的正常工作，导致蒸汽带水，影响下游用热设备的使用；水位过低，则会破坏锅炉的水循环，造成“干烧”，甚至引起爆炸事故。所以，需设置锅炉给水控制系统，使得给水流量适应汽包的蒸发量，维持汽包中水位在正常波动范围，保证给水流量的稳定。

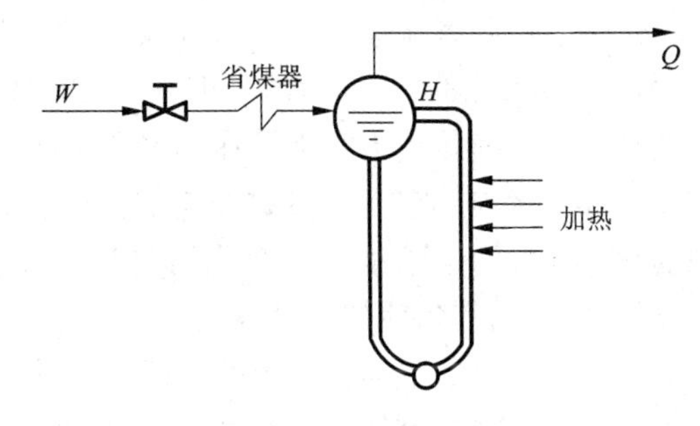

图2－26　汽包水位平衡关系

汽包水位反映了锅炉给水量和蒸汽量的平衡关系（图2－26），给水量和蒸汽量的变化会造成了汽包水位的波动。图2－27与图2－28分别给出了给水流量W、蒸汽流量Q发生变化时对汽包水位H的影响。

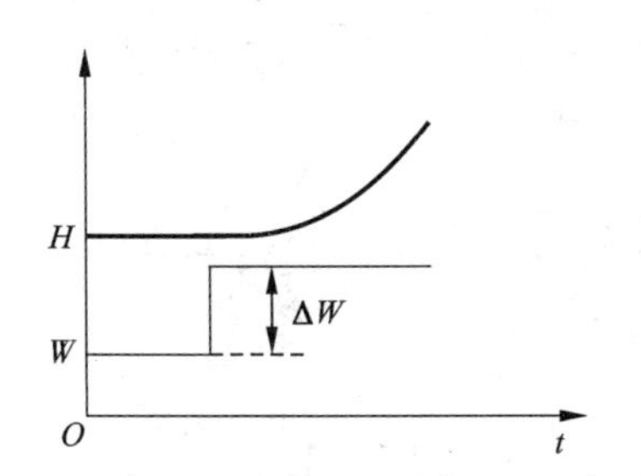

图2－27　给水量扰动下水位响应曲线

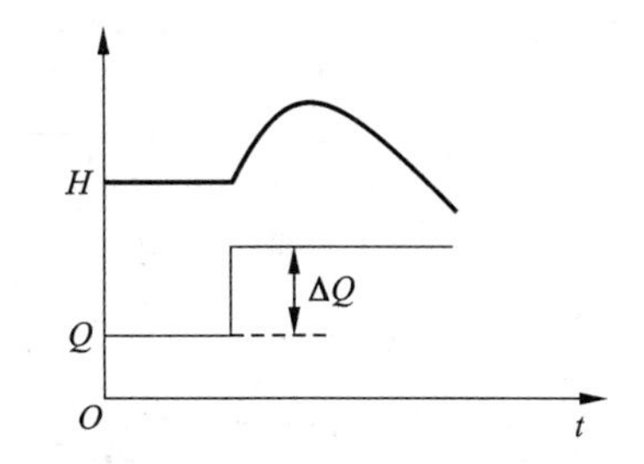

图2－28　蒸汽量扰动下水位响应曲线

从图2－27可以看出，当给水量阶跃变化时，由于给水温度低于汽包内的饱和水温度，低温给水会吸收饱和水部分热量，使得水面下气泡体积减小，进入汽包的水需要填补气泡减小所空余出的容积，此时虽然给水量增加但是汽包水位基本不变，直到水面下气泡容积稳定后，汽包水位才随给水的增加而直线上升，即给水量发生变化时汽包水位不能立即做出相应的反应。

从图2－28可以看出。当蒸汽流量阶跃变化时，汽包储水量减少，但同时汽包压力降低导致水密度降低，反而使汽包水位“上升”，从而形成“虚假”水位现象。随着过多热量输出，汽包温度下降，水密度变化使水位回落，虚假水位过程才结束，较大的水位偏差随之显现。

汽包水位控制可以采用锅炉汽包水位作为单一调节信号，即单参数控制；也可采用汽包水位作为主要调节信号，又以蒸汽流量作为辅助信号进行控制，称作双参数控制；还可以锅炉汽包水位作为主要调节信号，以蒸汽流量和给水流量作为辅助调节信号，称作三参数控制。这几种控制方式各有优缺点，适用于不同的锅炉系统。

①单参数控制：该方式结构简单，适用于“虚假水位”现象不严重的小型锅炉，控制品质较好。但是，对于锅炉汽包水位变化速度快及“虚假水位”现象严重的锅炉则不应使用，否则会导致控制品质下降，影响锅炉的安全运行。

②双参数控制：该方式在单参数闭环负反馈控制的基础上，引入蒸汽流量作为前馈信号，构成前馈控制系统。由于增加了蒸汽流量信号的超前作用，能够有效地克服蒸汽流量扰动对锅炉汽包水位的影响，消除“虚假水位”现象，保证控制质量。但该方法不能及时反映给水方面的干扰，因此当给水干管压力经常有波动时不宜采用该方法。

③三参数控制：它在双参数控制的基础上，又引入了给水流量信号，能及时反映给水流量的变化，有效消除给水水压变化而引起的气包水位变化的影响。该方式控制及时，有较强的抗干扰能力，能够克服“虚假水位”、蒸汽压力变化及给水总管压力变化的影响，可有效控制锅炉水位的变化，显著改善控制品质，尤其适用于负荷容量较大，容量滞后较大的大、中型锅炉。图 2－29 为某锅炉汽包水位三参数控制原理图，该系统采用汽包水位反馈，结合蒸汽流量前馈，构成串级与前馈符合控制系统。

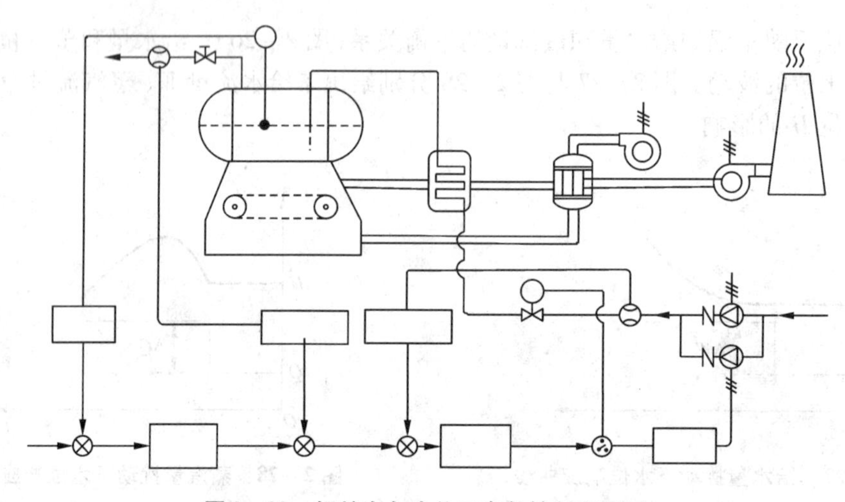

图 2－29 锅炉汽包水位三参数控制原理图

在图示锅炉汽包水位三参数控制系统原理图中，控制要点如下：

a. 汽包水位反馈控制回路作为外环。根据水位反馈量与其设定值的偏差，水位控制器输出控制量 Q_{WS1} 作为内环给水流量设定值的第一部分，通过调节阀（或变频泵）调节给水流量，自动纠正水位偏差，使水位稳定在设定值附近。

b. 给水流量反馈控制回路作为内环。其作用是使给水流量能够及时跟随其设定值的变化，保证给水量满足汽包水位的需要。该回路能够克服汽包压力变化等因素对给水流量的影响。

c. 蒸汽流量作为汽包水位的前馈控制量，改善“虚假水位”时的控制效果。在汽包水位合适的情况下给水流量应与蒸汽流量相适应，为此把蒸汽流量作为内环给水流量设定值的第二

部分 Q_{WS2}，使给水流量跟随蒸汽流量的变化，可及时有效地补偿蒸汽流量变化对水位的扰动。

d. 采用两台给水泵，一个调节阀，两种运行模式：主泵变频 + 阀位定点，副泵工频 + 阀位调节。

(2) 炉膛负压控制

炉膛一般采用负压操作。如果炉膛负压太小甚至偏正，则局部地区容易喷火，不利于安全生产，也不利于环境卫生；如果负压太大，会使大量冷空气漏入锅炉，增大引风机负荷和排烟带走的热损失，不利于经济燃烧，另外，还会降低漏风点以后炉膛温度，使得传热效果下降。所以，炉膛负压必须控制在一定范围内，一般维持在炉膛出口压力为 -20 ~ -50 Pa，通过调节风门的开度来控制，并且引入送风量作为前馈信号(图 2-30)。

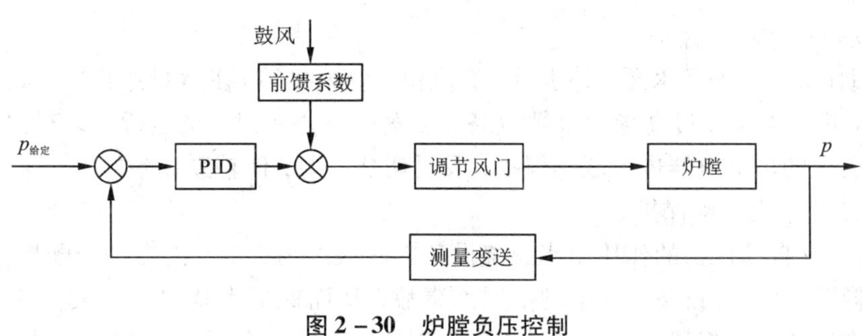

图 2-30 炉膛负压控制

3. 安全保护

当锅炉及其辅助设备的运行工况发生异常或关键运行参数越限时，立即发出声光报警信号，并同时采取联锁保护措施进行处理，避免事故(如损坏设备或危及人身安全)的发生或扩大。其主要内容包括：高、低水位的自动保护，超温、超压的自动保护，熄火的自动保护等。

(1) 蒸汽压力超压自动保护

由于蒸汽压力超过规定值时，会影响锅炉和其他用热设备的安全运行。所以，当蒸汽压力超限时，超压保护系统自动停止相应燃烧设备，减少或停止供给燃料；同时进行声光报警，开启安全阀，释放压力，确保锅炉设备和操作人员的安全。

(2) 低油压自动保护

对于燃油锅炉，油压过低会导致雾化质量恶化而降低燃烧效率，甚至可能造成炉膛爆炸等事故。所以，当油压低于规定值时，系统自动切断油路，停止锅炉的运行。

(3) 高、低油温自动保护

对于燃油锅炉，油温高有利于雾化，但油温过高，超过燃油的闪点(如 0#柴油的闪点温度为 58℃)时，可引起燃油自燃，酿成事故；油温过低将导致燃油的黏度增大，影响雾化质量和降低燃烧效率。所以，当燃油温度超限时，应停止锅炉运行。

(4) 低气压自动保护

对于燃气锅炉而言，燃气压力过低会影响燃气的供应量和燃烧工况，可能造成回火。所以，当燃气压力低于规定值时，停止锅炉的运行。

(5)风压高、低自动保护

风压过高，会增加排烟损失；风压过低，空气量不足，影响正常燃烧。采用空气压力开关，当风压低于设定值下限或高于设定值上限时自动停止相应燃烧设备，并进行报警。

(6)汽包水位高、低自动保护

水位过高会影响汽水分离装置正常工作，导致蒸汽带水，影响下游用热设备的使用；水位过低会破坏锅炉水循环，造成“干烧”，甚至引起爆炸事故。过低水位立即停止锅炉运行，并声光报警；低水位启动备用水泵，声光报警，但不停炉；高水位中断给水，声光报警，但不停炉。

(7)排气温度过高自动保护

排气温度过高会损坏省煤器，造成能源大量浪费。采用排气高温继电器，当排气温度超过300℃停机。

(8)电动机过载自动保护

对于辅助设备(如循环水泵、补水泵、送风机、引风机等)在运行过程中，如果电动机过载，会使电动机线圈温度过高导致烧毁设备，引发火灾。所以，当运行电动机过载时，采用电动机主电路中的热继电器进行联锁保护，及时切断电源，使辅助设备停车。

(9)燃油/气熄火自动保护

燃油/气熄火自动保护的作用是当燃烧设备内的火焰熄灭时，能自动切断燃油/气，防止未燃油/气继续进入燃烧设备，以免发生爆炸事故，从而保证燃烧设备的安全工作。一般可采用火焰安全装置进行报警，它可以对火焰是否持续存在进行检测。根据工作原理的不同，火焰安全装置分为温度式、光电式、火焰离子化式等类型。当火焰安全装置发出报警信号后，首先关闭燃料阀，切断燃油/气，然后声光报警，最后再进行20 s左右的后扫气。

2.2 中央空调系统调节

空调系统的空气处理方案和处理设备容量是在室外空气处于冬、夏设计参数以及室内负荷为最不利时确定的。尽管空调系统在投入使用前已经过调试，在当时特定的室外参数和室内负荷条件下满足了预定的设计要求，但是，从全年来看，室外空气参数在绝大多数时间内是处于冬、夏设计参数之间的，而且室内热(冷)湿负荷也是经常变化的。在这种情况下，如果空调系统的运行不做相应的调节，室内参数将会发生变化或波动，这样就不能满足设计要求，而且浪费了空调冷量和热量。因此，空调系统的运行必须根据室外气象条件和室内热、湿负荷变化及时进行调节，才能在全年(不保证时间除外)内，既能满足室内温湿度要求，又能达到经济运行的目的。

中央空调系统包括空气处理设备及送/排风系统和水输送系统。中央空调系统自动调节的任务就是当室内温湿度偏离设定值时，根据偏差自动地控制各种空调设备的实际输出量，使室内温湿度保持在一定范围内，以满足空调的要求，并节约能源。

2.2.1 空气处理设备控制

空调系统中的各个设备容量根据空调房间内可能出现的最大热、湿负荷进行确定，但在实际运行中，由于房间受到内部和外部各种条件的干扰而使室内热、湿负荷不断地发生变化，因此自动控制系统就要能控制有关的执行机构改变其相对位置，从而使实际输出量发生改变，以适应空调负荷的变化，满足生产和生活对空气参数(温度、湿度、压力及洁净度等)的要求。根据处理空气对象的不同，空调系统中的空气处理设备可分为风机盘管、新风机组、空调机组等种类。

1. 风机盘管控制

风机盘管(Fan Coil Unit，FCU)属末端换热设备，可用于全水系统或空气 - 水系统中。它由翅片盘管、风机段和过滤段等组成。房间内空气在风机作用下在供冷水或热水的盘管间不断循环，从而达到冷却/加热、除湿、过滤的目的。

风机盘管的控制通常是通过对风机转速的控制或调节供冷水或热水的流量来控制室内温度，如图 2 - 31 所示。

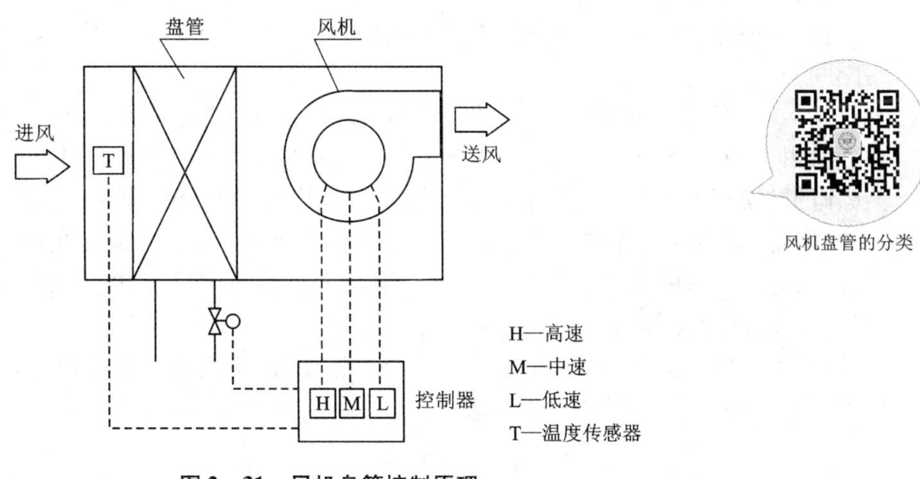

图 2 - 31 风机盘管控制原理

(1)风机转速控制

目前几乎所有的风机盘管均可实现对其风机的高、中、低三速运转的控制。通常，三速控制是由使用者通过三速开关来选择的，因此也称为手动三速控制。三速开关应设于方便使用者操作的地点。

风机转速控制也可采用室温控制器直接对风机盘管的风机启停进行自动控制。如夏季时，室温超过设定值时自动启动风机，低于设定值时自动停止风机；冬季时动作则相反。也可采用变频器根据室温调节风机的转速，实现无级调节。

风机转速控制对应的冷冻水系统可以是定水量系统。

(2)供冷/热水量调节

利用供冷/热水量调节来进行室温控制是一个完全的负反馈式温控系统，它由室温控制器及电动水阀组成，通过调节冷、热水量而改变盘管的供冷或供热量，控制室内温度(图 2 - 32)。

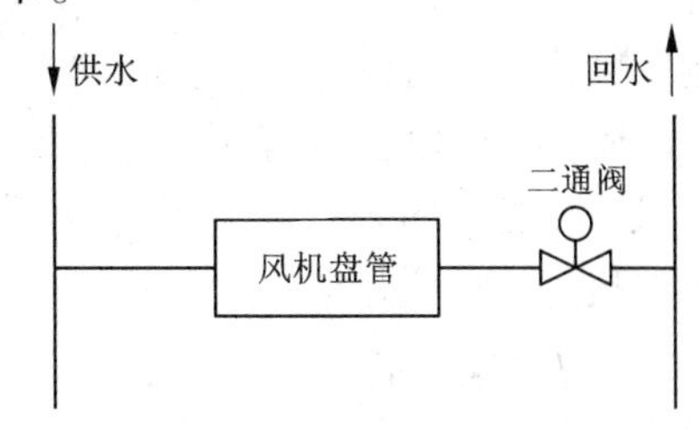

图 2 - 32 二通阀调节风机盘管供冷/热水量

风机盘管供冷/热水量的调节有位式控制和比例控制两种。前者采用双位水阀，即根据室温控制水阀的通断来控制室内温度，其特点为设备简单、投资少、控制方便，缺点是控制精度不高；后者采用可调节式水阀，根据室温控制水阀的开度，控制精度较高，但投资相对较大。大多数工程都可采用位式控制方式。只有极少数要求较高的区域，或者风机盘管型号较大时，才考虑采用比例控制。

无论是何种控制方式，温控器的室内温度传感部分都应设于室内有代表性的区域或位置，不应靠近热源、灯光，并且要远离人员活动的地点，一般可设置在风机盘管的回风口附近。

大多数风机盘管都是冬、夏共用的，因此，在其温控器上设有冬、夏转换的措施。当水系统为两管制系统时，电动阀为冬、夏两用；当水系统采用四管制时，则应分开设置电动冷水阀和电动热水阀。冬、夏转换的措施有手动和自动两种方式，应根据系统形式及使用要求来决定。四管制系统，一般采用手动转换方式；两管制系统，则有以下三种常见做法：

①温控器手动转换：在各个温控器上设置冬、夏手动转换开关，使得夏季供冷运行，冬季供热运行。

②统一区域手动转换：对于同一朝向，或相同使用功能的风机盘管，如果管理水平较高，也可以把转换开关统一设置，集中进行冬、夏工况的转换，这样各温控器上可取消供使用人操作的转换开关，这种方式对于某些建筑(如酒店等)的管理是有一定意义的。

③自动转换：如果使用要求较高，又无法做到统一转换，则可在温控器上设置自动冬、夏转换开关。这种做法的首要问题是判定水系统当前工况，当水系统供冷水时，为夏季工况；当水系统供热水时，应转到冬季工况。

另外，在酒店建筑中，为了进一步节省能源，通常还设有节能钥匙系统，这时风机盘管的控制应与节能钥匙系统协调考虑。

2. 新风机组控制

空调机组

新风机组(Primary Air Unit, PAU 或 Fresh Air Unit, FAU)用于对室外新风集中进行冷却/加热、除湿/加湿、过滤等处理，主要由新风阀、过滤器(过滤网)、表面式换热器、加湿器、送风机等构成(图 2-33)，其监控内容通常包括送风温度控制、送风相对湿度控制、防冻控制、CO_2 浓度控制以及各种联锁控制。如果新风机组要考虑承担室内负荷，则还要对室内温、湿度进行控制。

(1)送风温度控制

送风温度控制即指定出风温度控制，新风机组只以满足室内卫生要求而不承担室内负荷来设计的(一般用于风机盘管+新风机组空调系统中，室内负荷由风机盘管承担)。因此在整个控制时间内，其送风温度以保持恒定为原则(一般为室内设计温度)。由于冬、夏季对室内温度要求不同，所以全年有两个控制值，且必须考虑控制器冬、夏工况的转换。

送风温度控制时，一般是控制冷/热盘管水量。为了管理方便，温度传感器一般设于该机组所在机房内的送风管上。

(2)室内温度控制

对于一些直流式系统，新风机组不仅能使环境满足卫生标准，而且还能承担全部室内负荷。由于室内负荷是变化的，这时采用控制送风温度的方式必然不能满足室内要求。因此必

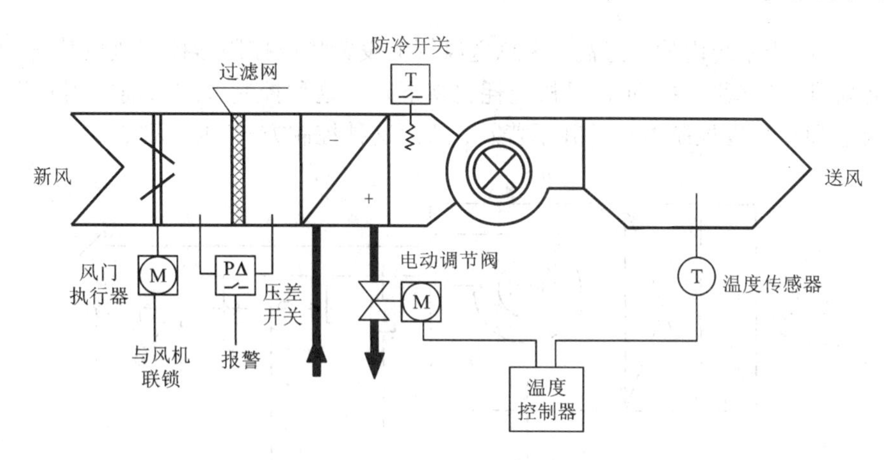

图2-33 新风机组监控示意图

须对使用地点的温度(室内温度)进行控制。这时必须将温度传感器设于被控房间的典型区域。直流式系统通常设有排风系统,将温度传感器设于排风管道并考虑一定的修正也是一种可行的办法(一般考虑0.5~1℃的温度变化)。

除直流式系统外,新风机组通常是与风机盘管一起使用的。一种是新风机组不承担室内负荷,按送风温度控制;一种是新风机组承担室内部分负荷(如风机盘管的除湿能力受限制时),这种情况下,新风机组应采用上述的室内温度控制方式运行。

室内温度控制与送风温度控制相同,也是采用控制冷/热盘管水量的方式实施。

(3)相对湿度控制

新风机组相对湿度控制关键的一点是根据加湿方式的控制方法来选择湿度传感器的设置位置。加湿装置采用位式(开关)控制时,送风管道内的相对湿度变化显著,湿度传感器如设于送风管道内会导致加湿装置因频繁启停而损坏,则湿度传感器应设于典型房间(区域)或相对湿度变化较为平缓的位置,以增大湿容量。对于采用比例控制的加湿方式时,由于送风管道内的相对湿度变化平缓,因此湿度传感器可设置在送风管道内,也可设于典型房间(区域)或相对湿度变化较为平缓的位置。

①蒸汽加湿可采用比例控制或位式控制。当蒸汽加湿采用比例控制时,湿度传感器可设于机房内的送风管道、典型房间(区域)或相对湿度变化较为平缓的位置;而采用位式控制时,湿度传感器应设于典型房间(区域)或相对湿度变化较为平缓的位置。

②高压喷雾、超声波加湿及电加湿等一般采用位式控制,因此湿度传感器应设于典型房间(区域)或相对湿度变化较为平缓的位置。

(4)CO_2浓度控制

通常新风机组的最大风量是按满足卫生要求而设计的(考虑承担室内负荷的直流式系统除外),这时房间人数按满员考虑,在实际使用过程中,房间人数并非总是满员的,当人员数量不多时,可以适当减少新风量以节省能源,这种方法特别适合于某些采用新风加风机盘管系统的办公建筑中间歇使用的小型会议室等场所。

为了保证基本的室内空气品质,通常采用测量室内CO_2浓度的方法来进行评价(一般建筑要求CO_2浓度低于1000 μL/L,高级建筑要求CO_2浓度低于700 μL/L)。根据CO_2浓度控制新风量(图2-34)时,各房间均设有CO_2浓度控制器,控制其新风支管上电动风阀的开度，同时，为了防止系统内静压过高，在总送风管上设置静压控制器控制风机转速，因此，这样做不但使新风冷负荷减少，而且风机能耗也将下降。这种控制方式目前应用并不很多，一个重要原因是CO_2浓度控制器产品并不普及，从而这种控制方式的投资较大。

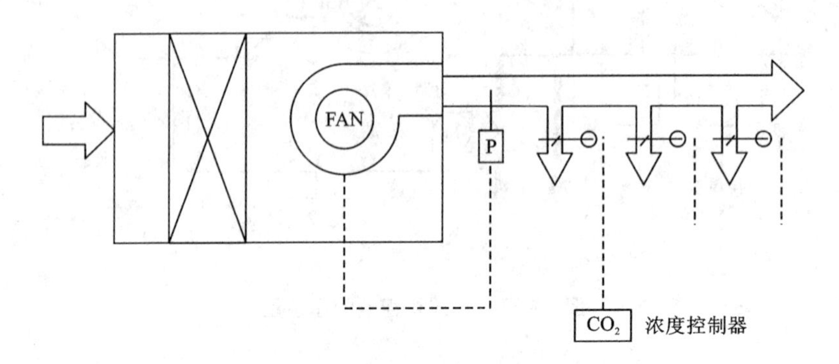

图 2－34 CO_2浓度控制新风量

(5)防冻与联锁

在冬季室外设计气温低于0℃的地区，应考虑盘管的防冻问题。除空调系统设计中本身应采用的预防措施外，从机组电气及控制方面，也应采用一定的手段：

①对热盘管阀门设置最小开度控制：一般要求热水阀最小开度不低于10%；

②设置防冻温度控制：当热水回水温度不大于5℃时报警，停止机组运行(停止风机，关闭风阀)，同时开大热水阀。

③放置联锁新风阀：主要是针对机组停止运行期间的防冻来考虑的。为防止冷风过量的渗透引起盘管开裂，应在停止机组运行时，联锁关闭新风阀。除新风阀外，电动水阀、加湿器、喷水泵等也应与风机进行电气联锁。在冬季运行时，热水阀应优先于机组内所有设备的启动而开启。

(6)过滤器阻力监测

过滤器在使用过程中，由于灰尘的集聚，过滤器阻力会逐渐增大，因此，对过滤器两侧压差进行检测，当两侧压差大于表2－1规定的过滤器终阻力时，需要清洗或更换过滤器。

表 2－1 各类过滤器初、终阻力(GB/T 14294—2008)

过滤器	粗效	中效	亚高效	高效
初阻力/Pa	≤50	≤80	≤120	≤190
终阻力/Pa	100	160	240	380

3. 空调机组的控制

空调机组(Air Handle Unit, AHU)是对室外新风与室内回风的混合空气集中进行冷却/加热、除湿/加湿、过滤等处理的设备(图2－35)。根据回风位置的不同，空调机组可分为一次回风空调机组和二次回风空调机组，而根据其新回风比例是否可以调节，空调机组还可以分为定新风比空调机组和变新风比空调机组。

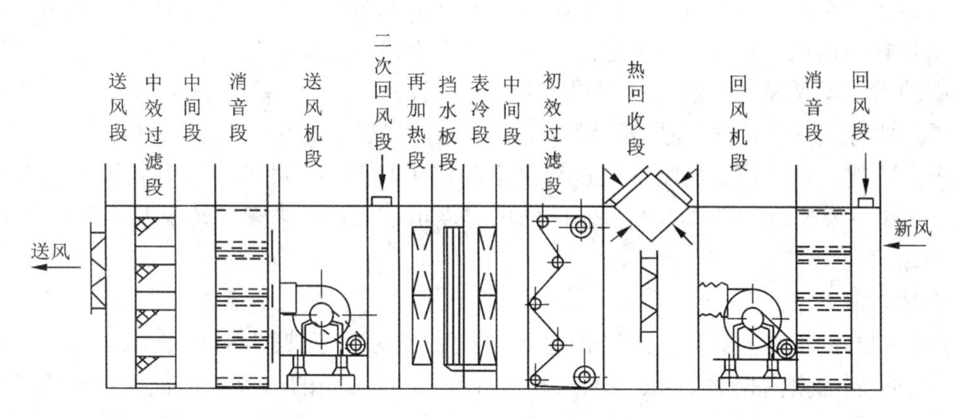

图2-35 空调机组结构示意图

空调机组的控制是空调自动控制系统的重点内容之一，它一般包括温度控制、湿度控制、风阀控制及风机控制等。由于空调机组有各种不同的功能，其控制上也有所不同，但应注意以下两点：

①无论何种空调机组，温度控制时，一般应采用PI型以上的控制器，其调节水阀应采用等百分比型阀门；

②控制器与传感器既可分开设置，也可合为一体，当分开设置时，一般要求将传感器设于要求控制的位置(或典型区域)，而控制器为了管理方便应设于该机组所在的机房内。

(1)定新风比空调机组的控制

定新风比空调机组(图2-36)的新回风比例在运行过程中不能进行调节(即新风管及回风管上无风量调节装置)，其控制内容包括：回风温度(或室温)控制，湿度控制，再热控制、防冻及联锁等。

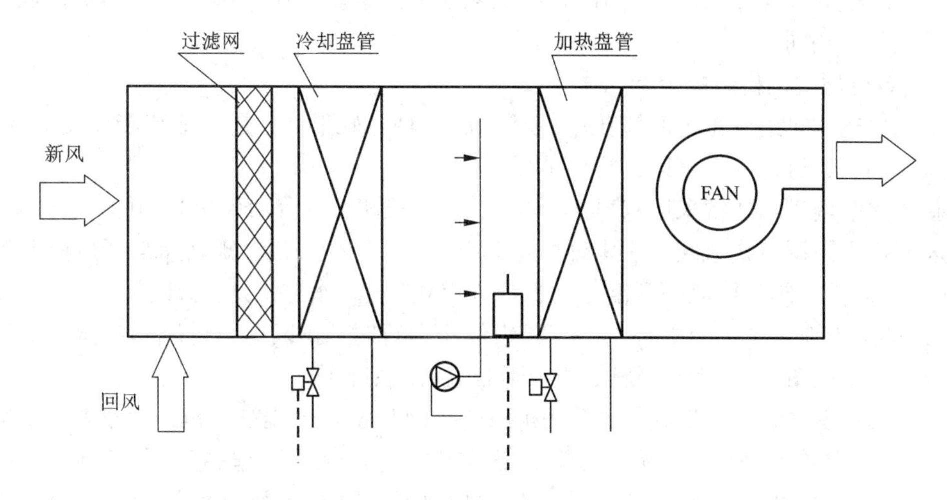

图2-36 定新风比空调机组

1)回风温度(或室温)控制

从控制方式上看，定新风比空调机组与新风空调机组对温度的控制原理都是相同的，即通过测量被控温度值，控制冷热水量而达到控制机组冷、热量的目的，所不同的是温度传感器的设置位置。空调机组温感器一般设于典型房间(区域)，直接控制室温。但在许多工程中，为了方便管理，有时也把温感器设于机房内的回风管道之中。由于回风温度与室温是有所差别的，通常应对所控制的温度值进行一定的修正。例如，对于从吊顶上部回风的气流组织方式，如果室温要求为24℃，则控制的回风温度可根据房间内热源情况及房间高度等因素而设定在24.5～25℃。

2)湿度控制

湿度控制与温度控制相同，湿度传感器应优先考虑设于典型房间(区域)，或回风管道上。因为是控制的室内相对湿度(或回风相对湿度)，且房间的湿容量比较大，所以，无论采用何种加湿媒介(蒸汽或水)以及何种控制方式(双位式或PI式)，湿度传感器的测量值都是较稳定的。因此，湿度控制可以不必像新风机组那样过多地考虑自控元件的设置位置。如果采用蒸汽加湿，其加湿段通常应设在加热盘管之后，采用高压喷雾、超声波加湿及电加湿时也应如此。

3)再热控制

在一些夏季热湿比较小的系统中，由于考虑夏季除湿要求，冷盘管的处理点有可能无法落在ε_s线上(即ε_s线与φ_L线无交点，或者交点极低，使普通7～12℃冷水无法做到)，这时需对冷却后的空气进行再热，防止室温过冷或产生吹风感(一般要求送风温差不大于6～10℃)。夏季时，温、湿度传感器联合控制冷盘管和再热盘管；冬季时，由于这种系统通常反映出的是室内湿负荷较大，因此大多可不再进行加湿处理，仅控制加热盘管和再热盘管。

4)防冻及联锁

只有设有新风预热器的机组，或混合点(或加湿后的状态点)有可能低于0℃的机组，或冬季过渡季要求做全新风运行且新风温度可能低于0℃的机组，才有必要考虑运行防冻的问题。但是，在停止运行时，机组的防冻是必须考虑的。定新风比空调机组的防冻及联锁控制与新风机组基本相同。

(2)变新风比空调机组的控制

变新风比空调机组属于定新风比空调机组的一种特殊形式，是为了节能而发展起来的，其新回风比例在运行过程中可以进行调节(图2－37)。

变新风比空调机组通常采用双风机形式(一台送风机、一台回风机)，并且新风阀、回风阀和排风阀均采用调节式风阀，且其动作应协调一致，一般来说，新风阀与回风阀开度之和应为100%，而排风阀与回风阀开度之和也应为100%。动作方式是：新风阀开大时，排风阀同时开大，而回风阀关小；反之亦然。当机组停止运行时，新风阀和排风阀应全关而回风阀应处于全开状态。图2－38为变新风比空调机组控制系统图。

在夏季及冬季状态时，变新风比空调机组的控制与定新风比空调机组完全相同，但在过渡季时，它的控制存在较大的区别。变新风比空调机组运行工况及转换边界条件如下：

①冬季运行时，由室温控制热水阀，采用最小新风比(即新风电动阀和排风电动阀为最小开度，回风电动阀全开)。

②当热水阀已全关时，如果室温仍超过设定值，则说明系统已不需要外界热源，室温由

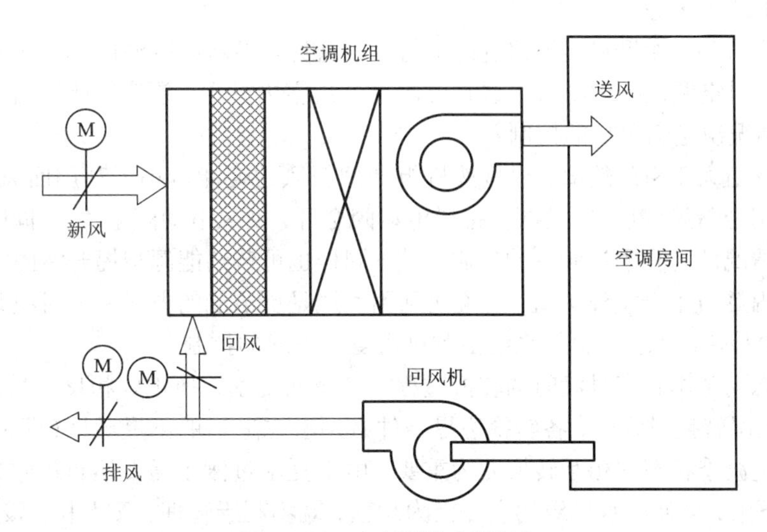

图2－37 变新风比空调机组

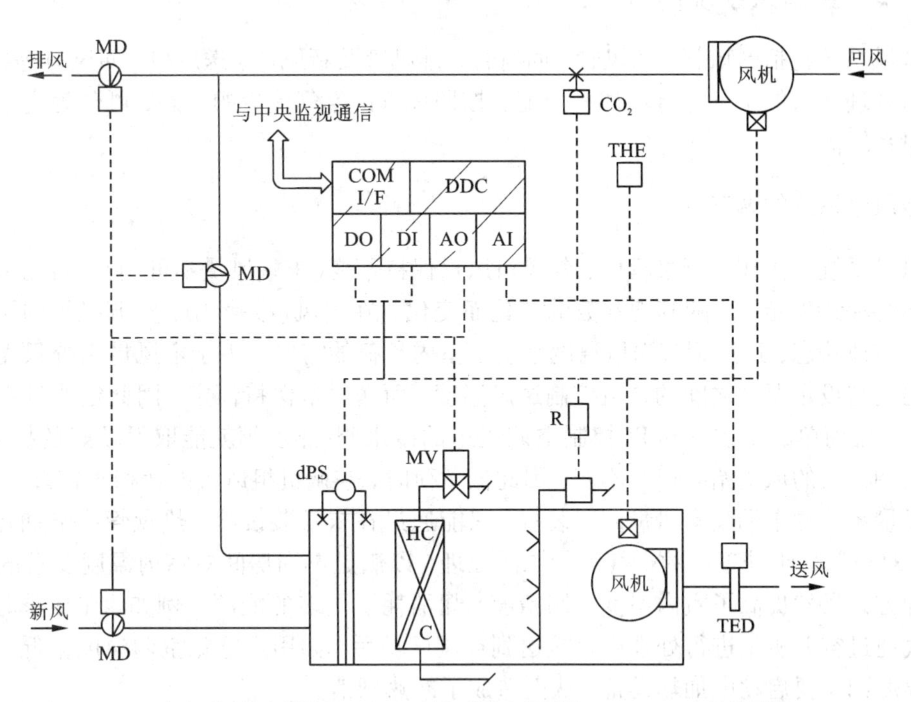

THE—室内型温湿度检测器；TED—插入型温度检测器；CO_2—CO_2含量检测器；DDC—数字式调节器；MV—电动阀；MD—风门操作器；dPS—微压差开关；R—辅助继电器

图2－38 变新风比空调机组控制系统图

控制热水阀改为控制新风比（通过调节新风电动阀、回风电动阀和排风电动阀的开度来实现），这一季节即为冬季过渡季的控制方式。此时，可利用室外新风对室内进行冷却，不仅可以延缓冷水机组的开启时间，节约能耗，还能提升室内空气品质。这种方式称为“免费”供冷，不仅可用于一般建筑的冬季过渡季，还可用于需要全年供冷的场所，如数据中心的计算机房、大型超市的内区等。

③新风阀全开后，如果室温仍超过设定值，则说明只靠新风冷源已不能承担室内全部冷负荷，因此必须对空调机组供冷水。这时可通过测量室内外温、湿度，计算出室内外空气焓值后，分两种情况决定新风比的控制：

a. 当室内焓值大于室外焓值，很显然机组处理新风的耗能量小于利用回风时的耗能量，因此这时应采用全新风（新风电动阀及排风电动阀全开，回风电动阀全关），同时由室温控制冷水阀。这种情况即为夏季过渡季的控制方式，同样也可节约能源与提升室内空气品质。

b. 如果室内焓值小于室外焓值，则说明利用回风是更节能的方式。这时应采用最小新风比，仍根据室温控制冷水阀，自控系统由此进入夏季工况的控制。

④夏季状态向冬季状态过渡时的转换过程与冬季向夏季转换正好相反。另外，为了防止系统振荡，在工况转换过程中，各转换边界条件必须考虑适当的不灵敏区（即上、下限），这一点对于两个过渡季状态的相互转换尤为重要，由于夏季过渡季需要运行冷水机组，如果没有合理的上、下限，会使冷水机组的启停极为频繁，既不利于管理，又不利于设备的运行。

2.2.2 空调风系统调节

空调风系统包括新风管、送风管、回风管、排风管及新风口、送风口、回风口等，其基本功能是对处理前后的空气进行输送和分配。按照风管内空气流量的状态，可分为定风量系统和变风量系统。

1. 定风量系统的调节

定风量系统是指在运行过程中，各风口风量保持不变（末端风量不可调），因此系统输送的风量始终保持恒定，不随其他参数的变化而变化。在定风量系统中，空调机组的风机始终处于恒定转速状态，通过调节送风温度来满足室内负荷的需要。由于定风量系统只需根据室内实测温度与设定温度之间的差值控制送风温度，而送风量保持恒定，因此定风量系统控制简单，可采用简单的 P 控制和 PI 控制空调机组的冷水阀/热水阀就能取得较好的控制效果，但由于空调机组的风机始终保持不变，因此低负荷时，空调机组风机能耗相对较大。

定风量系统的末端没有风量调节装置，只能通过在末端装设冷、热盘管或电加热、冷却设备等，对空调机组处理后的空气进行二次处理，以满足不同房间对室内温度要求的个性差异。这种方式虽然提高了室内温度控制精度，却消耗了更多的能源。例如，在夏季时，室外高温空气通过空调机组进行处理后直接送到空调区域后，如用户感觉室内温度偏低，为了提高室内温度则需要启动电加热设备，从而造成了冷热抵消。

2. 变风量系统的调节

变风量系统（Variable Air Volume，VAV）在运行过程中，各个风口的风量均按一定的控制要求在运行过程中不断调整，以满足不同的使用要求（图 2－39）。变风量系统中空气处理机组的输出风量是根据用户的需求进行调节，变风量系统的节能效果较好，但由于系统中的流量和压力随时可能发生变化，因此其控制远比定风量系统复杂。

变风量系统的控制方法包括：末端调节、系统风量调节（送风压力调节）、送风温度调节和回风控制等。

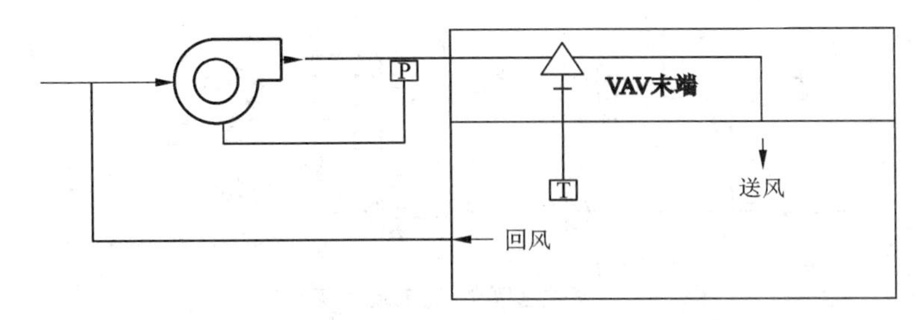

图 2－39 变风量系统示意图

(1)末端调节

变风量末端根据室内实测温度与设定温度之间的差值确定风口的送风量需求值，然后根据送风量需求值与风速传感器的实测值之间的差值对末端风阀进行控制。

变风量末端装置应满足以下基本要求：

①接受系统控制器指令，能够根据室温的高低，自动调节一次送风量；

②当系统送风管内静压增高时，能够自动保持房间送风量不超过设计的最大风量；

③当房间内负荷减少时，能够控制送入房间内的最小风量，以满足最小新风量和气流组织的要求；

④必要时可以完全关闭一次风风阀。

根据改变房间送风的方式，变风量末端可分为节流型、旁通型和诱导型三大类，不同类型变风量末端的工作原理如图 2－40、图 2－41、图 2－42 所示。

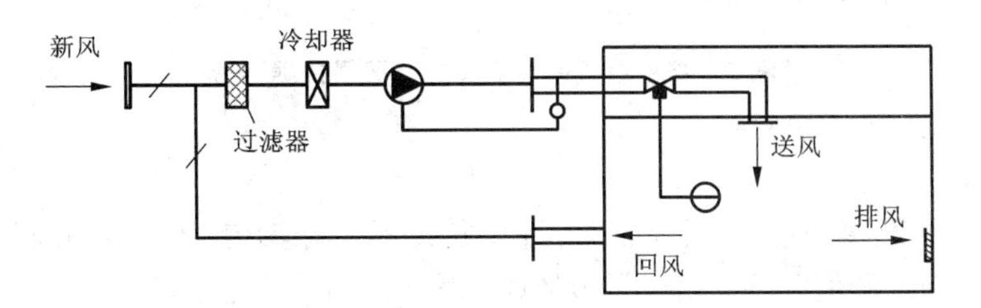

图 2－40 节流型变风量末端的工作原理

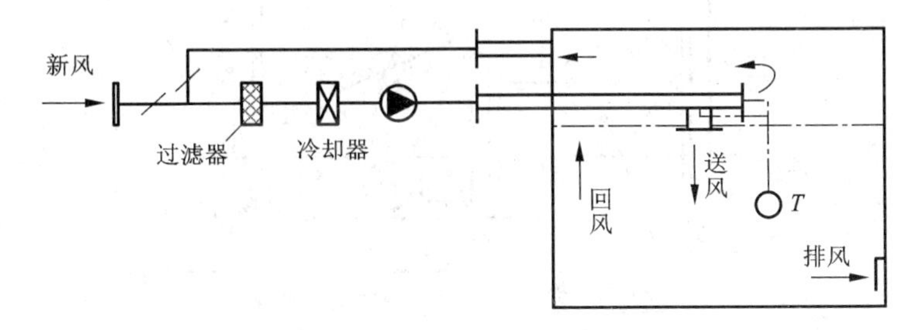

图 2－41 旁通型变风量末端的工作原理

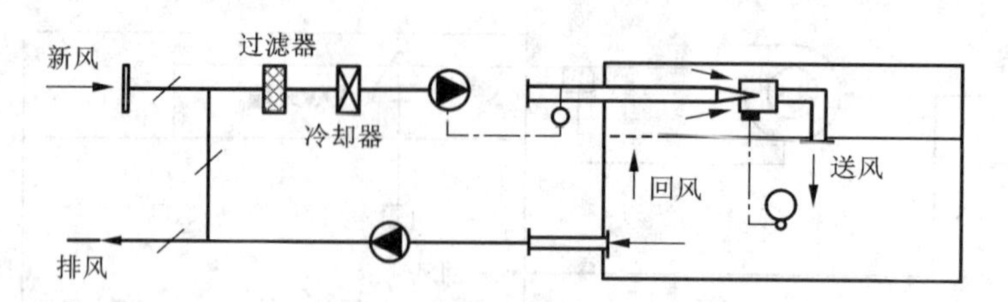

图 2-42 诱导型变风量末端的工作原理

1）节流型变风量末端

节流型变风量末端较为常见，采用风门调节送风口开启大小来调节送风量。根据结构的不同，节流型变风量末端又可分为单风道型[图 2-43(a)]、双风道型[图 2-43(b)]、风机动力型等。

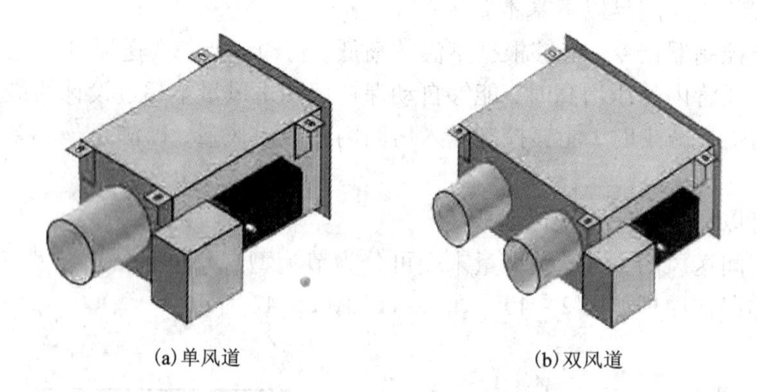

图 2-43 单风道与双风道变风量末端装置

①单风道型。

它的结构如图 2-44 所示，由控制器、室温传感器、风速传感器、电动调节风阀组成，它根据室温设定值与实测值的偏差信号调节风阀开度，从而调节送风量。

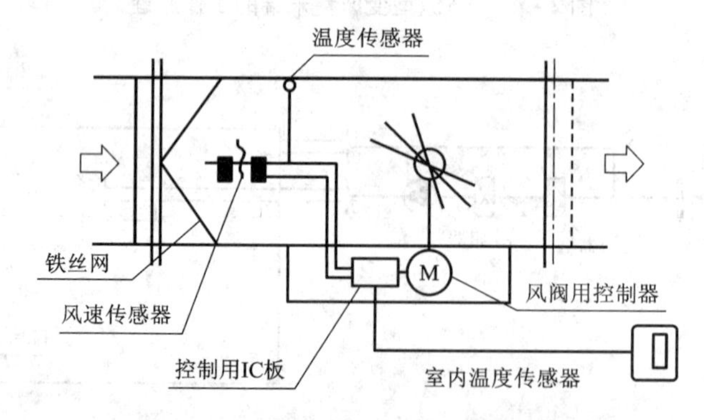

图 2-44 单风道型变风量末端结构示意图

根据对风管内静压变化补偿方式的不同，单风道型又可分为压力有关型和压力无关型(图2-45)。压力有关型只测量室内温度，根据它与设定值的偏差调整风阀开度，当系统中其他末端装置在进行风量调节导致风管内静压变化时，该末端的送风量也会发生变化，因此会影响调节稳定性。压力无关型不仅测量室内温度，还测量末端的进风量，它根据进风量的变化来补偿风管内静压变化的影响，从而保持送风量不变。

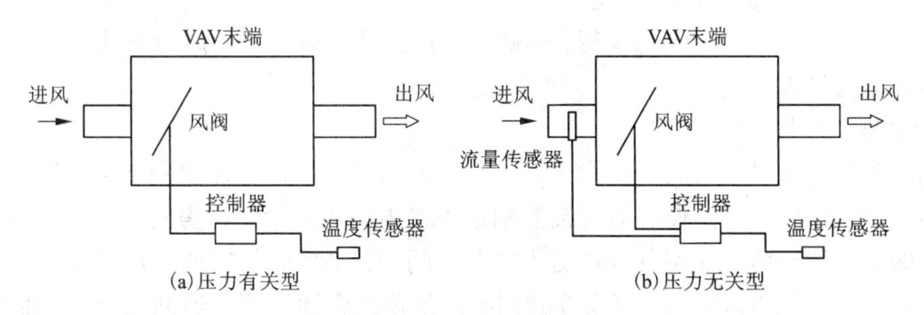

图2-45 单风道型变风量末端分类

单风道变风量末端是较基本的节流型末端，它有最小风量设定界限和最大风量设定界限，可作为定风量装置使用在需要恒定循环风量的空调系统中，也可以设置在新风系统或排风系统中，以确保系统的新风量与排风量。

②双风道型。

它由两个单风道型变风量末端(一个供冷一个供热)组成，其分别带有各自的风速传感器、控制器和电动调节风阀。双风道型变风量末端通过对两个单风道的切换来控制室内温度。其调节方法如下：

a. 室温高于设定值，增大冷风量；

b. 室温低于设定值，减少冷风量至冷风阀关闭；

c. 如室温继续下降，则打开热风阀，并随温度降低逐渐开大热风阀。

③风机动力型(Fan Powered Box，FPB)。

风机动力型变风量末端是在单风道型的基础上内置离心式增压风机。根据增压风机与一次风调节阀的排列位置的不同，它又分为串联型和并联型，工作原理如图2-46所示。

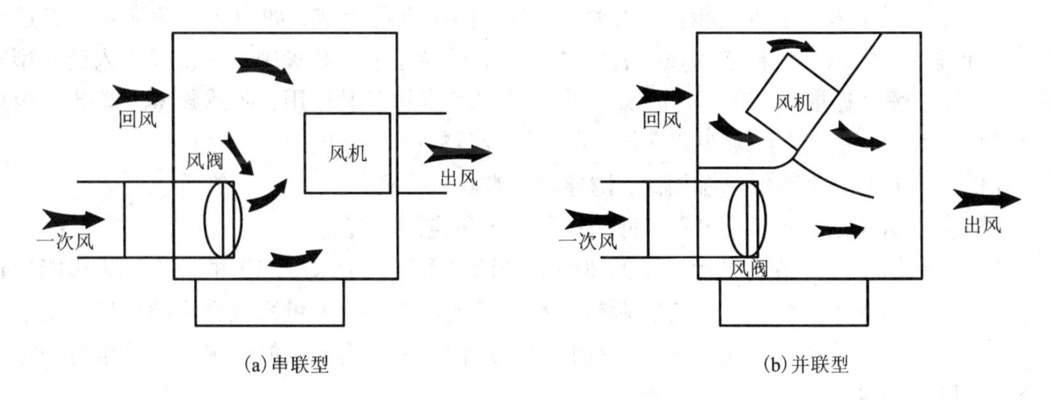

图2-46 风机动力型工作原理

串联型的增压风机与调节风阀串联设置，经空调机组处理的一次风既通过风阀又通过风机，运行中风机转速不变，根据室温设定值与实测值的偏差信号调节一次风阀开度。

并联型的增压风机与调节风阀并联设置，经空调机组处理的一次风只通过风阀。室内冷负荷较大时，风机不运行且关闭其出口风阀，调节风阀开度；一次风阀开度最小且室温继续下降时，开启风机并打开其出口风阀，调节送风温度。风机在运行过程中风量基本不变，因此气流组织较好，但风机需长时间运行。

风机只在负荷较小时才开始运行，因此风机能耗小，但末端的风量变化较大，气流组织在一定负荷时会变差。

2）旁通型变风量末端

旁通型变风量末端装置属于压力无关型末端装置，一般由分流风阀、执行器、旁通风口和控制器组成，它根据室温控制器直接控制送入室内的送风量。当房间处于设计负荷时，末端装置中的分流风阀将一次空气全部送入空调房间中；当房间的空调负荷减少时，分流风阀只将一部分一次空气送入室内，其余部分则经由吊顶或旁通风管旁通回系统，从而使室温维持在设计范围内。

旁通型变风量末端装置具有以下特点：

①系统负荷出现变化时，风管内的静压仍大致不变，不会使系统噪声增加，空调机组的风机无须进行控制或调节；

②与定风量系统相比，当室内空调负荷减小时，无须增加再热量；

③系统投资费用较低，但没有减少空调机组风机能耗。

旁通型变风量末端装置可根据系统形式进行单独送冷风、送热风。当采用吊顶作为旁通回风静压箱时，系统的送风温度不宜过低，应防止吊顶内金属构件和混凝土楼板的表面产生凝露。旁通型变风量空调系统适合应用在中、小型空调系统中，尤其是与屋顶式空调机组、单元式空调机组等带直接式蒸发器的空调设备配套，用于多区变风量系统，由于空调机组是定风量，因此避免了冻结的危险，同时由于控制简单，一次投资低于其他的末端装置。

采用旁通型变风量末端装置的空调系统并不具有变风量系统的全部优点，因而被称为“准”变风量空调系统。该系统有大量的送风直接旁通回空调机组，系统总风量没有减少，空调机组则是定风量送风，风机能耗并未减少，因此目前在工程中使用不多。

3）诱导型

诱导型变风量末端装置由箱体、喷嘴、调节风门等部件组成，如图 2－47 所示。经过空调机组处理的一次风由风机送入设在各空调房间的诱导型末端装置中。一次风进入诱导型末端装置，经喷嘴高速射出（20～30 m/s）。由于喷出气流的引射作用，在诱导型末端装置内局部区域形成负压，室内空气被吸入，与一次风混合后从风口送出。

在供冷模式时，与其他末端相比，诱导型末端具有下列优点：

①适合于送风温度不低于 9℃的低温送风变风量空调系统；

②当一次风量被调节到设计风量的 20% 时，诱导型变风量末端装置的总送风量仍能达到设计一次风量的 60% 左右，它允许空调机组在比其他形式的变风量系统更小的循环风量下工作。这种变风量系统尤其适用于部分负荷情况下运行以及室内无人的情况下仍要维持一定室内空气温度的场合。

③与单风道节流型末端相比，诱导型末端能向房间提供足够的循环空气量，能确保室内

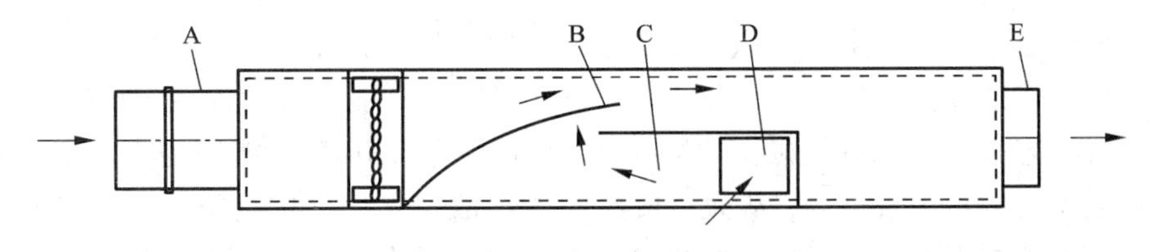

图2-47 诱导型末端装置

A—一次风入口；B—调节风门；C—诱导室；D—二次风入口；E—出风口

空气充分混合，保持良好的气流组织。

在供冷模式时，节流型变风量末端的再热装置将对设计风量的30%～40%的一次风量进行再热，产生冷、热抵消现象，而诱导型变风量系统最小只需将20%左右的一次风进行再热。该系统还可回收吊顶内照明设备等的散热量，用吊顶内空气与一次风进行混合，可延迟再热盘管工作，降低再热能量消耗。因此，诱导型末端在工程应用中具有较好的发展前途。

(2)系统风量调节

在采用节流型末端装置的系统中，由于空调区域负荷的变化，变风量末端装置的一次风量会发生变化，则送风管道系统中的流量和压力也在不停地变化，因此必须对空调机组的送风量进行调节。系统风量调节也叫作送风压力调节，常用控制方法有定静压控制、总风量控制和变静压控制。

1)定静压控制

定静压控制法是变风量空调系统最经典的风量调节方法，其基本原理是在送风管道中的最低静压处设置静压传感器(图2-48)，以保持该点静压固定不变为前提，通过不断调整空调机组的风机转速来改变空调系统的送风量。

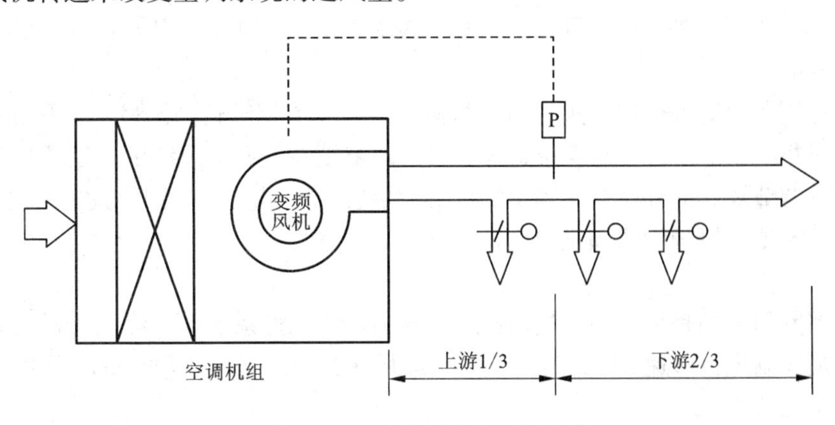

图2-48 定静压控制工作原理

定静压控制法的最大优点是控制简单，投资少，实施比较方便，目前大多数变风量空调系统都采用此种控制方法。定静压控制法也存在着下列缺点：

①如风机选型、风管系统设计或施工不合理，静压测定值会发生波动，使风机转速不稳定。设计时，应将静压测定点设置在气流稳定的直管段上，避免设置在容易产生湍流的风管三通、弯头等处。在中、小型系统中，变风量末端装置的风阀调节对静压测定值的稳定也有很大影响。

②静压最低压力设定值越小，风机能耗越小，但静压值设定过低时，即使是末端风阀全开，末端装置也可能无法送出最大风量，因此静压设定值一般要求设置在200 Pa以上。但在部分负荷，且各末端装置风量均减少的情况下，静压低于200 Pa也能满足实际需要的风量要求，此时管道系统内压力会偏高，从而造成风机能耗浪费。如果按夏季、冬季和过渡季工况分别计算定静压点的静压值，可以避免部分负荷下静压过大，减少风机能耗。

③定静压控制的难点在于如何找到稳定、合适的最低静压点。静压点距风机越远，节能效果越好，但压力调节振荡的可能性就会越大；静压点距风机越近，越不利于节能，但压力调节会更加稳定。ASHRAE 90.1—2001提出："设计工况下变风量空调系统静压传感器所在位置的设定静压不应大于风机总设计静压的1/3。"如某系统设计风量下风机静压值为1000 Pa，全压值为1100 Pa，空调机组内部阻力为500 Pa，风管系统总阻力为600 Pa，其中，送风管阻力损失为500 Pa，回风管阻力损失为100 Pa，系统设定静压值为300 Pa，采用等摩阻计算法，系统静压设定点应设置在离空调机组出口约1/3处的主送风管上。对于多分支送风系统，静压点位置的选择更为复杂，可在多分支系统的每一分支上设静压传感器，取它们中间的最小值作为系统静压控制点。

2）总风量控制

为了回避静压测定经常会遇到的压力波动和风管内湍流等问题，可以采用总风量控制法，其基本原理是建立系统设定风量与风机设定转速的函数关系，无须静压设定，用各变风量末端装置需求风量求和值作为系统设定总风量，直接求得风机设定转速，作为调节空调机组风机转速的依据。

总风量控制法利用数据通信优势，直接从末端装置需求风量求取风机设定转速，回避了静压检测与控制中的诸多问题。它较适合风机选型不很恰当，风管系统设计不很合理或施工质量不太高的工程。另外，总风量控制法具有较好的节能效果，尤其是系统中的各负荷具有较好的相关性时。

总风量控制法需对各个末端进行风量检测，因此成本相对较高。另外，采用总风量法控制的效果相对粗糙，尤其当各温度控制区的负荷及末端装置调节风阀的开度差别较大时。如个别末端装置调节风阀的开度已达到100%，而系统总需求量还需减少，此时，就会使调节风阀全开的末端装置的风量无法满足要求。

3）变静压控制

变静压控制的原则是尽量使末端风阀处于全开状态，把系统静压降至最低。它通过末端风阀开度反馈控制风机转速，使开度最大的末端风阀处于接近全开（如95%开度）的状态，其具体控制策略见表2－2。

表2－2　变静压控制具体实施策略

末端装置阀门状态	风机转速	控制内容
最大阀门开度大于95%	转速增加	增大送风量，使最大阀门开度小于95%
最大阀门开度为70%～95%	转速不变	控制内容不变
最大阀门开度小于70%	转速降低	减小送风量，使最大阀门开度大于70%

变静压控制无须设置静压点，确保每一个变风量末端装置满足风量需求；当末端装置风阀开度较小时，可降低风机转速，实现风机节能运行。但由于变静压法需测量各末端风阀开度信号，因此系统调试工作量较大，且开度信号反馈对风量调节存在滞后，因此比较适合于中、小型变风量空调系统。另外，当系统负荷不均匀时，为满足最大负荷末端的需求，需不断增大风机转速，因此风机能耗较高，且当末端开度检测出现故障时，变静压控制法则会无法实施。

(3)送风温度调节

当空调机组风机较长时间在最低频率下运行时，表示系统处于低负荷状态；当空调机组风机较长时间在最高频率下运行时，表示系统处于高负荷状态。当系统处于低负荷或高负荷状态时，可调节空调机组送风温度，在尽量满足用户需求的前提下，节约能耗。

供冷模式：

①系统负荷持续减小，风机频率持续 15 min 以上达到最低(如40%)，表明此时空调机组的供冷量大于实际需要。如此时空调机组送风温度低于送风温度最高限定值，则调高送风温度0.5℃，可减少空调机组冷水能耗。

②系统负荷持续增加，风机频率持续 15 min 以上达到最高(如120%)，表明此时空调机组的供冷量小于实际需要。如此时空调机组送风温度高于送风温度最低限定值，则调低送风温度0.5℃，以满足用户的需求。

供热模式：

①系统负荷持续减小，风机频率持续 15 min 以上达到最低(如40%)，表明此时空调机组的供热量大于实际需要。如此时空调机组送风温度高于送风温度最低限定值，则降低送风温度0.5℃，可减少空调机组热水能耗。

②系统负荷持续增加，风机频率持续 15 min 以上达到最高(如120%)，表明此时空调机组的供热量小于实际需要。如此时空调机组送风温度低于送风温度最高限定值，则调高送风温度0.5℃，以满足用户的需求。

(4)回风控制

设有变风量空调系统的民用建筑，一般需要维持建筑物内的空气压力等于或略高于大气压，这样可防止室外空气向建筑物内渗透，以节约能源。回风控制的目的就是使回风量与送风量相匹配，以保证控制区域室内压力等于或略高于大气压。它有以下三种方法：

①差量法。在送风机出口和回风机入口设置流量传感器，同时测量总送风量和总回风量，调整回风机转速使总回风量略低于总送风量。

②平衡法。当送风机和回风机性能相同时，根据送风机转速同步调节回风机转速，可保持送、回风机的流量差保持在非常小的公差范围内。

③室内压力直接控制法。室内压力是协调送风机和回风机的主要依据，因此，最直接的控制方法就是根据室内静压相对于大气压的变化(一般要求 5 Pa 正压)直接控制回风机，送风机则仍根据室内负荷变化进行单独控制。对于这种方法，室内、外测压点位置的选择十分重要，原则是室内测压点应处于气流稳定、压力均衡的地方，远离大门、电梯和楼梯间，远离送、回风口。室外测压点则应根据建筑物的形状、方位选择，避开常年主导风向的影响。

2.2.3 空调水系统调节

空调水系统包括冷冻水系统、热水系统和冷却水系统。冷冻水(热水)系统是指将冷热源供应的冷(热)水送至空气处理设备的水路系统，而冷却水系统包括冷却塔，它对通过冷水机组冷凝器的冷却水进行降温处理，并将处理后的冷却水再送到冷水机组的冷凝器对其进行冷却。由于空调的冷热负荷在不停地发生变化，因此如何使空调水系统能满足空调负荷变化的要求，并尽可能地节省输送水泵的能耗，是空调水系统调节的主要目标。

1. 水泵的调节

在空调水系统设计中，宜尽可能使水泵定水量运行(变速泵除外)，但在实际运行过程中，几乎所有水泵都处在超流量状态。同时，目前大多数工程的实际情况是水泵选择时扬程大都高于设计状态下的系统循环水阻力，这使实际运行时水泵处在超流量状态。因此，在空调水系统中，经常需要对水泵运行进行调节，以保证其满足空调水系统的工况要求，并尽可能节约能源和延长水泵使用寿命。主要有以下几种调节方法：

(1)改变管道性能曲线

根据流量或压力信号调节管道阀门开度，改变管道的性能曲线，从而调节管道中的流量，如图2-49所示。这种方法简单，投资少，但水泵能耗不会因流量减少而减少($N \propto GH$)，且阀门等附件在部分流量时承压较高而易损坏。

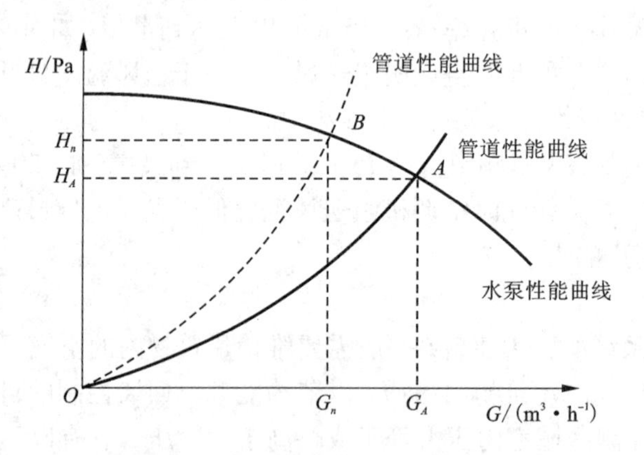

图2-49 管道性能改变调节

(2)调节水泵转速

水泵转速变化时，流量、扬程和轴功率关系如下：

$$G_1/G_2 = n_1/n_2 \tag{2-4}$$

$$H_1/H_2 = (n_1/n_2)^2 \tag{2-5}$$

$$N_1/N_2 = (n_1/n_2)^3 \tag{2-6}$$

从上述公式可以看出，水泵的流量与转速成正比，而水泵消耗的功率与转速的立方成正比。因此，可通过调节水泵的转速来达到调节水泵流量的目的，并可节约大量水泵能耗。如图2-50所示。

水泵转速调节可以采用变速电机或变频调节。变速电机采用改变极对数的方法改变电机

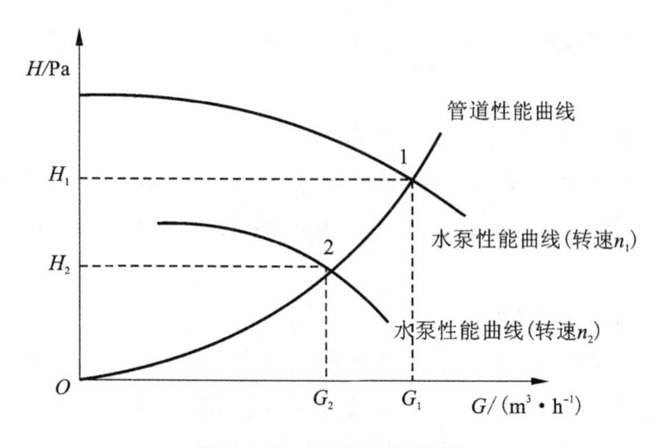

图2-50 水泵变速调节

转速，现使用较少。变频调节采用变频器根据负荷调整水泵电动机的频率，使水泵转速无级变化，从而调节管道中的流量，因此其节能效果好，调节范围宽，可软启动，能有效降低噪声和延长使用寿命，但系统的投资会相应增加。

(3)群控调节

对于多台水泵并联运行的工况，还可以通过对运行水泵台数的调节来实现管路中流量的调节，即群控调节。它根据管路中压力或流量的变化对水泵的运行台数进行控制，从而调节管道中的流量，如图2-51所示。该方法的节能效果较好，但水泵启动频繁，且管道中压力波动较大。

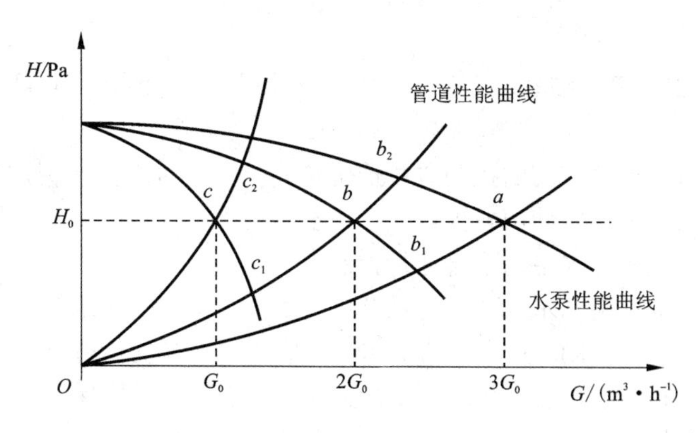

图2-51 水泵群控调节

2. 冷冻水系统调节

冷冻水系统按形式不同可分成不同的类型，如开式和闭式、同程式和异程式。按照水量特性的不同，空调冷冻水系统可划分为定水量系统和变水量系统(variable water volume, VWV)，而变水量系统又分为一次泵变水量系统和二次泵变水量系统。

冷冻水系统调节的主要任务有以下几个方面：

①保证冷水机组的蒸发器通过足够的水量，以使蒸发器正常工作，防止出现冻结现象。

②向用户提供充足的冷冻水量，以满足用户负荷变化的要求。

③在满足使用要求的前提下，尽可能减少循环水泵的电耗。

(1)定水量系统调节

定水量系统形式如图2－52所示。定水量系统的负荷侧(有时也称用户侧)无任何控制水量的措施，因此其末端设备水量为定值，或随水泵运行台数呈阶梯性变化，而不能无级地对水量进行调节。这使得在末端负荷减少时，定水量系统无法各自控制温、湿度参数，从而造成区域过冷或过热。

①末端设三通自动调节阀的控制。

为了解决末端控制问题，也有的工程在末端设三通自动调节阀(图2－53)。当负荷变化时，通过控制三通阀的开度，调整旁流支路与直流支路的水流量，从而控制通过末端设备的水量。三通自动调节阀可以根据室内温度进行控制：室内温度高时加大进入空调机支路的冷水比例，室内温度低时减少进入空调机支路的冷水比例，从而使室温维持在允许范围内。

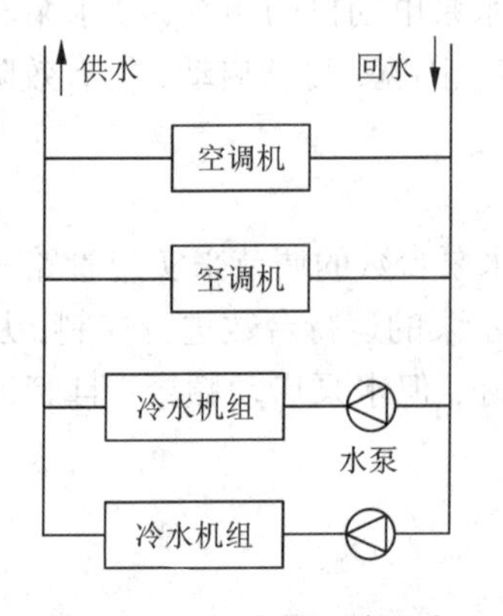

图2－52 定水量系统形式

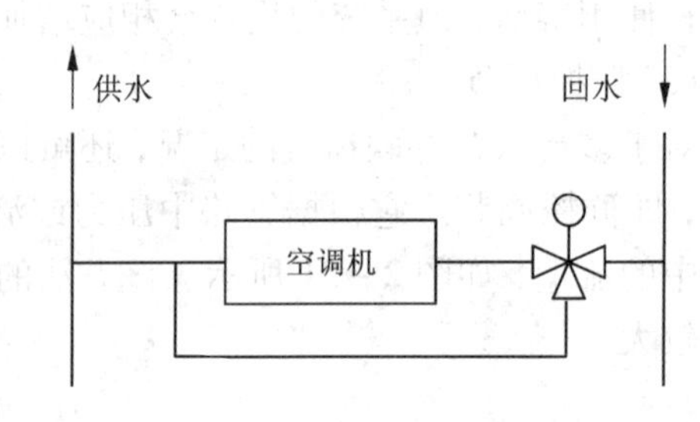

图2－53 末端设三通自动调节阀的控制

采用末端设三通自动调节阀的控制方法造价较高，且三通阀在使用过程中容易损坏，因此这种控制方法在实际工程中使用较少。

②多台冷水机组与相应水泵的联合运行控制。

对于采用多台冷水机组和水泵的制冷系统(一般一台冷水机组对应一台水泵)，可对冷水机组和水泵实施联合运行控制，其系统的工作情况取决于水泵的运行方式。

方式一：停开冷水机组，但对应的水泵继续运行。这种方式能保证各个末端的水流量符合原设计原则，系统水力工作点无变化，但系统的供水温度上升，末端设备的除湿能力下降。

方式二：冷水机组与冷冻水泵联锁，停开冷水机组时对应的水泵也停止运行。这种方式保证了系统的供水温度不变，但会使末端设备的水量不能达到设计要求，且会导致继续运行的水泵超流量运行。

定水量系统结构简单，控制方便或无须控制，但冷水机组和水泵的安装容量大，对室内温湿参数不能进行有效控制，且能耗高，只适合于间歇使用的建筑(如体育馆、展览馆、影剧院等)，并且在设计时应尽量减少冷水机组和水泵的台数，建议不超过两台机组。从目前和今后的情况看，在高层民用建筑空调系统中，应尽量少采用这种系统。

(2)一次泵变水量系统调节

在空调系统中，从末端设备使用要求来看，由于负荷在不停变化，因此用户侧要求水系统作变水量运行；同时，冷水机组的特性要求定水量运行(蒸发器内水流速过低，容易产生冻结的情况，使蒸发器破坏；蒸发器内水流速过高，易对蒸发器换热铜管造成冲刷损坏)，这两者构成一对矛盾。解决此矛盾的最常用方法是在供、回水总管上设置旁通管和压差旁通阀，这就是一次泵变水量系统，如图2－54所示。

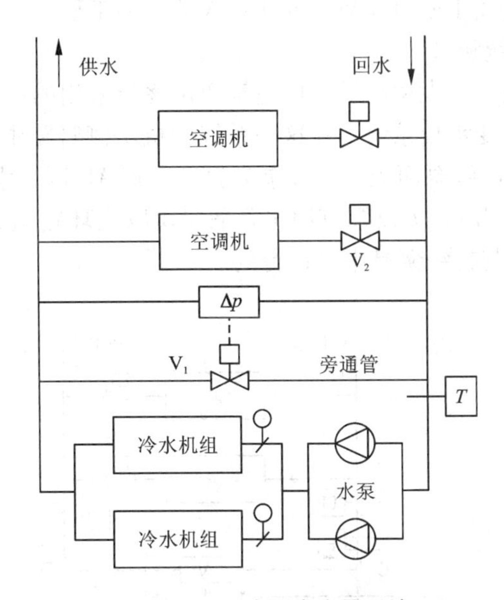

图2－54 一次泵变水量系统

一次泵变水量系统是目前我国高层民用建筑中使用最广泛的空调水系统。该系统工作原理如下：在系统处于设计状态下，所有设备都满负荷运行，空调机的调节阀 V_2 全开，旁通管上的压差旁通阀 V_1 关闭，此时旁通管中无水量流过，压差控制器两端接口处的压力差(又称用户侧供、回水压差 Δp)即为控制器的压差设定值。当空调负荷变小时，空调机的调节阀 V_2 开度变小，压差控制器两端压力差增大，这时在压差控制器的作用下，旁通阀将自动打开，由于旁通阀与用户侧水系统并联，它的开度加大将使总供、回水压差减小直至达到设定压差值时才停止继续开大，部分水从旁通阀流过而直接进入回水管，与用户侧回水混合后进入水泵及冷水机组。在此过程中，冷冻水泵及冷水机组的水量基本保持不变。

在一次泵变水量系统中，旁通阀的作用有两个：

①在负荷侧流量变化时，自动根据压差控制器的指令开大或关小，调节旁通量以保证末端及冷水机组各自要求的水量。

②当旁通阀流量达到一台冷冻水泵的流量时，说明有一台水泵完全没有发挥效益，应停止一台冷冻水泵的运行以节能。因此，旁通阀还是水泵台数启停控制的一个关键性因素，由此也可以知道，旁通阀的最大设计流量即是一台冷冻水泵的流量。

与定水量系统相比，一次泵变水量系统在保证冷水机组蒸发器定水量的同时允许末端变水量运行，从而使得室内的温、湿参数可调；同时，由于采用两通调节阀控制末端，系统简单可靠，且造价不高；另外，冷水机组和冷水泵可按实际最大值选择安装容量，这也使得系统造价降低。

在一次泵变水量系统中，要求整个冷冻水系统是一个线性系统，只有在这种条件下，冷水机组与对应的冷冻水泵同时启停时才不会导致用户侧的使用产生较大影响。然而，在实际工程中，冷冻水系统不可能是线性系统，尤其是系统非线性程度较大时，一次泵变水量系统存在较多的问题，既浪费能量又影响空调系统的效果，因而在这种情况下，一次泵系统是不适用的。另外，由于冷水泵大部分时间不随负荷进行调整，冷水泵能耗较高，因此一次泵变水量系统一般适用于环路较小或负荷特性变化不大的小型工程。

(3)二次泵变水量系统调节

二次泵变水量系统是一些大型高层民用建筑中正逐步采用的一种水系统形式。图 2－55所示是一种常用的二次泵变水量系统。在这一系统的机房侧管路中，由连通平衡管 AB 把水泵分为两级，即初级泵和次级泵两级。初级泵克服平衡管 AB 以下水路阻力(即冷水机组、初级水泵及其支路附件的阻力)，次级泵克服平衡管 AB 以上环路阻力(包括用户侧水阻力)。在二次泵系统中，次级泵与初级泵是串联运行的。

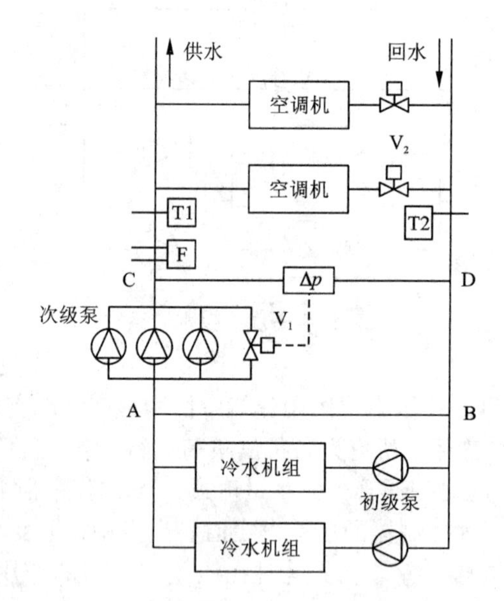

图 2－55　二次泵变水量系统(全部采用定速泵)

二次泵变水量系统的运行方式是初级泵随冷水机组联锁启停，次级泵则根据用户侧需水量进行台数启停控制。当初级泵组总供水量与次级泵组总供水量有差异时，相差的部分从平衡管 AB 中流过(可以从 A 流向 B，也可从 B 流向 A)，这样就解决了冷水机组与用户侧水量控制不同步的问题。用户侧供水量的调节通过二次泵的运行台数及压差旁通阀 V_1 来控制(压差旁通阀控制方式与一次泵系统相同)，因此，V_1 阀的最大旁通量为一台次级泵的流量。

平衡管 AB 在二次泵变水量系统中起以下三个作用：

①平衡管是水泵扬程的分界线。由于初级泵和次级泵是串联运行的，因此系统中的阻力平衡相当重要。初级泵和次级泵的扬程应通过详细的阻力计算取得，其分界线就是 A、B 两点。在设计状态下，应保证平衡管 AB 的阻力尽可能小，因此平衡管上不应安装阀门等部件。

②平衡初级泵与次级泵的水流量差值。这一功能是在运行调节过程中实现的，当初级泵

组总供水量大于次级泵组总供水量时，多余部分从平衡管AB中正向流过(A流向B)，当初级泵组总供水量小于次级泵组总供水量时，不足部分由用户侧回水弥补，平衡管中水流为逆向流动(B流向A)。

③平衡管中流量是冷水机组台数控制的依据。当平衡管中水流为正向流动时，且流量大于单台冷冻水泵流量的100%～110%时，可考虑关闭一台冷水机组及其对应的冷冻水泵；当平衡管中水流为逆向流动时，且流量大于单台冷冻水泵流量的20%～30%时，可考虑增开一台冷水机组及其对应的冷冻水泵。

随着变速水泵技术的发展，在二次泵变水量系统中，还可以采用多台定速泵与一台变速泵并联运行的方式代替次级泵组(图2-56)，或直接用一台大功率的变速水泵代替整个次级泵组。运行中它可以根据水泵组出口压力调整变速泵转速，以保证水泵的扬程保持不变；或根据设定的压差控制值调整水泵转速，以维持用户侧的供、回水压差不变。

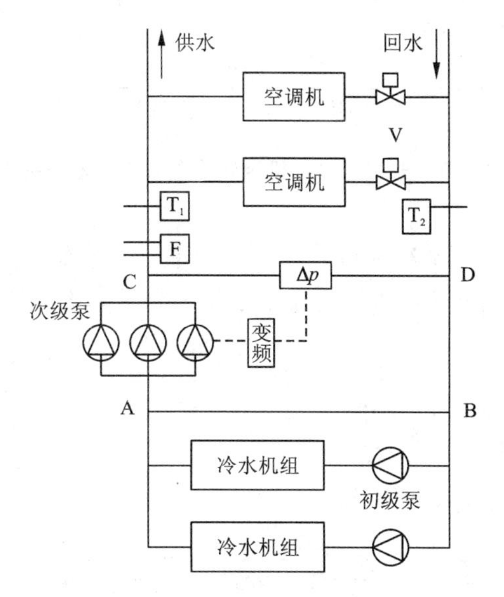

图2-56 二次泵变水量系统(一台变速泵+多台定速泵)

对于分区域的空调系统，如果各区域用户侧的水环路阻力相差较大，合用次级泵，则次级泵必须按最高阻力环路来选择扬程从而会使能耗增加。另外各环路之间要通过较仔细的初调试来平衡阻力，因此可以分不同区域设置各自的次级泵。这也是另一种应用较广泛的二次泵系统形式，它最大的优点就是节省部分次级泵的安装容量，且有利于分区管理。对于一些较为分散的小区空调供冷，或综合性多功能建筑群，如果环路阻力相差太大，采用这种分区设次级泵的二次泵系统还具有较好的节能效果。

(4)一次泵冷水机组变流量系统调节

由于冷水机组控制技术的发展，对制冷量的控制更为精确，使得冷水机组的蒸发器与冷凝器内的流量可在一定的范围内变化，一般为30%～130%。因此，当冷水机组处于部分负荷时，就可以使通过机组蒸发器的水量随负荷的变化而变化，从而减少冷冻水泵的动力消耗，这就是一次泵冷水机组变流量系统。

目前较常见一次泵冷水机组变流量系统的控制策略有以下四种：

①温差控制。通过调节冷冻水泵的工作频率，在冷冻水供回水干管之间保持恒定的温差（比如：保持 $\Delta t=5℃$），图 2－57 就是一次泵系统冷水机组变流量系统温差控制原理图。

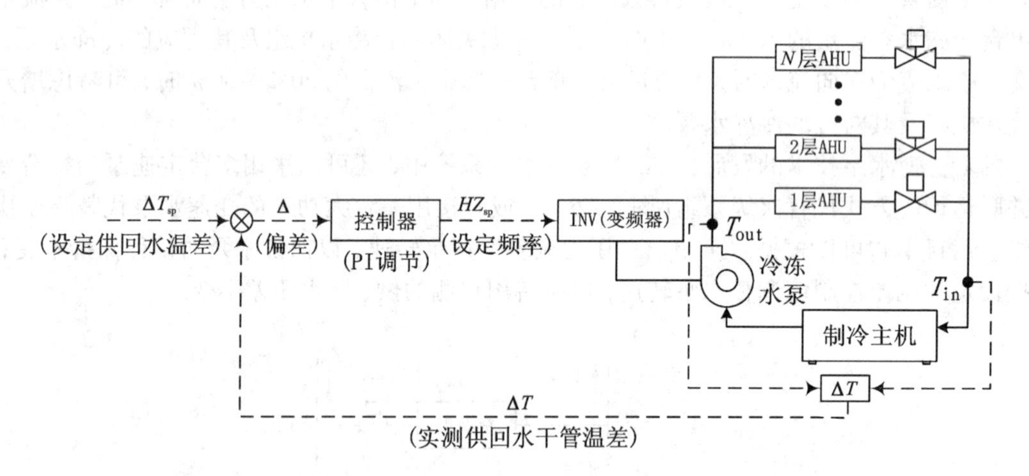

图 2－57 一次泵冷水机组变流量系统温差控制原理

②干管压差控制。通过调节冷冻水泵的工作频率，在冷冻水供回水干管之间保持恒定的压差，图 2－58 所示为一次泵冷水机组变流量系统干管压差控制原理图。

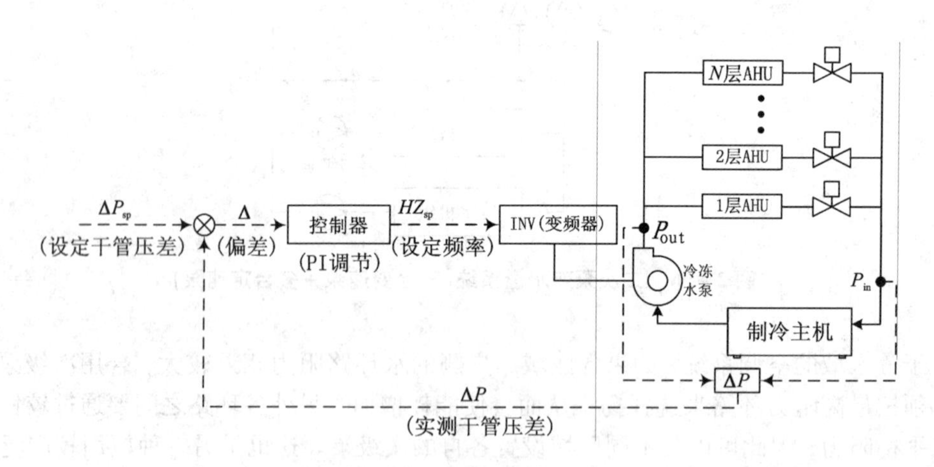

图 2－58 一次泵冷水机组变流量系统干管压差控制原理

③末端压差控制。通过调节冷冻水泵的工作频率，在管路系统末端（最不利）管路上保持恒定的压差，即通过保证最不利末端的压差，来满足所有末端在部分负荷下的最低水流量需求，图 2－59 所示为一次泵冷水机组变流量系统末端压差控制原理图。

④最小阻力控制。就是在确保每一台空调末端设备的冷冻水量能够满足使用的前提下，尽量使系统内大多数的调节水阀接近全开，以减少在水阀上消耗的静压。具体控制方法就是通过 BA 系统，统计系统内水阀的平均开度值，根据水阀的平均开度反馈值与阀位设定值之间的偏差，来设定冷冻水供回水主管间的压差，再对比当前实测的供回水压差，来控制冷冻

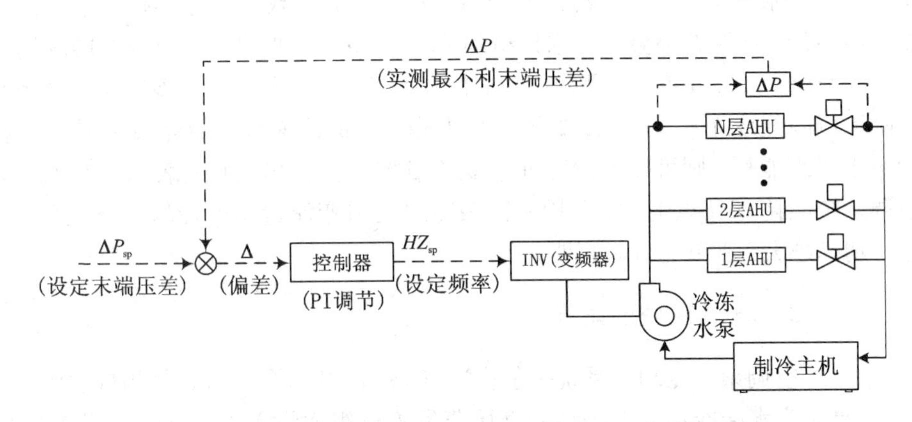

图2-59 一次泵冷水机组变流量系统末端压差控制原理

水泵的频率。因此这是一种变扬程的控制策略，它是以管路阻力最小化作为控制目标。图2-60所示为一次泵冷水机组变流量系统最小阻力控制原理图。

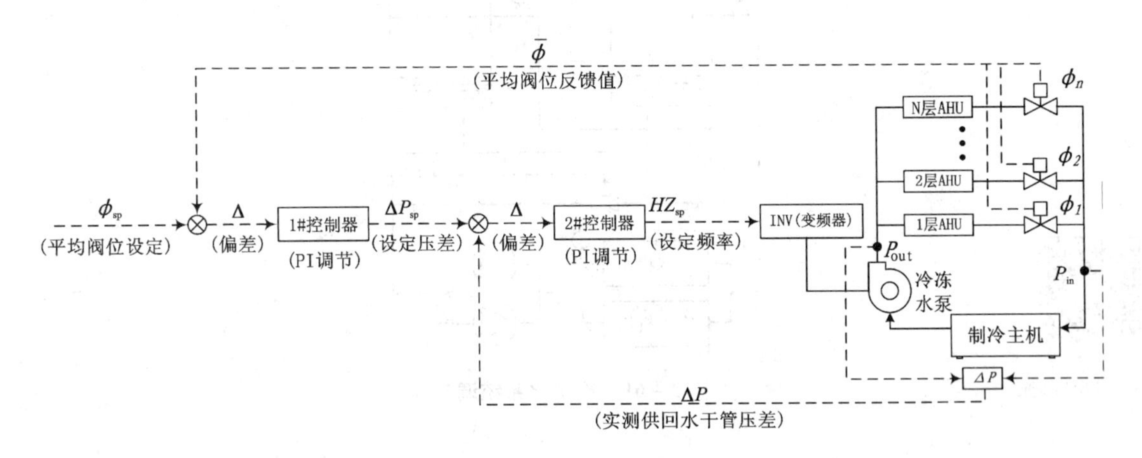

图2-60 一次泵冷水机组变流量系统最小阻力控制原理

这四种控制策略主要应用于以下场合：

①对于采用“大温差，小流量”运行的水系统而言，“温差控制策略”较为适用。因为它能够较好地控制供回水温度和温差，不至于使制冷机蒸发温度过低，甚至冻结。

②对于把现有一次泵变流量系统改造成一次泵冷水机组变流量系统的改造工程，“干管压差控制策略”较为适用。因为现有的一次泵变流量系统已经配置了“供回水压力/压差传感器”，只要增加水泵变频器，即可实现改造，简单易行。

③当系统内能够找到有代表性的“最不利末端管路”，且“最不利末端”采用的是“电动调节阀”而非“两通电磁阀”，并且此“最不利末端管路”在整个空调系统运行时间内均需投入使用时，可以选用“末端压差控制策略”。该控制策略比“干管压差控制策略”的节能效果好。

④当系统内所有水阀均为“可输出阀位反馈值的电动调节阀”时，选用“最小阻力控制策略”是最佳方案。因为，在所有控制策略中，“最小阻力控制”的节能效果最好。

由于当通过冷水机组蒸发器的冷冻水流量减少时，会导致蒸发器的换热效率降低，同时蒸发温度也会降低，这两者都会使冷水机组的COP值下降。据测算，当蒸发器流量降到设计流量的30% ~50%时，COP值会下降10%左右。不过，对于采用变频冷冻水泵的系统，冷冻水流量下降可以降低冷冻水泵电耗，如因流量下降减少的冷冻水泵能耗大于因制冷效率降低而增加的冷水机组能耗，则可以采用冷冻水变流量控制。有文献研究表明，当冷冻水泵能耗占整个空调系统能耗20%以上时，采用一次泵冷水机组变流量运行能取得一定的节能效果，水泵的相对功率越大，则节能效果越明显。

空调水系统的分类

3. 冷却水系统的调节

空调系统冷却水系统一般由冷却塔、冷却水泵及管路等组成(图2－61)，它是专为水冷冷水机组或水冷直接蒸发式机组而设置的，目的是将冷却水输送到冷源，以排除冷源吸收的热量，并对通过冷源后的冷却水进行降温处理。

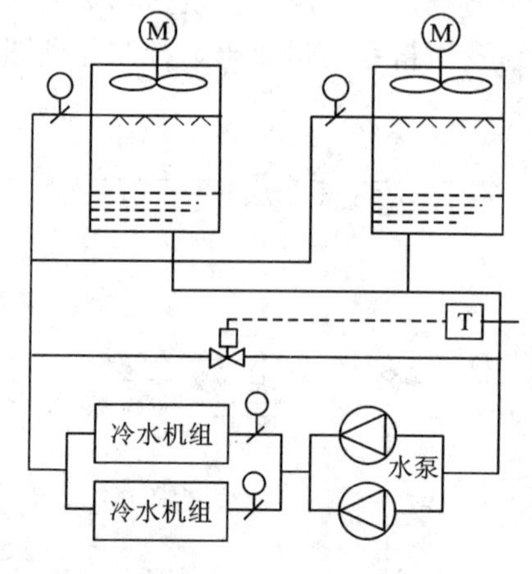

建筑中使用的水泵

图2－61　冷却水系统调节

冷却水系统的监控主要有以下几个方面的任务：

①保证冷水机组、冷却塔风机、冷却水泵安全运行；

②根据室外气候及冷负荷变化情况调节冷却水运行工况，使冷却水温度在要求的范围内；

③根据冷水机组的运行状况，自动调整冷却水泵及冷却塔与冷却塔风机的运行台数，并控制相关管路阀门的关闭，使各设备之间达到匹配运行，最大限度地节省输送能耗。

(1)安全运行

冷水机组冷凝器中流过充足的冷却水是冷水机组安全工作的基本保证，为了做到这一点，采用的具体措施有：

①当多台冷水机组并联运行时，通常冷却水泵、冷却塔及冷水机组采用一一对应的运行方式选择台数。

②冷却水泵需要与冷水机组压缩机联锁，冷却水泵启动在前，压缩机启动在后，冷却水泵没有启动，压缩机不能启动。相反地，当关停冷水机组时，必须先关闭压缩机，延迟一段

时间后再关闭冷却水泵。

③在冷水机组冷凝器出水管道上装设水流开关，水流开关的接点与冷水机组压缩机的控制回路联锁。只有管道中有足够的水流过时才能启动压缩机工作，当管道中没有水或水流不足时，压缩机不能启动。

④在冷水机组并联连接的系统中，水流开关应分别装在各台冷水机组冷凝器出口的支管道上，而不能装在并联后的主管道上，因为主管道水流开关动作只能表明主管道有水流过，而不能保证待启动的某台冷水机组的支管道中有水流过。

⑤关闭并联环路的某台冷却水泵时应相应地关闭与此对应的冷水机组冷凝器进口阀门。如果只关闭冷却水泵而不关闭冷凝器进口阀门，就会由于水泵总水量减少使分配到各台压缩机冷凝器中的水量减少，进而使工作的冷水机组的冷凝器的工作条件受到破坏。

(2)冷却水水温控制

在同样的制冷量下，冷凝温度越低，冷水机组的效率就越高，一般来说，冷凝温度下降1℃时，冷水机组 COP 提高3%。只是当冷凝温度过低时，压缩制冷时润滑油油温太低，会影响冷水机组的正常运行；对于吸收式冷水机组，冷却水温度过低时，易引起作为工质的溴化锂溶液结晶，使冷水机组不能工作。因此，冷却水温度控制的要求应该是尽可能降低冷却水温度，同时保证进入冷凝器的水温不低于规定的冷却水水温下限。

影响进入冷凝器的冷却水温度的因素有：

①冷却塔的工作状况。当冷却塔工作正常时，流出冷却塔的水温一般可满足要求，当冷却塔工作不正常时(如热湿交换性能变差、冷却塔风机损坏、冷却塔进出口风被遮挡等)，都会使冷却塔出水温度升高，冷水机组不能正常工作，制冷效率下降。

②工作时的气象条件，也就是室外空气的湿球温度。当室外空气的湿球温度低时，冷却塔出水温度降低；当室外空气湿球温度高时，冷却塔出水温度也会升高，有可能达不到冷水机组冷凝要求。

③冷水机组负荷的变化。当空调的需冷量减少时，冷水机组的能量调节系统会自动调节冷水机组的冷量输出，冷量输出的减少必然带来冷凝器产热量的减少，如果冷却水循环水量不变，则进入冷却塔的水温比原先要低，冷却塔的出水温度也必然降低。

因此，冷却水水温控制的方法为：根据冷却塔出水温度(冷凝器进口温度)与设定值的偏差，控制冷却塔的风机或其他装置动作，使冷却水温度控制在允许的范围内。主要控制方法有以下三种：

①风机台数启停控制。当冷却塔中有多台风机时，当冷却水温度达到允许温度上限时增开一台风机，而当冷却水温下降到允许温度下限时关闭一台风机，从而使冷却水温度在允许的范围内波动。

②风机变速调速。当冷却塔只有一台风机时(通常如圆形冷却塔)，可采用变频调速控制装置根据冷却水实际温度与设定温度范围之间的偏差，自动调节风机的转速，使冷却水温度在允许的范围内波动。

③有的系统在冷却水供、回水总管上设置旁通电动阀，通过总回水温度调节旁通量，以保证冷却水进水温度不变。当冷却水温度偏低时，相应地增大旁通阀的开度，使一部分从冷凝器出来的水不经过冷却塔冷却，直接和经过冷却塔冷却的水温较低的水混合，使混合后的水温维持在设定值左右。

冷却水温度越低，冷水机组的冷凝温度越低，COP 值则越高。对于前面两种方法，冷却水温度越低，则消耗的风机能耗越高。据工程经验表明，当冷却水温度在其最低安全温度之上时，最优为冷却水温度与室外空气湿球温度的温差为 2℃左右，此时冷水机组和风机的总能耗最小。

旁通阀调节的方式有可能造成水泵的超流量运行，致使水泵电机损坏，因此这种方法一般只用于冷却水温度偏低时的调节：当冷却塔出水温度低于最低设定值时，先通过变频器降低冷却塔风机转速；若冷却塔风机停止时，冷却塔出水温度还是过低，则通过调节冷却水进出水管的旁通阀进行调节。

(3)冷却水变流量控制

对于某些型号的冷水机组，其冷却水流量可以在一定范围内变化，因此也可采用变频装置对冷却水的流量进行控制，其控制方法一般有以下两种：

①定温差控制方法。目前，冷却水变流量通常采用定温差控制，即在冷却水进出水管上各安装一只温度传感器，将此温度信号传给控制器，控制器将此实际冷却水温差与某一固定温差(一般为 5℃)进行比较，以控制水泵转速和流量。当系统处于部分负荷，冷却水温差较小时，降低水泵转速，以保持 5℃温差。在实际工程中，为避免水泵频繁变速，通常温差在某一区间内变化，如 4 ~6℃。另外，为保证水流量不低于最小流量，一般设定频率下限，通常在 25 Hz 以上。

②冷凝温度控制法。由于冷冻水系统存在对空气除湿等方面的要求，故蒸发器的出水温度和进出水温差的可变范围有限。冷却水系统与舒适性无关，因此，冷却水出水温度和进出水温差的可变范围较大。冷凝温度控制法是以冷却水的出水温度作为控制变量，间接地控制冷凝温度。在冷却水管的出水端安装一只温度传感器，将此温度与其上限温度(如 37℃)进行比较，尽可能降低水泵转速和流量，只要保证水流量不低于最小流量，以避免冷凝器内水流变为层流而使其传热性能恶化。

冷凝温度控制与定温差控制相比，冷却水温差和流量变化范围大，水泵的节能潜力得到了有效的利用，并充分地利用了冷却塔的处理能力和部分负荷下室外的气候特征，尤其在部分负荷情况时，水泵相对于冷水机组的功率比例在上升，因此节能潜力更大。虽然冷凝器出水温度控制对应的不一定是最佳冷凝温度，但是在工程中易于实现，甚至较定温差控制更简便易行。温差控制有两个测点，而冷却水出水温度控制只需一个测点，误差较小。

由于当通过冷水机组冷凝器的冷却水流量减少时，一方面会造成冷凝器进出口水温温差增大，冷凝温度升高，另一方面，冷却水流量减小还会使冷凝器内流速降低，从而使冷凝器水侧的传热系数降低，造成冷凝温度升高。这两者都会使冷水机组制冷效率下降。不过，对于采用变频冷却水泵的系统，冷却水流量下降可以降低冷却水泵电耗，同时，冷却水流量下降还可减少冷却塔风机能耗。如因流量下降减少的冷却水泵能耗和冷却塔风机能耗大于因制冷效率降低而增加的冷水机组能耗，则可以采用冷却水变流量控制。有文献研究表明，当冷却水泵电功率与冷水机组在名义工况下的电功率之比在 10% 以上时，采用冷却水变流量运行能取得一定的节能效果，且水泵的相对功率越大，节能效果越明显。

(4)冷却塔自然供冷控制

冷却塔自然供冷，是一种不使用冷水机组的供冷手段，是指在常规空调水系统基础上增设部分管路和设备，当室外气象参数达到某些特定值，特别是室外湿球温度低于某个值以下时，关闭冷水机组，将流经冷却塔的循环冷却水直接或间接向空调系统供冷，提供建筑空调所需要的冷负荷(图2－62)。

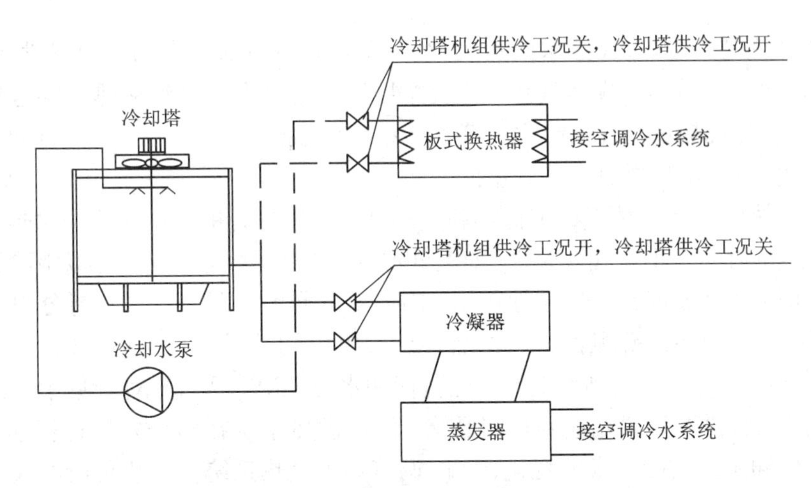

图2－62 冷却塔自然供冷工作原理

冷却塔自然供冷按冷却水是否直接进入空调末端设备来划分可分为冷却塔直接供冷系统和冷却塔间接供冷系统。

①冷却塔直接供冷系统是一种通过旁通管道将冷水环路和冷却水环路连在一起的系统。在夏季，系统在常规空调水系统条件下工作，在过渡季和冬季，当室外湿球温度下降到某设定值时，就可以通过阀门打开旁通，同时关闭制冷机，转入冷却塔供冷模式。由于开式冷却塔中的水流与室外空气接触换热，易被污染，从而造成系统中管路腐蚀、结垢和阻塞，因此通常在冷却塔和管路之间需设置水处理装置，以保证水系统的清洁。

②冷却塔间接供冷系统装设一个板式换热器(图2－62)，将冷却水环路和冷冻水环路隔开，使之相互独立，不直接接触，能量传递依靠板式换热器来进行。这种方式的特点是冷冻水不受冷却水的污染，但与冷却塔直接供冷相比，存在中间换热损失，因此效率有所降低。

冷却塔供冷技术特别适用于需全年供冷或建筑有常年需供冷的内区建筑，如大型建筑内区、大型百货商场等，或需全年供冷且需严格湿度控制的建筑，如计算机房、程控交换机房等。在进行冷却塔自然供冷设计时应注意以下几点：

①冷却塔供冷模式室外转换温度点的选择直接关系到系统供冷时数。考虑到冷却塔冷幅(冷却塔出水温度与室外湿球温度之差)、管路及换热器等热损失造成的水温温升(4.5～5℃)，室外转换温度点为空调末端所需供水温度减去该温升所对应的室外湿球温度。

②系统中冷却塔在依夏季冷负荷及夏季室外计算湿球温度选型后，还应对其在冷却塔供冷模式下的供冷能力进行校核。

③对于多台冷却塔系统可采用串联冷却塔的方法来增加冷却效果，提高冷却塔供冷模式的室外转换温度，从而增加供冷时数。

④由于冷却塔供冷主要在过渡季节、冬季运行，故在冬季温度较低地区应在冷却水系统中设置防冻设施，如设置旁通管、增设加热器等。

2.3 集中供热系统调节

集中供热系统是通过热媒(热水或蒸汽)统一向具有热负荷需求的用户提供热能的系统,它通常由热源(提供高温热水或蒸汽)、一次管网(将高温热水或蒸汽从热源输送到换热站)、热交换站(负责将热源提供的高温热水或蒸汽转换为低温热水)、二次管网(将低温热水从换热站输送到各用户)及用户供热设备等组成。

集中供热系统的设计是基于稳定传热和室外计算温度进行的。由于集中供热系统在实际运行期间,其热负荷的大小与气候条件(如室外温度、湿度、风速、风向及太阳辐射强度等)密切相关,尤其是室外温度起着决定性作用,因此变化较大。另外,在实行分户按热量计费之后,用户可以通过温控阀等根据自己的需要调节室内用热设备的散热,以有效控制室温,这种调节必然会影响到集中供热系统的总热负荷和水力工况。因此,对于集中供热系统不但要求设计正确,而且需要设置相应的控制系统,使得供热系统在整个实际运行期间,能够按照室外气象条件和用户实际需求的变化,实时调节集中供热系统输出热负荷的大小。这样既确保集中供热系统输出的热负荷与用户实际需求的热负荷匹配,使室温达到设计要求,提高供热质量,又能实现集中供热系统的经济安全运行,提高能源利用效率,节能降耗,还可以延长设备使用寿命,减轻工作强度,提升管理水平。

一般来说,热源及一次管网的调节控制由热力公司负责,而对于建筑设备自动化系统,主要监控的对象为热交换站、二次管网及用户供热设备。

2.3.1 热交换站监控

管壳式换热器和板式换热器

热交换站的作用是将一次蒸汽或高温水的热量,交换给二次网的低温热水,供采暖用。二次网的热水通过水泵送到分水器,由分水器分配给采暖系统,采暖系统的回水通过集水器集中后,进入热交换器(水-水热交换器和蒸汽-水热交换器)加热后循环使用(图2-63),因此热交换站监控的主要对象是热交换器、供热水泵、分水器和集水器。

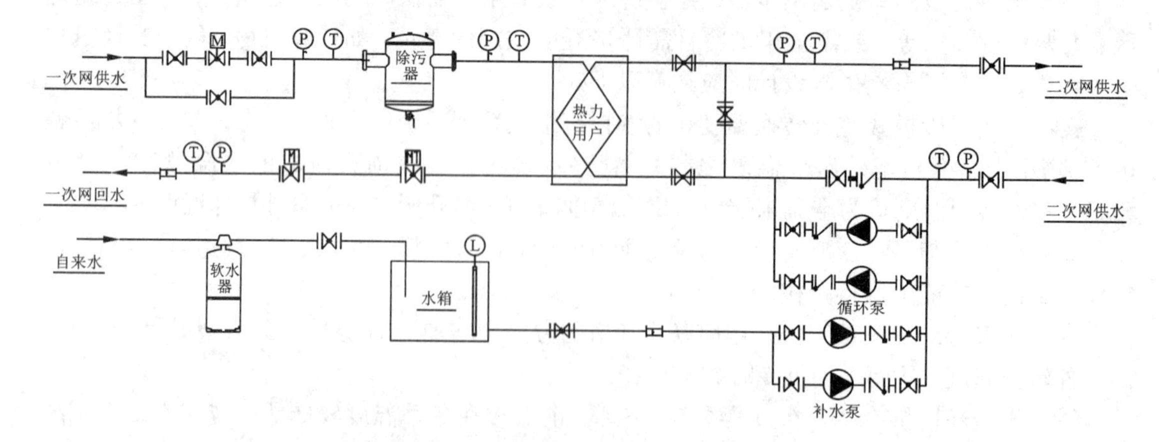

图2-63 典型的热交换站供热系统流程

1. 热交换站的监控内容

热交换站监控系统的主要任务是保证系统的安全性，对运行参数进行计量和统计，根据要求调整运行工况，具体内容如下：

①热交换器供水温度的自动控制：根据装设在热水出水管处的温度传感器检测的温度值与设定值的偏差自动调节一次热媒侧电动阀的开度。在集中供热系统中，常用的热交换器形式有水 - 水热交换器和蒸汽 - 水热交换器。

②热交换器与循环水泵的台数控制：部分负荷时，根据负荷需要停开相应的热交换器和对应的循环水泵，可节约循环水泵能耗，延长循环水泵使用寿命。

③补水泵的控制：由于各种因素，如系统的泄漏、用户的私自取用等，热水循环系统中的热水会不断减少。这时可以根据回水压力的大小，自动控制补水泵的启停，或对补水泵进行变频控制，及时对热水循环系统进行补水。

④水泵运行状态显示及故障报警：让工作人员随时掌握系统运行状态，为系统控制提供保证；另外，及时发现故障，可以避免事故发生或扩大。

2. 水 - 水热交换器的换热量控制

水—水热交换器的控制一般以被加热流体出口温度作为被调参数，由于被加热流体的流量一般是由工艺决定的，因此通常以热媒的入口流量为调节量。根据要求不同，可采用二通阀控制或三通阀控制。

(1)方法一：采用二通阀控制水 - 水热交换器

图 2 - 64 所示为采用二通阀控制水 - 水热交换器示意图。当被加热流体的出口温度低于设定值时，二通阀开度开大，热媒流量增加，热水供水温度上升，直到达到设计温度。反之亦然。采用这种方式控制时，一次管网是变流量。

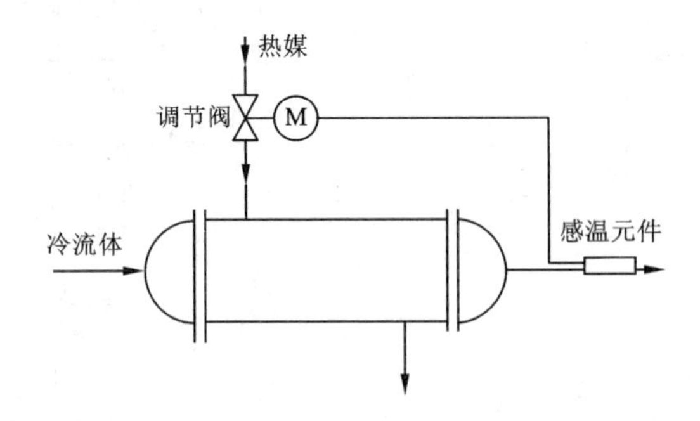

图 2 - 64 采用二通阀控制水 - 水热交换器示意图

(2)方法二：采用三通阀控制水 - 水热交换器

采用三通阀控制有两种方式：一种是分流三通阀，见图 2 - 65(a)；一种是合流三通阀，见图 2 - 65(b)。如三通阀安装在热媒入口处，则采用分流阀，优点是没有温度应力，缺点是流通能力相对较小。如三通阀安装在出口处，则采用合流阀，优点是流通能力较大，但在高温差时，管子的热膨胀会使三通阀承受较大的应力而变形，造成连接处的泄漏或损坏。采用三通阀控制水—水热交换器时，一次管网是定流量。

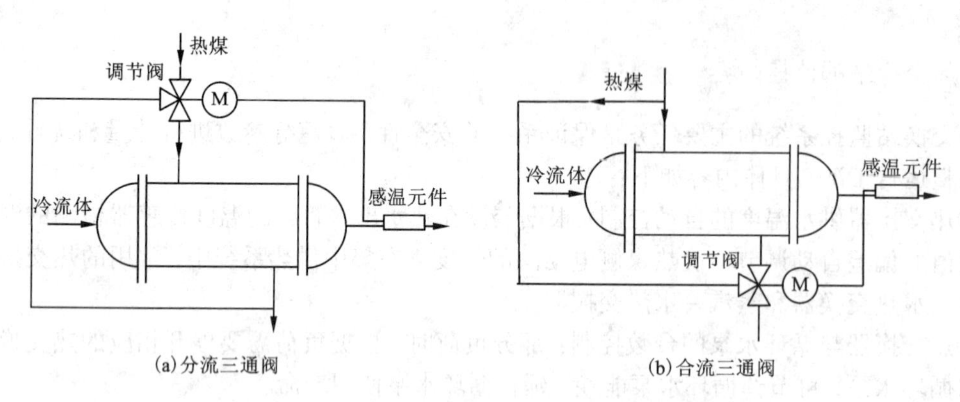

图 2-65 采用三通阀控制水-水热交换器示意

3. 蒸汽-水热交换器的换热量控制

在蒸汽-水热交换器内，蒸汽冷凝，由气态变为液态，放出大量热量，传给被加热流体。由于蒸汽的比容大，密度小，静压力小，且热惰性小，因此在工程实际中也使用较多。

(1)方法一：将调节阀装在蒸汽入口管路上，以改变进入热交换器的蒸汽流量。

这种方式是通过改变传热温差来实现调节的。图 2-66 中调节阀为蒸汽阀。当阀门开度开大，进入热交换器的蒸汽增多，则压力增大，由于饱和蒸汽压力对应一定的温度，因此蒸汽温度也升高，即传热平均温差增大。但当被加热介质出口温度较低时，所需蒸汽量较少，冷凝水量也减少，因此疏水器只能间歇排液，造成压力周期性变化，蒸汽温度也周期性变化，从而使被加热介质温度作同期振荡。

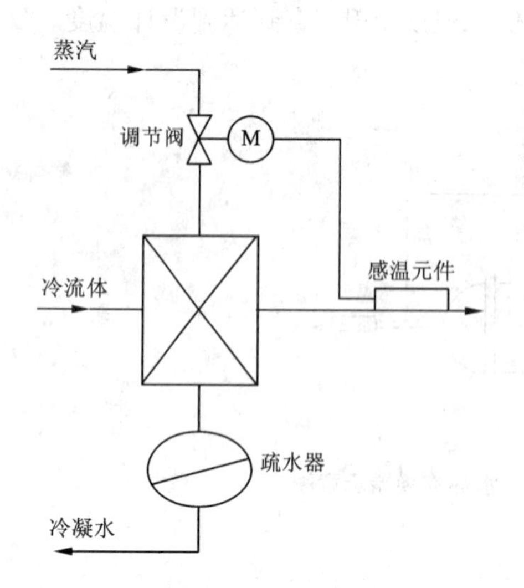

图 2-66 改变进入热交换器的蒸汽流量

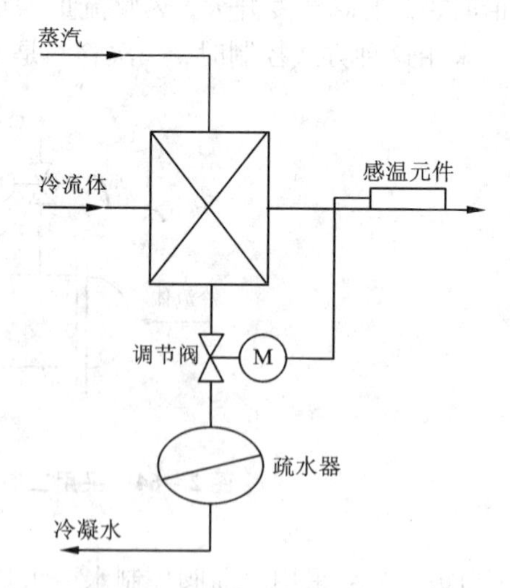

图 2-67 改变冷凝的有效面积

(2)方法二：将调节阀装在冷凝液出口管路上，以改变传热的有效面积。

如图 2-67 所示，它是通过改变传热面积来改变传热量。调节阀装在冷凝液出口管路，因此调节阀是水阀。当被加热流体出口温度高于设定值，则调节阀关小，冷凝液排放减少，热交换器内部积聚的冷凝液增多，冷凝液面增高，则有效传热面积减少，因此换热量减少，从而使被加热流体出口温度降低。反之亦然。该方式的优点是疏水器连续排液，不会产生振荡。但由于加热器的惯性大，因此调节不很灵敏。

4. 补水泵变频控制

补水泵除采用启/停控制外，还可采用变频控制，其控制策略如图 2－68 所示。

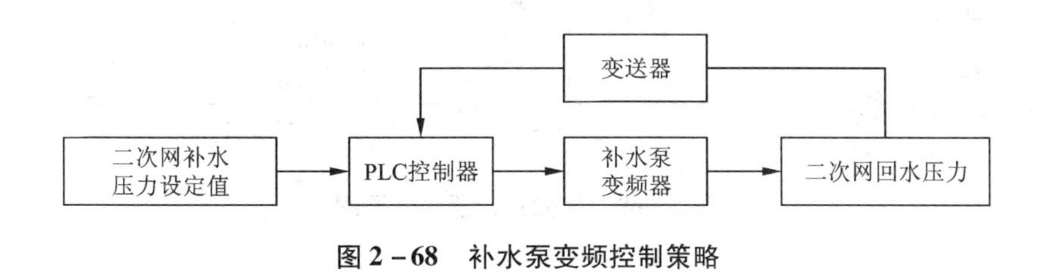

图 2－68　补水泵变频控制策略

通过比较二次网回水管上压力变送器的反馈值与补水设定值，使输出到补水泵电机的频率相应变化，从而使出水压力始终维持在设定值附近，避免了管网因出水压力过大而破裂的危险，也可减少阀门等损坏，延长使用寿命，降低因故障停机的频率。二次网系统压力的采样点一般设在循环水泵的入口处。

2.3.2　供热管网调节

在传统的供热收费模式下，用户按供热面积进行付费，不能对供热末端进行调节，供热管网定流量运行。随着供热体制的改革，集中供热收费形式向按实际消耗的热量进行收费转变，由于这种收费方式下各用户可以自发调节供热末端设施，供热管网变流量运行。因此，按供热面积计费管网和按热量计费管网的调节控制大不相同。

1. 按供热面积计费管网的调节

由于用户不能自主地调节自己的供热量，在正常供热情况下，热源的需供热量仅仅和室外温度有关，调节主动权在供热公司，它可以主动地调节、控制热网的流量和供水温度——供热量，而该供热量是可以预先知道并且可由供热公司控制。具体有以下几种方法。

(1) 质调节

在水泵送入系统的循环水量不变的条件下，随着室外温度的变化，通过改变供水温度来实现供热量的控制。该方式的优点是：管理简单，操作方便，可以采用气候补偿器自动根据室外温度进行调节；网络循环水量保持不变，整个管网的水力工况比较稳定，系统水量调试合格后就不会再改变，因此不会出现水力失调的现象。其缺点是：由于水量不能改变，因此输送水泵的能耗较多；另外，该方式要求各用户的热负荷成比例变化，因此易引起用户的过热或偏冷。

气候补偿器一般用于集中供热系统的热力站中心或者采用锅炉直接供暖的供暖系统中，它可以根据室外气候温度变化和用户设定的不同时间的室内温度要求，按照设定曲线计算出适当的供水温度，自动控制供水温度，实现供热系统供水温度的气候补偿。图 2－69 所示为气候补偿器控制原理图。

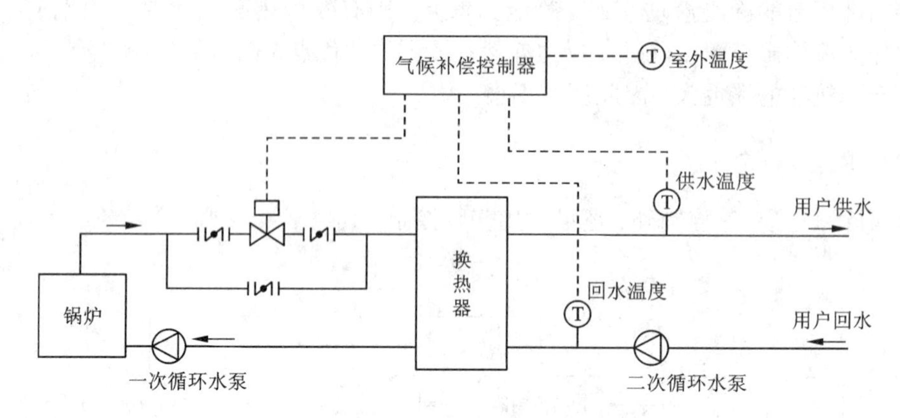

图 2－69 气候补偿器控制原理

(2)量调节

这种方法保持供水温度不变，采用改变热水流量来实现对供热量的控制。它可以节约二次热网水泵的运行能耗，但它要求各用户的流量成比例变化，因此容易引起系统的水力失调。

(3)间歇调节

该方法不改变管网的热水流量和供水温度，采用控制每天的供热时间来调节供热量。它要求用户具有较好的蓄热能力，否则室内温度变化显著，热舒适性差，所以这种方式一般只在室外空气温度较高的初寒期和末寒期采用，多作为一种辅助调节措施。

(4)阶式质—量调节

它将采暖期根据室外温度高低分为几个阶段，在室外温度较低的阶段中，保持设计最大流量，而在室外温度较高的阶段中，保持较小的流量。它在每一阶段内，热网的循环水量始终保持不变，按改变热网供水温度的质调节进行供热调节。由于这种方式兼具质调节和量调节的特点，不仅可满足工况要求，而且还具有较好的节能效果。

对于规模较大的供热系统，一般可分三个阶段改变循环流量，各阶段的相对流量比通常采用100%、80%和60%，此时相应的循环水泵电耗与设计电耗之比为100%、51.2%和21.6%。而规模较小的供热系统，一般分两个阶段改变循环流量，各阶段的相对流量比通常采用100%和75%，相应的循环水泵电耗与设计工况之比为100%和42%。

采用阶式质—量调节后，由于水泵的电功率与流量的立方成正比，与纯质调节相对比，具有显著的节能效应。因此，阶式质—量调节方式在传统集中供热系统中的实际应用较多。

2. 按热量计费管网的调节

随着我国供热与用热制度改革和群众用热观念的改变，热量由福利转变为商品，归用户自行调控、使用，并且按照实际用热量进行收费，已成为我国供热、用热的发展趋势。

按实际消耗热量计量收费时，每户安装了热量计和温控装置，用户可以根据自己的需要调整室内温度。例如夜间的客厅、无人居住的房间均可以调低散热器的设定温度，以减少供热量、降低供热费用，从而调动了用户节能的积极性。这种调节本质上是通过调节散热器流量大小来调节散热器的供热量多少，从而控制室温。当用户需要调节室温而开大或关小温控阀时，通过散热器的热水流量就会发生变化。当众多用户调节自己的热量后，整个管网的流量和供热量也将随之变化，这个变化供热公司无法控制和预知，即调节的主动权分散在众多用户手上，供热公司变为被动的适从者。

按热量计费管网调节的原则是保证充分供应的基础上尽量降低运行成本，而为了保证充分供应，就必须保证在任何时候用户都有足够的资用压头。根据这个要求，分户按热量计量收费管网可以采用以下两种控制方法：

(1)供水定压力控制

把热网供水管路上的某一点选作压力控制点，在运行时使该点的压力保持不变。例如，当用户调节导致热网流量增大后，压力控制点的压力必然下降，这时调高热网循环水泵的转速，使该点的压力又恢复到原来的设定值，从而保持压力控制点的压力不变。图 2 – 70 所示为直联网压力控制原理图。

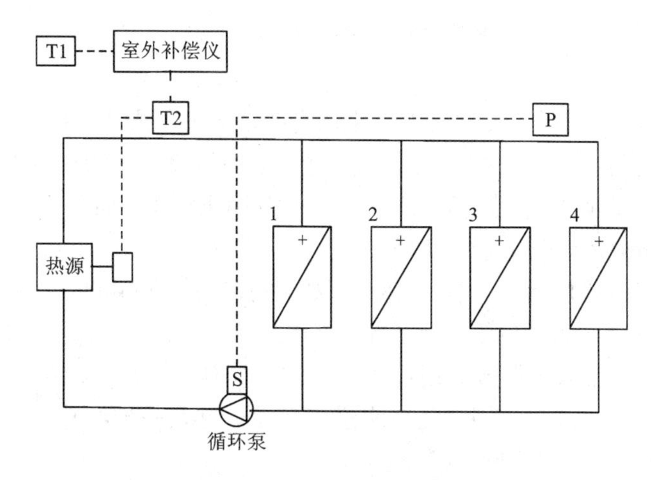

图 2 – 70　直联网压力控制原理

(2)供回水定压差控制

定压差控制把热网某一处管路上供回水压差作为压差控制点，保持该管路的供回水压差始终保持不变。例如，当用户调节导致热网流量增大后，压差控制点的压差必然下降，这时调高热网循环水泵的转速，使该点的压差又恢复到原来的设定值，从而保持压差控制点的压差不变。图 2 – 71 为直联网压差控制原理图。

无论是供水定压力控制，还是供回水定压差控制，控制点位置及设定值大小的选择主要是考虑降低运行能耗和保证热网调节性能的综合效果。在设定值大小相同的条件下，控制点位置离热网循环泵出口越近，滞后越小，调节能力越强，但越不利于节约运行费用；控制点位置离热网循环泵出口越远，情况正好相反。在控制点位置确定的条件下，控制点的压力(压差)设定值越大，越能保证用户在任何工况下都有足够的资用压头，但运行能耗及费用也越大。反之，如取值过低，运行能耗及费用虽然较低，但有可能在某些工况下保证不了用户的要求。

①对于供水定压力控制。当各个用户所要求的资用压头相同时，可以把压力控制点确定在最远用户的供水入口处。当各用户所要求的资用压头不同时，如最远用户所要求的资用压

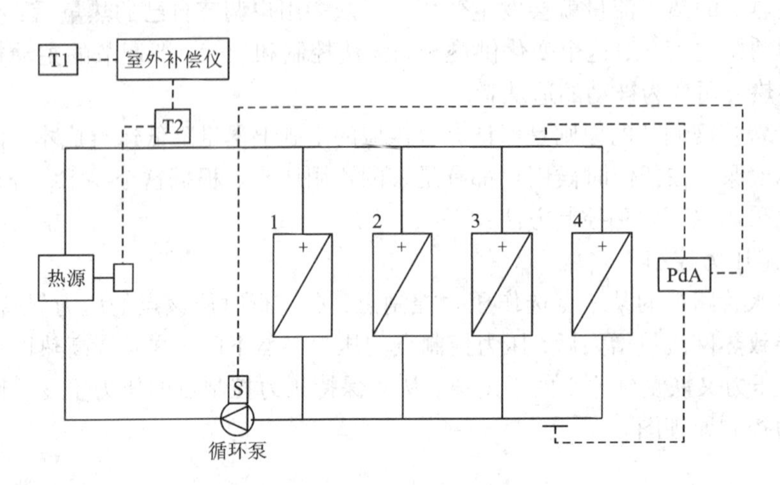

图 2-71　直联网压差控制原理

力最大，则把最远用户供水入口处作为压力控制点；否则可以把压力控制点设置在主干管离循环泵出口约 2/3 处附近用户的供水入口处。这是一种经验性质的确定方法。设定值就是设计工况下该控制点的供水压力值，即该用户要求的资用压力 + 设计工况下从该用户到水泵入口处干管的压降 + 水泵入口处要求压力。

②对于供回水定压差控制。当各个用户所要求的资用压头相同时，把压差控制点确定在最远用户的供水进出口处。当各用户所要求的资用压头不同时，如最远用户所要求的资用压力最大，则把压差控制点确定在最远用户的供水进出口处；否则可以把压差控制点设置在主干管离循环泵出口约 2/3 处附近用户的供水进出口处。这是一种经验性质的确定方法。设定值就是压差控制点对应用户所要求的资用压力。

3. 局部运行调节与控制

由于各用户的系统形式、散热设备热力特性以及个体调控需求的差异，需要在用户入口处或热力站对某些用户进行局部调节和控制。例如，对于分户计量供热系统，由于用户的自主调节会导致整个管网的流量分配比例发生变化，进而影响其他用户的水力工况。因此，为了避免某用户的调控行为影响整个系统及其他用户的水力稳定性，需要采取相应的水力平衡措施保证系统运行调节过程中的水力稳定。

常见的动态水力平衡控制方式有恒压差控制和恒流量控制两种。恒压差控制是在环路入口处装设自力式压差调节阀，恒流量控制是在环路入口处装设自力式流量调节阀。自力式调节阀无须外来能源，它可以依靠被调介质自身的压力、流量等变化自动进行调节。

(1) 自力式流量调节阀

自力式流量调节阀也称流量限制器或定流量阀，它可以在一定的工作压差范围内，保持流经阀门的流量稳定不变：当阀门前后的压差增大时，阀门自动关小，它能够保持流量不会增大；反之，当前后压差减小时，阀门自动开大，流量仍然恒定。但是，当压差小于阀门的正常工作范围时，由于自力式流量调节阀不能提供额外压头，此时即使阀门全开，流量仍达不到要求，因此失去控制作用。

在系统压差突变的情况下，即系统压差并非由于系统改变运行工况而改变时，利用这种阀门能够很好地起到稳定流量的作用。但是对于分户热计量系统，由于用户的自主调控使得系统末端所需的负荷与流量均发生变化，而目前计量供热系统从调节性角度出发以双管系统居多，此时系统运行工况是变流量，但是通过自力式流量调节阀的作用仍保持环路流量不变。因此，自力式流量调节阀不适用于分户热计量付费系统。

(2)自力式压差调节阀

自力式压差调节阀也可称为差压控制器，它具有自动恒定被控环路压差的功能，即当被控环路以外的管路压力发生变化时，该调节阀能通过调节自身的开度，吸收外界压力的变化，改变流体通过阀门的压差以维持被控环路上的压差恒定，从而隔离被控环路以外的压力变化对被控环路造成的影响。同时，被控环路内部进行相应的水力调节时，该阀门通过调节自身开度，削弱内部各个用户之间的干扰。因此，对于分户热计量付费的供热系统，在热力入口处设置自力式压差控制阀可有效保证系统的稳定性。

2.3.3 室内供热设备控制

室内供热设备是集中供热系统的主要组成部分，它向房间散热以补充房间的热损失，保持室内要求的温度。对室内供热设备进行控制主要体现在以下几个方面的作用：

①满足用户舒适要求，防止室温过热或过低：用户可以自主对室温进行调节，从而避免开窗散热等情况的出现。

②在满足用户需求的基础上尽可能节约能源：可以充分利用太阳辐射、电器和人体自由热，减少浪费；可以设定值班温度，满足不同房间对温度的不同要求。

③尽量延长设备的使用寿命：对于塑料部件(如聚乙烯或聚丙烯管)，防止热水温度过高，从而延长这些部件的使用寿命。

根据供热设备向房间传热方式的不同，室内供热设备分为三大类：散热器、暖风机、辐射地板。由于这三类设备的工作原理不相同，因此它们的控制方法也不同。

(1)散热器控制

散热器又称暖气片，它通过散热设备的表面，主要以对流传热方式(对流传热量大于辐射传热量)向房间传热。一般可在散热器上安装能调节流量的调节阀(手动调节阀或恒温阀)，从而实现对散热器的控制。

手动调节阀只起主动节能的作用。当室内温度偏高时，用户可以主动关小阀门，使通过散热器的热水流量减少，从而减少了散热器的传热量，达到了降低室内温度的目的。反之则开大阀门。

恒温阀(图2－72)既可起到主动节能的作用，又可起到被动节能的作用。它由恒温控制器和流量调节阀组成。当室内温度低于设定温度时，恒温控制器通过温包感受到室内温度的变化控制流量调节阀开大，反之则关小(图2－73)。

恒温阀按照连接方式分为两通型恒温阀和三通型恒温阀，其中两通型恒温阀根据是否具备流通能力预设功能还可分为预设定型和非预设定型两种。两通非预设定型和三通型恒温阀的流通能力较大，因此主要用于单管跨越式系统；两通预设定型恒温阀的阻力预设定功能可以解决双管系统的垂直失调问题，因此主要用于双管系统。

图2－72 恒温阀

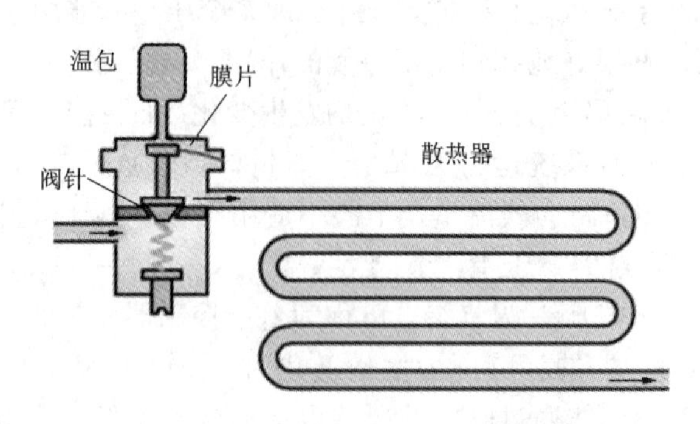

图2－73 恒温阀控制原理

散热器恒温阀安装在每台散热器的进水管上或分户采暖系统的总入口进水管上。应确保恒温阀的传感器能够感应到室内环流空气的温度，不得被窗帘盒、暖气罩等覆盖。散热器恒温阀正确安装在采暖系统中，用户可根据对室温高低的要求，调节并设定室温，这样就确保了各房间的室温恒定，避免了立管水量不平衡以及单管系统上下层室温不均的问题。同时，通过以下作用既可以提高室内热环境舒适，又可实现节能。

①恒温控制：通常采暖设备容量的选型是按照在冬季较低的计算温度值下满足室内温度需要的原则来确定的，但是室外气温是在不断波动变化的，热负荷也是随之波动变化的。在一天里的多个时刻、在一个采暖季的每一天，热负荷都不相同，在正午或者初、末寒时间里热负荷会大大减少。如果不及时控制减少供热系统的出力，就会造成能量的浪费。因此，随气候的变化动态地调节供热系统的出力，控制室温恒定，即可大量节能。同时，消除温度的水平和垂直失调，也能使有利环路减少能量浪费，同时使不利环路达到流量和温度的要求。

②自由热利用：阳光入射、人体活动、炊事、电器散热等热量称为采暖自由热，这部分热量由于不确定性而没有在设计运行中予以充分考虑，仅作为安全系数考虑。实现室温控制后，这部分热量就可以得到有效利用，同时，不同朝向的房间温差也可以消除，这样既提高了室内热环境的舒适度，又节省了能量。

③经济运行：办公建筑、公共建筑在夜间、休息日无须满负荷（室温18℃）供热，将大量热量白白浪费。住宅住户也应该无人时断热，以节省能源。甚至可在不同的房间实行不同的温度控制模式：当人员集中在客厅时，卧室温度可以设定降低，客厅温度可以设定升高；在睡眠时间里，卧室温度可以设定升高，客厅温度可以设定降低等等。这些措施可以通过散热器恒温阀来完成，以实现节能。

（2）暖（热）风机控制

地板辐射采暖

暖（热）风机（图2－74）向房间输送比室内温度高的空气，直接向房间供热，其工作原理和风机盘管类似，即热媒通过换热器与室内空气进行热交换。因此，暖（热）风机的控制方法和风机盘管相同，可以采用风机启停控制、风机转速控制、水阀开度（或开关）控制等方法控制暖风机向

图2－74 暖（热）风机

室内的供热量，从而达到调节室内温度的目的。不同的是，暖(热)风机的热媒可以是热水或蒸汽，而风机盘管的热媒一般为热水。

(3)地板辐射供热系统控制

地板辐射供热是指将热水等(热水温度一般在60℃以下)引到地板下面，通过提升地板表面的温度，形成热辐射面，依靠辐射面与人体、家具及围护结构其余表面的辐射热交换进行供热(图2-75)。因此，地板辐射供热系统控制的目的是：使整个辐射地板的温度参数满足设计要求，不能局部温度高、局部温度低，从而会影响室内热舒适；防止出水温度过高造成管内压力过高或管膨胀，并延长管子(聚乙烯或聚丙烯管)的使用寿命。

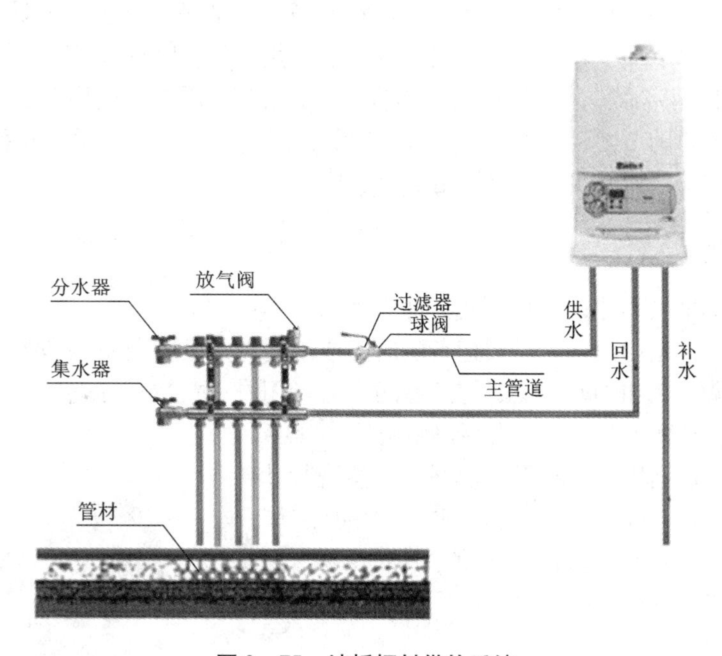

图2-75 地板辐射供热系统

地板辐射供热系统的主要调节方法分为间歇调节和连续调节两种方式，其中，水泵启停控制是间歇调节，三通混水阀调节和二通阀调节为连续调节。

①水泵启停控制：进水温度保持不变，根据室内温度控制水泵的启停。例如，在凌晨、中午等几个时间段停止供热，靠地板、墙体的放热来维持室内一定的温度。

②三通混水阀调节：进水温度保持不变，根据室内温度或回水温度(供回水温差不大于15℃)采用三通旁通阀调节旁通水量来调节系统的进水量。

③二通阀调节：进水温度不变，根据室内温度或回水温度(供回水温差不大于15℃)采用二通阀调节系统进水量。

由于水泵启停控制实施比较方便，且地板辐射供热系统的蓄热性能较强，因此采用间歇调节具有一定的优越性。

2.3.4 供热计量收费

随着供热体制的改革，越来越多的建筑采用按用户使用的热量进行收费的方法。与按供热面积计费相比，按使用的热量计量收费具有以下明显的作用：

①节约能源。用户安装了热量计和温控装置后，用户可以根据自己的需要调整室内温度。例如夜间的客厅、无人居住的房间均可以调低散热器等的设定温度，以减少供热量、降低供热费用，从而调动了用户节能的积极性。根据实际调查表明，采用按使用的热量收费可以减少集中供热系统20%～30%的能耗。

②改善供热品质、提高室内热舒适度。由于每个人对热舒适度的感受不同，实行热量计量收费后，用户可以根据个人的热舒适感对所在区域的温度进行调整，从而提高了用户的热舒适度，而“热”作为商品，供热公司也有责任改善供热品质，从而为用户提供更好的服务。

③延长设备使用寿命。采用按使用的热量计量收费后，用户的供热费用与自己的使用密切相关，调动了用户的节能性，集中供热系统满负荷工作时间大大下降，从而使得供热设备的故障率下降，维护费用减少，有效使用寿命延长。

1. 供热计量方式

一般来说，集中供热热量计量方式有两大类：

①近似方式：根据用户末端设备运行的时间或消耗热量的比例进行收费，如时间计量表（检测出用户末端的使用时间）、热水表（检测出通过用户末端的热水量）等。这种方式成本较低，安装方便，但只能大致地测出用户使用的热量。

②精确方式：根据用户末端设备消耗的热量进行计费，如热量表（图2－76），它需要检测出通过用户末端的热水量及进、回水温差。这种方式热量计量准确，但造价较高，且安装不方便，对户内供热系统形式有一定要求。

图2－76　热量表

与传统的水、电、气的消费不同，热的使用存在着传递性，即热量会自发地从温度较高的地方流向温度较低的地方。另外，为了保证相同的室内温度（可以理解为相同的热舒适度），不同建筑单位面积消耗的热量不同，即使是同一栋建筑中，相同面积、相同使用情况的房间，也会因楼层不同、朝向不同，甚至隔壁上下房间供热使用情况的不同，都会造成极大的差别。因此，在集中供热热量计量中，近似方式和精确方式都有一定的适应性，应该根据不同项目的具体情况进行选用。

2. 远程供热计量管理系统

随着网络技术的发展，对于集中供热系统，采用远程供热计量系统成为必然趋势。图2－77是一种远程供热计量管理系统，整个系统从底层到顶层由热量表、热计量管理器和管理部门服务器三层设备组成。它以热计量管理器为核心，通过RS 485总线对热量表进行监控管理，并通过Internet对其实现远程控制，如抄表等。

①热量表位于系统的最低层，主要计量用户所消耗的热量。其工作原理是计量进户热水

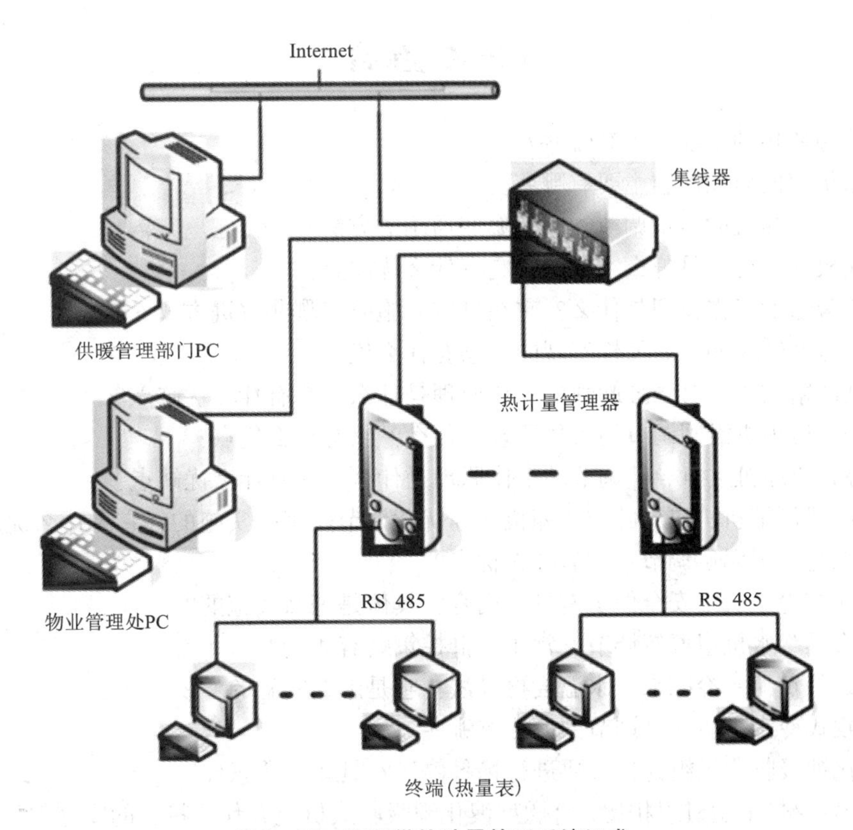

图2-77 远程供热计量管理系统组成

的流量、进户热水与出户热水的温度差，并对时间进行积分，求得所消耗的热量。热量表除了具有正常的计量功能外，还应能与热计量管理器进行通信。

②热计量管理器是整个系统的中枢环节，主要负责定时读取并存储热量表的计量值，检测各热量表的运行状况。若发现计量值异常或热量表发生故障时，能及时控制热量表进行复位并发出报警信号；同时，热计量管理器应具有远传数据功能，定期更新管理服务器上统计的数据。

③管理部门服务器是管理系统的顶层，可以接入 Internet 的物业管理处或供暖管理部门PC。通过管理软件，对整个系统进行访问和管理，定期更新数据库内的计量值。

当前应用的热量表一般均具备 RS 485 接口，因此，热计量管理器与热量表之间可采用 RS 485 总线实现通信。多个热计量管理器通过集线器组成局域网络，与管理部门 PC 之间通过以太网采用 TCP/IP 通信。

本章重点

本章介绍了暖通空调相关系统的监控，包括冷热源、中央空调、集中供暖等系统的监控与节能。重点为冷水机组控制、空调机组控制、变风量控制、变水量控制，以及集中供暖系统的管网调节等。

思考与练习

1. 冷热源监控的主要任务有哪些?
2. 冷水机组的监控内容主要有哪些?
3. 什么是压缩机的能量调节? 它有哪些通用的方法?
4. 压缩机间歇运行是怎么实施的? 它有什么优缺点?
5. 热气旁通的工作原理是什么? 它在具体实施时有哪些改进方式?
6. 压缩机变转速调节是怎样实现的? 它有什么优点?
7. 多缸活塞式压缩机气缸卸载的工作原理是什么? 它有什么优缺点?
8. 螺杆式压缩机滑阀调节的工作原理是什么? 它有什么优点?
9. 离心式压缩机进口导叶调节的工作原理是什么? 它有什么优缺点?
10. 离心式压缩机进口导叶与压缩机变速优化调节是怎么实施的? 它有什么优点?
11. 什么是数码涡旋调节? 它有什么优点?
12. 压缩式冷水机组安全保护有哪些内容? 具体是怎么实施的?
13. 什么是冷水机组群控调节? 常用的群控策略有哪些?
14. 什么是负荷 + 冷冻水供水温度再设法? 它是怎么实施的?
15. 吸收式冷水机组能量调节的方法有哪些?
16. 溴化锂吸收式机组为什么要进行稀释停机? 具体步骤怎样?
17. 与蒸汽/热水型机组相比, 直燃型溴化锂吸收式机组有什么特殊的安全保护装置?
18. 供热锅炉监控的主要任务有哪些?
19. 燃煤锅炉的燃烧控制有哪些方法? 各适用于什么样的锅炉?
20. 燃煤锅炉氧量校正风煤比连续控制是怎么实施的? 它有什么优缺点?
21. 锅炉汽包水位控制有哪些方法? 各有何特点?
22. 风机盘管的调节室内温度有哪些方法?
23. 新风机组的送风温度控制和室内温度控制有什么区别?
24. 新风机组湿度控制怎样选择传感器的安装位置?
25. 什么是定新风比空调机组? 它是怎么控制送风温度的?
26. 什么是变新风比空调机组? 它是怎样进行运行工况的转换的?
27. 什么是定风量系统? 它是怎么控制室内温度的?
28. 变风量系统末端装置应能满足哪些基本要求?
29. 变风量系统为什么要进行送风压力调节? 具体有哪些控制方法?
30. 变风量系统为什么要进行送风温度调节? 具体怎样进行?
31. 变风量系统怎样对回风进行控制?
32. 空调冷冻水系统调节的主要目的是什么?
33. 什么是变水量系统? 简单介绍一次泵变水量和二次泵变水量系统工作原理。
34. 什么是一次泵冷水机组变流量系统调节?
35. 空调冷却水系统监控有哪些主要任务?
36. 空调冷却水系统控制冷却水温度的方法有哪些?

37. 热交换站的监控内容有哪些？
38. 怎样对水—水热交换器和蒸汽—水热交换器的换热量进行调节？
39. 按供热面积收费体制下热网和热源的调节方法有哪几种？
40. 按热量计量收费体制下的管网调节方法有哪几种？
41. 室内供热设备的控制有哪些作用？
42. 散热器恒温阀的工作原理是什么？它是怎样实现节能的？
43. 集中供热计量收费有什么好处？它的计量方式有哪些？

第3章　建筑给排水系统监控

给排水系统是任何建筑都必不可少的重要组成部分，它包括生活供水系统、中水系统、污水系统等。对于高层建筑物，其给排水系统具有如下特点：

①标准较高、安全、可靠。保证在建筑物内使人们有良好的工作和生活环境。

②给水系统、热水系统及消防给水系统需进行竖向分区，解决高层建筑物的高度造成的给水管道内的静压力较大的问题。

③设置独立的消防供水系统，解决高层建筑物发生火灾时的自救能力。因高层建筑物一旦着火，具有火势猛、蔓延快、扑救不易、人员疏散极困难的特点。

④要求不渗不漏，有抗震、防噪声等措施。高层建筑物内设备复杂，各种管道交错，必须搞好综合布置。

鉴于以上情况，给排水监控系统是建筑设备自动化系统中(尤其是高层建筑)不可缺少的组成部分，必须全面规划、相互协作，做到技术先进、经济合理、工程安全可靠。

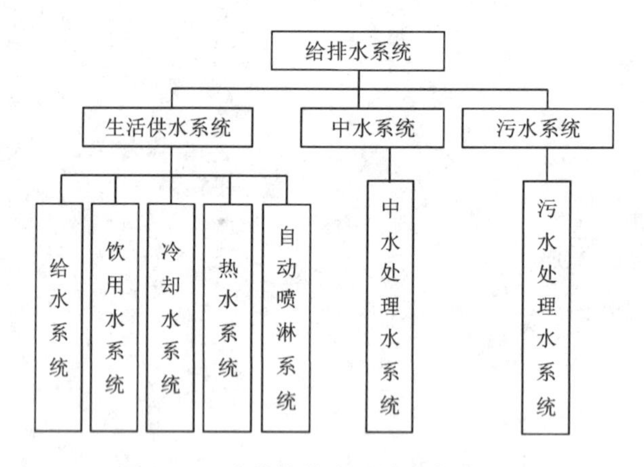

图3－1　建筑给排水系统组成原理图

3.1　建筑给水系统监控

现代建筑中常见的生活给水系统有：高位水箱给水(又叫重力给水)、水泵直接给水和气压给水三种方式。

①高位水箱给水。高位水箱给水是在建筑的最高楼层设置高位供水水箱，用水泵将低位

水箱水输送到高位水箱，再通过高位水箱向给水管网供水，依靠重力将水输送到水箱给水方式的供水压力比较稳定，且水箱储水，供水较为安全，但水箱重量大筑的负荷，且占用一定的建筑面积，一般适用于用水量不均匀的建筑。

高层建筑给水系统分区

②水泵直接给水。水泵直接给水是用水泵直接向终端用户提供一定水压的供水方式。通常在给水泵前建有缓冲水池，避免水量不均衡供水对城市管网的影响。这种供水系统常采用恒速泵加变频调速泵的供水方式，即根据终端用户的用水量调整恒速泵的台数与变频调速泵的转速来满足用户用水量的需要，而调速水泵的转速调节是通过变频来实现的。这种方式不需设置高位水箱，但水泵须长时间不停运行，无储水能力。

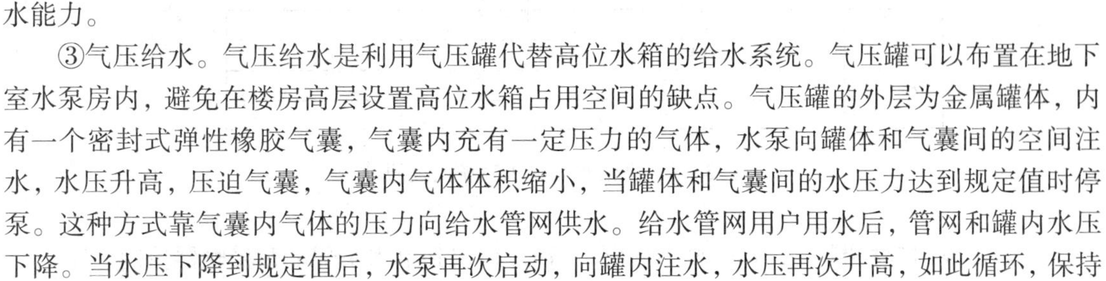

③气压给水。气压给水是利用气压罐代替高位水箱的给水系统。气压罐可以布置在地下室水泵房内，避免在楼房高层设置高位水箱占用空间的缺点。气压罐的外层为金属罐体，内有一个密封式弹性橡胶气囊，气囊内充有一定压力的气体，水泵向罐体和气囊间的空间注水，水压升高，压迫气囊，气囊内气体体积缩小，当罐体和气囊间的水压力达到规定值时停泵。这种方式靠气囊内气体的压力向给水管网供水。给水管网用户用水后，管网和罐内水压下降。当水压下降到规定值后，水泵再次启动，向罐内注水，水压再次升高，如此循环，保持水压在一定的范围内，以满足供水要求。

3.1.1 高位水箱给水系统监控

1. 控制原理

高位水箱给水系统监控原理如图3－2所示。在高位水箱中，设置四个液位开关，分别检测溢流水位、停泵水位、启泵水位和低限报警水位。DDC根据液位开关送入信号来控制生活泵的启停。当高位水箱液面低于启泵水位时，DDC送出信号自动启动生活泵运行，向高位水箱供水。当高位水箱液面高于启泵水位而达到停泵水位时，DDC送出信号自动停止生活水泵。如果高位水箱液面达到停泵水位而生活水泵不停止供水，液面继续上升达到溢流报警水位，控制器发出声光报警信号，提醒工作人员及时处理。同样当高位水箱液面低于启泵水位时，水泵没有及时启动，用户继续用水，水位达到低限报警水位时，控制器发出报警信号，提醒工作人员及时处理。当工作泵发生故障时，备用泵能自动投入运行。

在由多台水泵组成的系统中，多台水泵互为备用。当一台水泵损坏时，备用水泵能投入使用，以保证系统正常工作。为了延长各水泵的使用寿命，通常要求水泵累计运行时间数尽可能均衡。因此，每次启动水泵时，应优先启动累计运行时间数最少的水泵，控制系统应有自动记录设备运行时间的功能。控制中心能实现对现场设备的远程控制，监控系统能够在控制中心实现对现场设备的远程开/关控制。

2. 运行状态与参数监控点/位及常用传感器

高位水箱给水系统的设备、系统运行状态与参数监控点主要有以下几个：

①给水泵启停状态：取自给水泵配电柜接触器辅助触点。

②给水泵故障报警：取自给水泵配电柜热继电器触点。

③给水泵手/自动转换状态：取自给水泵配电柜转换开关，可选。

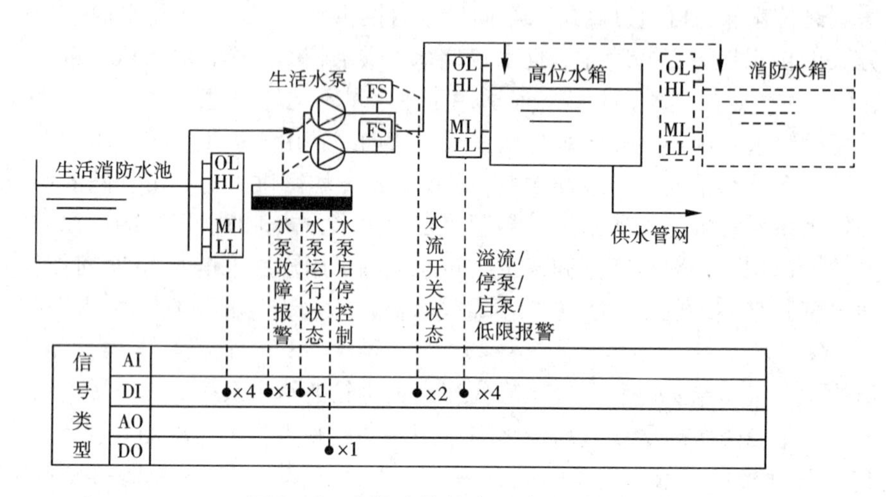

图 3-2 高位水箱给水系统监控原理

④给水泵启停控制：从 DDC 数字输出口(DO)输出到给水泵配电箱接触器控制回路。

⑤水流开关状态：水流开关状态输出点。

图 3-2 中高位水箱给水系统的监测、控制点配置表见表 3-1。

表 3-1 高位水箱给水系统的监测、控制点配置表

监测、控制点描述	AI	AO	DI	DO	接口位置
给水泵运行状态			√		给水泵配电箱主接触器辅助触点
给水泵故障状态			√		给水泵配电箱主电路热继电器辅助触点
给水泵手/自动转换状态			√		给水泵配电箱控制电路，可选
给水泵开/关控制				√	DDC 数字输出口到给水泵配电箱接触器控制回路
水流开关状态			√		水流开关状态输出
高位水箱水位监测			√		高位水箱水位开关状态，一般有溢流、停泵、启泵、低限报警四个液位开关
合计					

表 3-1 只列出了图 3-2 高位水箱给水系统可能的监测、控制点类型。实际的数量应根据具体工程的系统配置进行统计，同时作为现场 DDC 控制器的选配依据。

在高层建筑中，由于最高层与最低层的压差比较大，如果只用一个高位水箱给整个建筑(或建筑群)直接给水，则低层的生活给水压力太大，供水效果不好，且容易造成用水浪费。因此，若在高层建筑(群)中采用高位水箱供水时，常用的办法有两种：一种是在不同标高的分区设立独立的高位水箱，对相应的分区供水；另一种是对最高层的高位水箱进行减压后，向不同的分区供水。这样就避免了低楼层供水压力太大的不足问题。其给水原理如图 3-3 所示。对于自动监控而言，前者相当于多个独立的高位水箱给水系统；而后者则是单一的高位水箱给水系统。它们的监控原理与单区高位水箱供水系统相同。

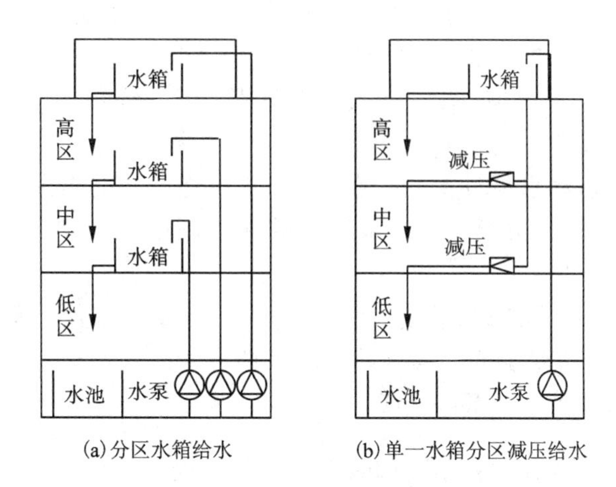

图3-3 高位水箱分区给水系统给水原理

3.1.2 水泵直接给水系统监控

1. 控制原理

水泵直接给水系统监控原理如图3-4所示。

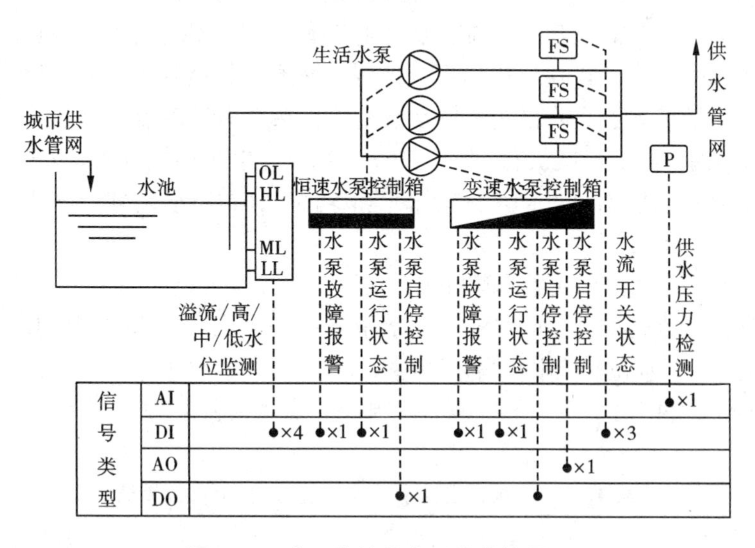

图3-4 水泵直接给水系统监控原理

安装在水泵输出口的水管式压力传感器检测管网压力，DDC控制器根据这一检测值与设定值比较的偏差去控制变频器的输出频率，实现水泵转速的控制，将供水压力维持在设计范围内。当给水管网用户用水量增多、管网压力减小，控制器控制变频器输出频率增加，水泵转速随着增加，供水量增加，以满足用户的需求；给水管网用户用水量减少、管网压力增加，控制器控制变频器输出频率降低，水泵转速随着减少，供水量减少，以达到节能的目的。系统运行时，调速泵首先工作，当调速泵不能满足用水量要求时，自动启动恒速泵；反之，压力过高时，亦是先调低调速泵的转速，然后再减少恒速泵的运行台数。

在由多台水泵组成的系统中，几台水泵互为备用，当一台水泵故障时，备用水泵能投入使用，以保证系统正常工作。为了延长各水泵的使用寿命，通常要求水泵累计运行时间数尽可能相同。因此，每次启动水泵时，都应优先启动累计运行小时数最少的水泵，控制系统应有自动记录设备运行时间的功能。监控系统能够在控制中心实现对现场设备的远程开/关控制。

缓冲水池水位监测开关可监测溢流水位、启泵水位、报警水位。只有水位高于启泵水位时，生活水泵方能启动，以免倒空。当缓冲水池水位高于溢流水位或低于报警水位时，控制系统报警，同时控制水池供水装置停止或开启。

2. 运行状态与参数监控点/位及常用传感器

水泵直接给水系统的设备、系统运行状态与参数监控点有：

①生活给水供水压力测量：取自安装在生活供水干管上的压力传感器，采用管式液压传感器。

②恒速供水泵启停状态及启停控制：启停状态取自恒速水泵配电柜接触器辅助触点；启停控制从 DDC 数字输出口（DO）输出到恒速水泵配电箱接触器控制回路。

③恒速供水泵故障报警：取自恒速水泵配电柜热继电器触点。

④恒速供水泵手/自动转换状态：取自恒速水泵配电柜转换开关，可选。

⑤变速供水泵启停状态及启停控制：启停状态取自变速供水泵配电柜接触器辅助触点；启停控制从 DDC 数字输出口（DO）输出到变速供水泵配电箱接触器控制回路。

⑥变速供水泵故障报警：取自变速供水泵配电柜热继电器触点。

⑦变速供水泵手/自动转换状态：取自变速供水泵配电柜转换开关，可选。

⑧变速供水泵转速控制：从 DDC 控制器模拟输出口（AO）输出到变速供水泵电机变频器控制口。

⑨水流开关状态：水流开关状态输出点。

⑩缓冲水池高低水位监测：取水池高低水位开关输出点，一般选用液位开关，溢流报警水位、启泵水位、停泵水位、低限报警水位各一。

图 3－4 中水泵直接给水系统的监测、控制点配置表见表 3－2。

表 3－2 水泵直接给水系统的监测、控制点配置表

监测、控制点描述	AI	AO	DI	DO	接口位置
恒速水泵运行状态			√		恒速水泵配电箱主接触器辅助触点
恒速水泵故障状态			√		恒速水泵配电箱主电路热继电器辅助触点
恒速水泵手/自动转换状态			√		恒速水泵配电箱控制电路，可选
恒速水泵开/关控制				√	DDC 数字输出接口到恒速水泵配电箱主接触器控制回路
变速水泵运行状态			√		变速水泵配电箱主接触器辅助触点

续表3－2

监测、控制点描述	AI	AO	DI	DO	接口位置
变速水泵故障状态			√		变速水泵配电箱主电路热继电器辅助触点
变速水泵手/自动转换状态			√		变速水泵配电箱控制电路，可选
变速水泵开/关控制				√	DDC数字输出接口到变速水泵配电箱主接触器控制回路
水流开关状态			√		水流开关状态输出
水池水位监测			√		水池液水位开关状态
管网给水压力检测	√				管式液压传感器
合计					

表3－2只列出了图3－4水泵直接给水系统可能的监测、控制点类型。实际的数量应根据具体工程的系统配置进行统计，作为现场DDC控制器的选配依据。

在高层建筑中，水泵直接给水系统如果采用一种给水压力向整个建筑（或建筑群）直接给水，同样存在低层的生活给水压力太大、给水效果较差的问题。因此，如果在高层建筑（群）采用水泵直接给水系统，则常采用分区配置不同扬程的水泵向不同分区直接给水的方式；或者是采用同一扬程水泵，进行减压后向不同分区给水的方式。其给水系统原理图如图3－5所示。对于自动监控而言，前者相当于多个独立的水泵直接给水系统；而后者则是单扬程水泵直接给水的一种形式。它们的监控原理同单区水泵直接给水系统相同。

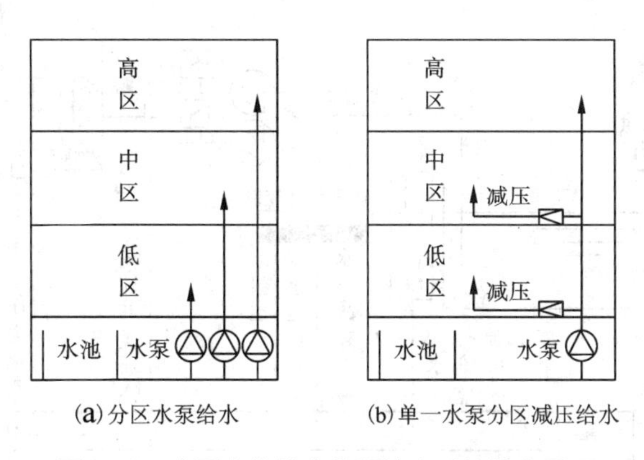

(a)分区水泵给水　(b)单一水泵分区减压给水

图3－5　水泵直接给水分区给水系统给水原理

3.1.3　气压给水系统监控

1. 控制原理

图3－6为隔膜式气压给水系统示意图，其监控原理如图3－7所示。

通过水管式压力传感器检测给水管网输入口压力，DDC控制器将测量压力值与设定值比较，根据比较偏差的大小控制给水泵的启/停，以保证供水压力在要求的范围内。

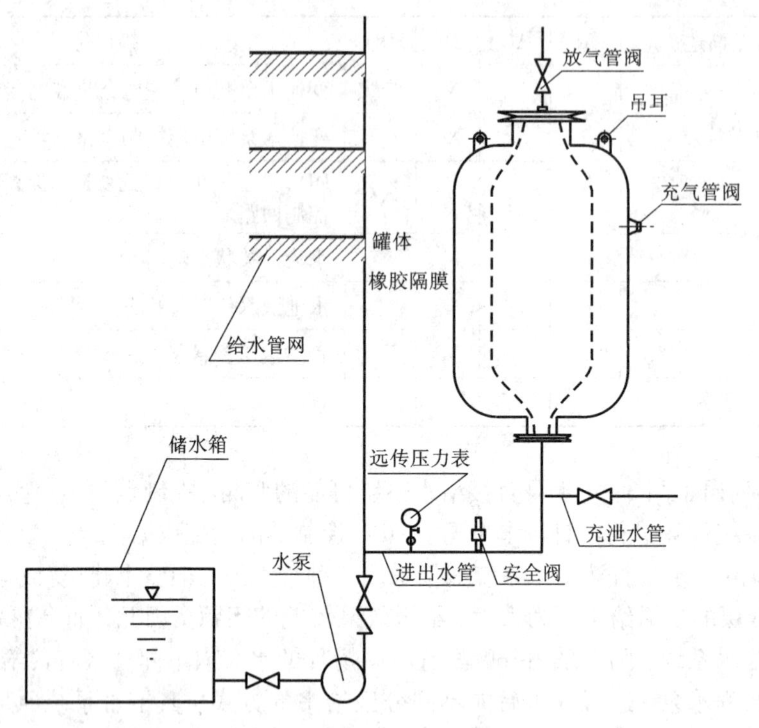

图3-6 隔膜式气压给水系统示意图

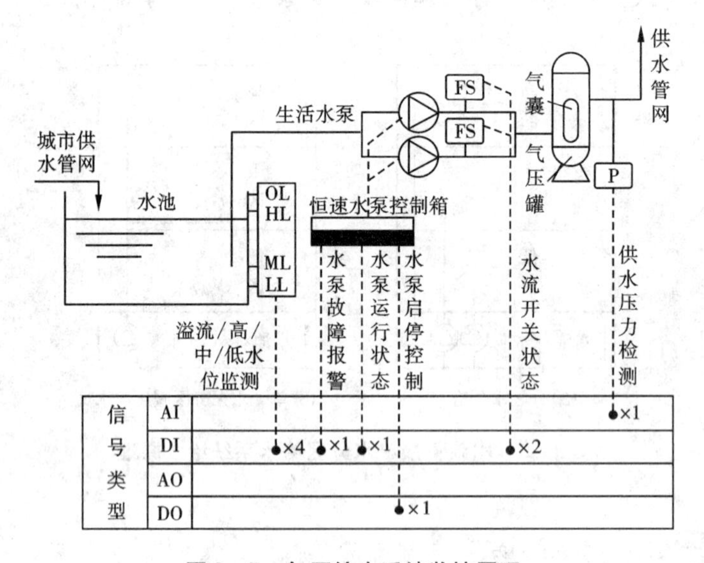

图3-7 气压给水系统监控原理

在没有给水泵运行时，随着给水管网用户用水量增多，气压罐内气囊体积增大，压出罐内的水供用户使用，囊内气体压力减少，管网压力减小。如用户继续用水，气囊体积也继续增大，囊内气体压力减少，管网压力进一步减小。当囊内气体压力减少到工作压力下限时，给水管网压力也同时下降到设定值的下限，控制器自动启动给水泵，向气压罐内注水及用户供水，罐内水压增大，气囊被压缩，囊内气体压力增大，当管网压力增加到设定值上限时，给水泵停泵。这样往复循环，维持供水压力在设定值要求的范围内，保证给水系统正常给水。

在多台水泵的气压式给水系统中，多台水泵互为备用，当一台水泵损坏时，备用水泵自动投入使用，以确保水系统正常工作。为了延长各水泵的使用寿命，通常要求水泵累计运行时间数尽可能相同。因此，每次启动系统时，都应优先启动累计运行小时数最少的水泵，控制系统应有自动记录设备运行时间的功能。监控系统能够在控制中心实现对现场设备的远程开/关控制。

2. 运行状态与参数监控点/位及常用传感器

气压给水系统的设备、系统运行状态与参数监控点有：

①生活给水供水压力测量：取自安装在生活供水干管上的压力传感器，采用管式液压传感器。

②给水泵启停状态：取自给水泵配电柜接触器辅助触点。

③给水泵故障报警：取自给水泵配电柜热继电器触点。

④给水泵手/自动转换状态：取自给水泵配电柜转换开关，可选。

⑤给水泵启停控制：从DDC数字输出口(DO)输出到给水泵配电箱接触器控制回路。

⑥水流开关状态：水流开关状态输出点。

⑦低位水池高、低水位监测：取水池水位开关输出点，一般选用液位开关，溢流报警水位、启泵水位、停泵水位、低限报警水位各一。

图3-7中所示的气压给水系统的监测、控制点配置表见表3-3。

表3-3 气压式给水系统的监测、控制点配置表

监测、控制点描述	AI	AO	DI	DO	接口位置
给水泵运行状态			√		给水泵配电箱主接触器辅助触点
给水泵故障状态			√		给水泵配电箱主电路热继电器辅助触点
给水泵手/自动转换状态			√		给水泵配电箱控制电路，可选
给水泵开/关控制				√	DDC数字输出接口到给水泵配电箱主接触器控制回路
水流开关状态			√		水流开关状态输出
管网给水压力检测	√				管式液压传感器
水池水位监测			√		地下水池水位开关状态
合计					

表3-3只列出了气压式给水系统可能的监测、控制点类型。实际的数量应根据具体工程的系统配置进行统计，作为现场DDC控制器的选配依据。

在高层建筑中，气压式给水系统如果采用一种给水压力向整个建筑(或建筑群)直接给水，同样存在低层的生活给水压力太大，给水效果比较差。因此，如果在高层建筑(群)采用气压式给水系统，则经常采用分区配置不同压力的气压式给水系统，或者是采用同一气压式给水系统，同时对不同分区进行减压。其给水原理与图 3 –3 和图 3 –5 所示的分区给水原理基本类似。

3.2 生活热水给水系统控制

除了生活给水系统外，在许多现代高档建筑中还有生活/卫生热水给水系统。生活/卫生热水给水系统由热交换器、补水箱、热水泵等组成。生活/卫生热水的热交换系统与空调热交换系统的区别在于空调热交换系统二次侧是闭式系统，而生活/卫生热水的热交换系统二次侧是开式系统。

生活/卫生热水系统将热源设备提供的蒸汽或高温热水，通过热交换器转换为满足温度要求的热水输送到热水用户。在楼层高、用户分布比较广的热水系统中，往往有多个热交换站，向分布在不同区域的用户就近提供热水，这样可以节约远距离输送热水所需的动力。当热水用量小、用户集中时，可由一个热交换站向所有用户提供热水，以减少设备投资。

1. 监控原理

图 3 –8 为生活热水给水系统监控原理图。

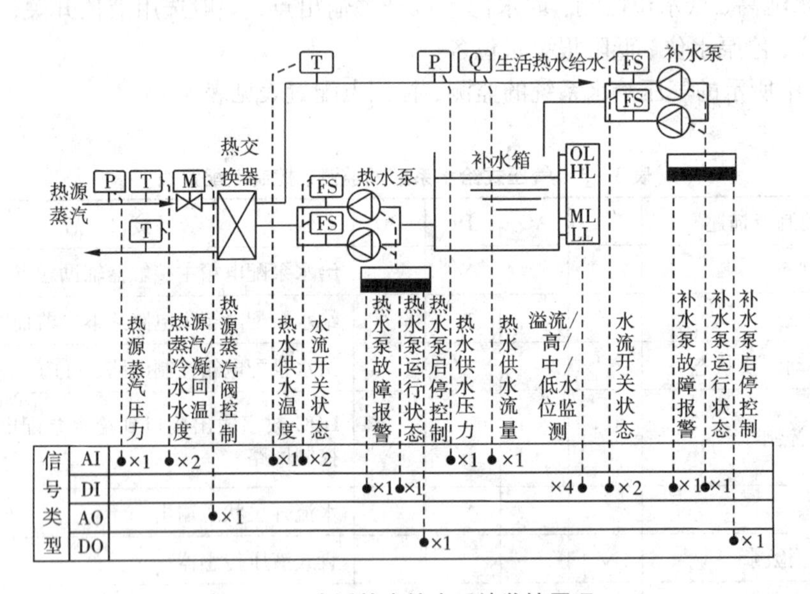

图 3 –8 生活热水给水系统监控原理

DDC 控制器将生活热水出口温度检测值与设定值进行比较，根据温度偏差由控制器按照设定的调节规律，输出控制信号，调节蒸汽电动阀的开度，使生活热水出口温度接近并保持在设定值。当介质为蒸汽时，电动控制阀门一般应采用直线调节阀。

当系统内有多台热交换器并联使用时，应在每台热交换器二次热水进口处加电动蝶阀，把不使用的热交换器水路切断。

在多台热交换器与热水泵的生活热水给水系统中，多台设备互为备用，当一台设备损坏时，备用设备自动投入使用，以确保生活热水给水系统正常工作。为了延长各设备的使用寿命，通常要求热交换器与水泵累计运行时间数尽可能相同。因此，每次启动系统时，都应优先启动累计运行小时数最少的设备，控制系统应有自动记录设备运行时间的功能。监控系统能够在控制中心实现对现场设备的远程开/关控制。

通过生活热水管的流量计和给水温度，监控系统自动计算生活热水的消耗量，为能源消耗、用水量费用的结算和管理提供数据。

当补水箱水位降低到启动水位时，自动启动补水泵向补水箱补水；当补水箱水位达到停泵水位时自动停泵结束补水。如果补水泵故障不能补水，使补水箱水位到达低限报警水位，或者补水泵不能及时停机，使水位到达溢流水位，则监控系统（声光）报警，提醒值班工作人员及时处理。

生活热水给水系统能够按照预设的运行时间表自动定时启停；控制系统能够对设备进行远程开/关控制，在控制中心能实现对现场设备的控制。

2. 监控内容

①热交换器一次侧测量：蒸汽与冷凝水回水温度值取自安装在蒸汽管与冷凝水回水管上的温度传感器，采用管式温度传感器；蒸汽压力值取自安装在蒸汽供气管上的压力传感器，采用管式压力传感器。

②生活热水供水温度、流量及压力测量：供水温度值取自安装在生活热水供水管上的水温传感器输出，常选用管式水温传感器；供水流量值取自安装在生活热水供水管上的流量传感器，常选用电磁流量计；供水压力值取自安装在生活热水供水干管上的液体压力传感器，常用管式液体压力传感器。

③补水箱水位监测：补水箱水位监测值取自安装在补水箱上的液位开关，一般有溢流、启泵、停泵、低限报警四个液位开关。

④生活热水泵启停状态及故障报警：启停状态取自生活热水泵配电箱接触器辅助触点；故障报警取自生活热水泵配电箱热继电器触点。

⑤补水泵启停状态及故障报警：启停状态取自补水泵配电箱接触器辅助触点；故障报警取自补水泵配电箱热继电器触点。

⑥水流状态：水流开关状态输出点。

⑦一次侧蒸汽（热水）流量控制即蒸汽（热水）阀门开度控制：从 DDC 模拟输出口（AO）输出到一次侧蒸汽阀门驱动器控制输入口。

⑧热水泵启停控制：从 DDC 数字输出口（DO）输出到热水泵配电箱接触器控制回路。

⑨补水泵启停控制：从 DDC 数字输出口（DO）输出到补水泵配电箱接触器控制回路。

表 3-4 给出图 3-8 对应的生活热水给水系统可能的监测、控制点配置表，可作为系统设计与配置的参考。具体的数据应根据系统与构成的实际情况最后确定。

表3－4 生活热水给水系统的监测、控制点配置表

监测、控制点描述	AI	AO	DI	DO	接口位置
热水泵运行状态			√		热水泵配电箱主接触器辅助触点
热水泵故障状态			√		热水泵配电箱主电路热继电器辅助触点
热水泵手/自动状态			√		热水泵配电箱控制电路，可选
生活热水给水温度测量	√				生活热水给水温度传感器
生活热水给水流量测量	√				生活热水给水流量传感器
生活热水给水压力测量	√				生活热水给水压力传感器
蒸汽压力测量	√				蒸汽压力传感器
蒸汽温度测量	√				蒸汽温度传感器
冷凝水温度测量	√				冷凝水回水温度传感器
补水泵的运行状态			√		补水泵配电箱主电路接触器辅助触点
补水泵的故障状态			√		补水泵配电箱主电路热继电器辅助触点
补水泵手动/自动状态			√		补水泵配电箱控制电路，可选
生活热水泵启停控制				√	DDC数字输出口输出到生活热水泵配电箱控制电路
补水泵启停控制				√	DDC数字输出口输出到补水泵配电箱控制电路
蒸汽电动阀控制		√			DDC模拟输出到一次侧蒸汽电动阀驱动器控制口
水流状态			√		水流开关状态输出点
补水箱水位监测			√		补水箱内液位开关，溢流、高位、低位、低限报警四个液位开关
其他					
合计					

3.3 建筑排水系统监控

高层建筑物的排水系统必须通畅，保证水封不受破坏。有的建筑物采用粪便污水与生活废水分流，避免水流干扰，改善环境卫生条件。地上建筑的排水系统比较简单，可以靠污水的重力沿排水管道自行排入污水井进入城市排水管网。而建筑物地下（地下室）的污水则不能以重力排除，在此情况下，通常把污水集中于污水坑（池），然后用排水泵将污水提升至室外排水系统中。污水泵应为自动控制，保证排水完全。建筑排水系统监控原理如图3－9所示。

1. 控制原理

在污水集水坑（池）中，设置液位开关，分别检测停泵水位（低）、启泵（高）水位及溢流报警水位。DDC控制器根据液位开关的监测信号来控制排水泵的启/停，当集水坑（池）液面达

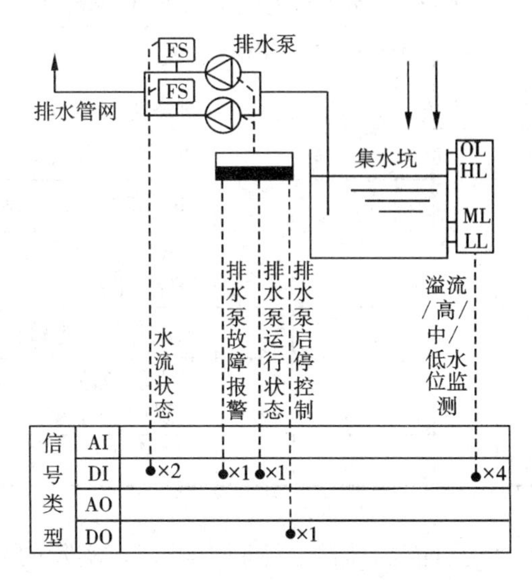

图3-9 建筑排水系统监控原理

到启泵(高)水位时，控制器自动启动污水泵投入运行，将集水坑的污水排出，集水坑(池)液面下降，当集水坑(池)液面降到停泵(低)水位时，DDC送出信号自动停止排水泵运行。如果集水坑(池)液面达到启泵(高)水位时，水泵没有及时启动，集水坑水位继续升高达到最高报警水位时，监控系统发出报警信号，提醒值班工作人员及时处理；反之，当集水坑水位达到停泵(低)水位，排水泵没有停止而使集水坑水位下降到低限水位，监控系统同样报警，提醒工作人员及时处理以免损坏水泵。

在多台污水泵的排水系统中，多台水泵互为备用，当一台水泵发生故障时，备用水泵自动投入使用，以确保排水系统正常工作。为了延长各水泵的使用寿命，通常要求水泵累计运行时间数尽可能相同。因此，每次启动系统时，都应优先启动累计运行小时数最少的水泵，控制系统应有自动记录设备运行时间的功能。监控系统能够在控制中心实现对现场设备的远程开/关控制。

2. 监控内容

①集水坑水位监测：取自安装在集水坑的液位开关，一般有溢流报警、启泵、停泵、低限报警四个液位开关。

②排水泵启停状态：取自排水泵配电箱接触器辅助触点。

③排水泵故障报警：取自排水泵配电箱热继电器触点。

④排水泵启停控制：从DDC数字输出口(DO)输出到排水泵配电箱接触器控制回路。

⑤水流状态：水流开关状态输出点。

图3-9中所示的排水系统的监测、控制点配置表见表3-5。

表3-5 排水系统的监测、控制点配置表

监测、控制点描述	AI	AO	DI	DO	接口位置
排水泵运行状态			√		排水泵配电箱主接触器辅助触点
排水泵故障状态			√		排水泵配电箱主电路热继电器辅助触点
排水泵手/自动转换状态			√		排水泵配电箱控制电路，可选
排水泵开/关控制				√	DDC数字输出接口到排水泵配电箱主接触器控制回路
水流开关控制			√		水流开关状态输出
集水坑水位监测			√		集水坑液位开关，溢流报警、启泵(高)水位、启泵(低)水位、低限报警水位四个液位开关
合计					

表3-5只列出了排水系统可能的监测、控制点类型。实际的数量应根据具体工程的系统配置进行统计，作为现场DDC控制器的选配依据。

3.4 建筑给排水系统节水与节能

1. 节水器具

建筑节水除了注意养成良好的用水习惯以外，采用节水器具很重要，也很有效。大力推广节水器具是实现建筑节水的重要手段和途径。

(1)节水水龙头

①陶瓷阀芯水龙头。目前节水型水龙头大多采用陶瓷阀芯水龙头。这种水龙头与普通水龙头相比，节水量一般可达20%~30%；与其他类型节水龙头相比，价格较便宜。因此，应在居民楼等建筑中大力推广使用这种节水龙头。

②延时自闭式水龙头。延时自闭式水龙头(图3-10)在出水一定时间后自动关闭，避免长流水现象。出水时间可在一定范围内调节，既方便卫生又符合节水要求，非常适合公共场所的洗手间使用。但该水龙头出水时间固定，不易满足不同使用对象的要求。

③感应水龙头(图3-11)。它通过红外线反射原理，当人体的手放在水龙头的红外线区域内，红外线发射管发出的红外线由于人体手的遮挡反射到红外线接收管，通过集成线路内的微电脑处理后的信号发送给脉冲电磁阀，电磁阀接收信号后按指定的指令打开阀芯来控制水龙头出水；当人体的手离开红外线感应范围，电磁阀没有接收到信号，电磁阀阀芯则通过内部的弹簧进行复位来控制水龙头的关水。

(2)节水冲便器

①免冲洗小便器。图3-12为免冲洗小便器，是一种不用水、无臭味的厕所用器具，其实仅仅是在小便器一端加个特殊的“存水弯”装置，但因其经济、卫生、节水有效，所以很受欢迎。

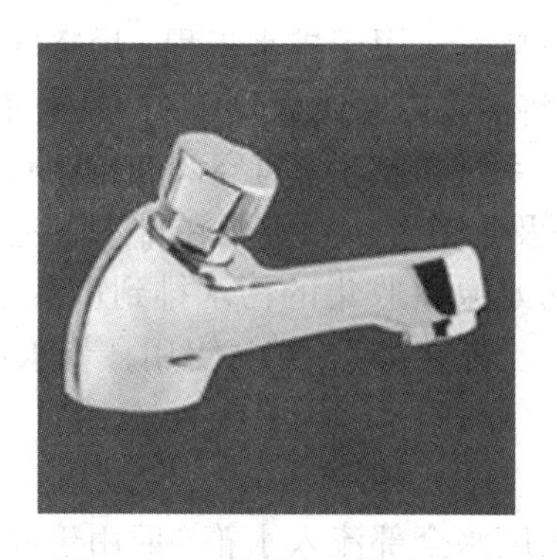

图3-10 延时自闭式水龙头

图3-11 感应水龙头

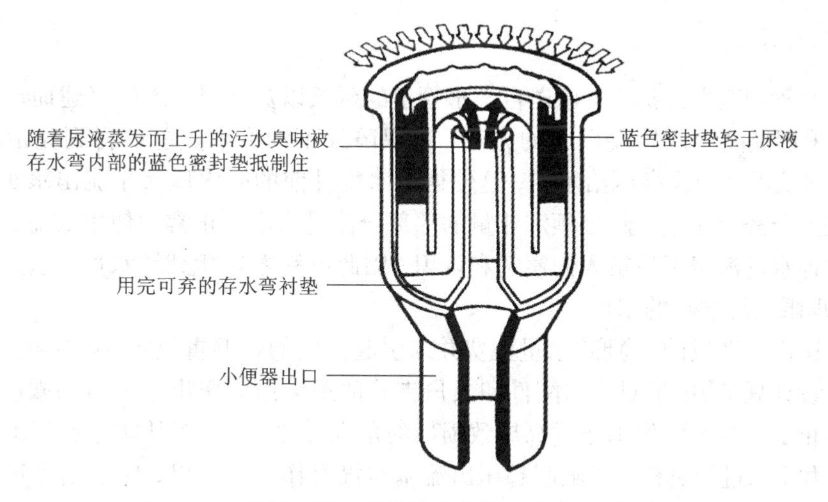

图3-12 免冲洗小便器存水弯

②感应小便器。工作原理与感应水龙头相同，但冲洗时间和关闭时间可按设定的指令工作。现在，感应小便器已在许多公共建筑中得到安装使用。

③使用小容积水箱大便器。目前我国正在推广使用6 L水箱节水型大便器，并已有一次冲水量为4.5 L甚至更少水量的大便器问世。但也应注意要在保证排水系统正常工作的情况下使用小容积水箱大便器，否则会带来管道堵塞、冲洗不净等问题。两挡水箱在冲洗小便时，冲水量为4 L(或更少)；冲洗大便时，冲水量为6 L(或更少)。

④延时自闭式冲洗阀。它是利用先导式工作原理，直接与水管相连。在给水压力足够高的情况下，可以保障大便器瞬时冲水的需要，用来代替水箱及配件，安装简洁、使用方便、卫生、价格较低、节水效果明显。

(3)热水系统中安装的节水器具

在公共浴室安装限流孔板；在冷、热水入口之间安装压力平衡装置；安装使用低流量莲蓬头、充气式热水龙头和恒温式冷、热水混合水龙头等。

(4)真空节水技术

为了保证卫生洁具及下水道的冲洗效果，可将真空技术运用于排水工程，用空气代替大部分水，依靠真空负压产生的高速气、水混合物，快速将洁具内的污水、污物冲吸干净，达到节约用水、排走污浊空气的效果。一套完整的真空排水系统包括：带真空阀和特制吸水装置的洁具、密封管道、真空收集容器、真空泵、控制设备及管道等。真空泵在排水管道内产生40~50 kPa的负压，将污水抽吸到收集容器内，再由污水泵将收集的污水排到市政下水道。在各类建筑中采用真空技术，平均节水率超过40%。若在办公楼中使用，节水率可超过70%。

(5)带洗手龙头的水箱

在日本很多家庭使用带洗手龙头的水箱，洗手用的废水全部流入水箱，回用于冲厕。若水箱需水时，可打开水龙头直接放水。使用这种冲洗水箱，不但可以节水，而且可减少水箱本身的费用。目前，这种水箱在我国已有销售。

2. 控制超压出流

由于给水管网范围的扩大，输送自来水管道的延长以及高层建筑的兴建而产生的高度差异，一般会采用提高给水始端压力的方法，以保障最不利供水点能够得到充足的给水。因此，有大量的供水区域是高压给水的，这使得给水配件前的静水压大于流出水头的压力，所以其流量就大于额定流量。超出额定流量的那部分流量未产生正常的使用效益，是浪费的水量。由于这种水量浪费不易被人们察觉和认识，因此可称之为“隐形”水量浪费。

(1)合理限定配水点的水压

由于超压出流造成的“隐形”水量浪费并未引起人们的足够重视，因此在我国现行的《建筑给水排水设计规范》中虽对给水配件和入户支管的最大压力作出了一定的限制性规定，但这只是从防止由于给水配件承压过高导致损坏的角度考虑的，并未从防止超压出流的角度考虑，因此压力要求过于宽松，对限制超压出流基本没有作用。所以，应根据建筑给水系统超压出流的实际情况，对给水系统的压力作出合理限定。

(2)采取减压措施

在给水系统中合理配置减压装置是将水压控制在限值要求内、减少超压出流的技术保障。

①减压阀。减压阀(图3-13)是一种很好的减压装置，可分为比例式和直接动作式两种。前者是根据面积的比值来确定减压的比例，后者可以根据事先设定的压力减压，当用水端停止用水时，也可以控制住被减压的管内水压不升高，既能实现动减压也能实现静减压。

②减压孔板和节流塞。减压孔板(图3-14)相对于减压阀来说，系统比较简单，投资较少，管理方便。但减压孔板只能减动压，不能减静压，且下游的压力随上游压力和流量而变，不够稳定。另外，减压孔板容易堵塞。因此它适用于水质较好和供水压力较稳定的情况。节流塞的作用及优缺点与减压孔板基本相同，适于在小管径及其配件中安装使用。

另外，在静压越高的地方，陶瓷阀芯节水龙头的节水量也越大。因此，在建筑中水压超标的配水点安装使用陶瓷阀芯节水龙头，可更好地减少“隐形”水量浪费。

图3-13 减压阀

图3-14 减压孔板

3. 完善热水供应循环系统

随着人们生活水平的提高，小区集中热水供应系统的应用也得到了充分发展。与此同时，建筑热水循环系统的质量也变得越来越重要了。大多数集中热水供应系统存在严重的浪费现象，主要体现在开启热水装置后，不能及时获得满足使用温度的热水，而是要放掉部分冷水之后才能正常使用。这部分冷水未产生应有的使用效益，因此被称为无效冷水。这种自来水的浪费是设计、施工、管理等多方面原因造成的。如在设计中未考虑热水循环系统多环路阻力的平衡，循环流量在靠近加热设备的环路中出现短流，使远离加热设备的环路中水温下降；热水管网布置或计算不合理，致使混合配水装置冷热水的进水压力相差悬殊，若冷水的压力比热水的压力大，使用配水装置时往往要流出很多冷水，之后才能将水温调至正常。同一建筑采用各种循环方式的节水效果，其优劣依次为支管循环、立管循环、干管循环，而按此顺序各回水系统的工程成本却是由高到低。因此，新建建筑的集中热水供应系统在选择循环方式时应综合考虑节水效果与工程成本，根据建筑性质、建筑标准、地区经济条件等具体情况选用支管循环方式或立管循环方式，尽可能减小直至消除无效冷水的浪费。

4. 高层建筑中的节水节能措施

(1)充分利用市政管网的可用水头

高层建筑，城市管网水压难以满足其供水要求。某些工程设计中将管网进水直接引入贮水池中，白白损失掉了市政管网的可用水头，尤其是当贮水池位于地下层时，反而把这部分可用水头全部转化成负压，不经济合理。在高层建筑的下面几层常常是用水量较大的公共服务商业设施，如公共浴室、洗衣房、汽车库、美发厅等这部分用水量占建筑物总用水量相当大的比例，如果全部由贮水池及水泵加压供水，无疑是一个极大的浪费。例如：某座大厦是32层的综合性高层建筑，地下1至2层为汽车库，冲洗汽车用水量为25 m^3/d；地上1至3层商业服务用水量为25 m^3/d；4至6层办公楼用水量为12 m^3/d；绿化、喷洒及其他用水为10 m^3/d；城市管网水压可保证供给3层及3层以下的用水，4至6层可由管网间断供水。若这部分用水全部由地下2层的贮水池通过水泵房负担，则全年多耗电量约为1.75万kWh，因此应该重视市政管网可用水头的充分利用。

(2)生活给水系统和消防给水系统两者分别单独设置

在高层建筑给水设计中宜把生活给水系统和消防给水系统两者分别单独设置，因为这两种给水系统对水压的要求不同。按规定：生活给水系统按静水压力不大于300～400 kPa分区为宜，消防给水系统按静水压力不大于800 kPa分区为宜。故若按消防要求水压值分区时，将使得生活给水管道超压而造成超量供水等问题；若常年用减压阀降压节流，又势必造成电能浪费；若按生活给水水压要求分区，则会相对增加水泵机组数目。所以，无论从节能节流还是节约工程投资、运行管理方便的各个角度来看，均应把生活、消防给水系统分开设置。这样便于合理确定各给水系统的竖向分区的压力值，避免造成能量浪费。

(3)合理选用给水方式

高位水箱给水系统采用水泵启停方式进行控制，水泵工作在设计工况下，水泵效率较高。传统的直接给水系统采用水泵出口阀门开度调节，水泵长时间工作，且能耗不随负荷变化而变化，故能耗较高，且水泵长时间工作在满负荷状态，因此易损坏。采用变频水泵的直接给水系统根据用户用水负荷调整水泵转速，不仅可降低水泵能耗，且水泵大部分时间处于部分负荷状态，因此水泵使用寿命较长。据工程测算，采用变频水泵的直接给水系统比传统的水泵直接给水系统可节电10%～40%。不过，变频水泵直接给水系统是根据供水最不利管路进行控制的，因此应尽量降低最不利配水点管路的阻力，并合理限定配水点的水压，才可以取得较好的节能效果。

本章重点

本章介绍了建筑给排水系统的监控与节能，包括给水系统、热水系统及排水系统等，重点为高位水箱给水系统与水泵直接给水系统的监控原理与节能应用。

思考与练习

1. 生活给水系统有哪些方式？各有什么优缺点？
2. 高位水箱给水系统工作原理是什么？怎么对它实施监控？
3. 水泵直接给水系统工作原理是什么？怎么对它实施监控？
4. 气压给水系统工作原理是什么？怎么对它实施监控？
5. 高层建筑给水为什么要进行分区？不同给水方式是怎么实施的？
6. 建筑生活热水系统有哪些监控内容？
7. 建筑排水系统工作原理是什么？怎么对它实施监控？
8. 建筑给排水系统有哪些节水和节能方法？
9. 什么是超压出流？怎么控制超压出流？

第 4 章　建筑电气系统监控

建筑电气系统是建筑物不可缺少的重要组成部分，其任务是对整个建筑物的功能发挥，比如办公或居住、能源使用、安全保证，提供完备的运行辅助环境，满足人体舒适性等基本要求。建筑电气设备在满足建筑内各种需求时，必须消耗大量的能源和资源，并对周围环境造成影响。因此，在对建筑电气设备进行控制以满足建筑的各种需求时，也必须做好节能工作，这是建筑可持续发展的根本要求。

4.1　建筑供配电系统监控与节能

供配电系统是建筑物最主要的能源供给系统。它对由城市电网供给的电能进行变换处理、分配，并向建筑物内的各种用电设备提供电能。供配电设备是智能建筑最基本的设备之一。为了确保智能建筑内用电设备的正常运行，必须保证供电的可靠性。电力供应管理和设备节电运行也离不开供配电设备的监控与管理，因此，供配电系统是建筑设备自动化系统最基本的监控对象之一。

4.1.1　建筑供配电系统概述

供配电系统是智能建筑的命脉。智能建筑供配电系统的安全、可靠运行对于保证智能建筑内人身和设备财产安全，保证智能建筑各子系统的正常运行，具有极其重要的意义。对供配电系统的基本要求如下：

①安全。在电能的供应、分配和使用中，不应发生人身事故和设备事故。

②可靠。应满足用电设备对供电可靠性的要求。

③优质。应满足用电设备对电压和频率等供电质量的要求。

④方便。接线简单灵活，操作、维修、扩容方便，满足计量、维护管理要求。

⑤经济。供配电应尽量做到节省投资，降低运行费用，减少有色金属消耗量和电能损耗，提高电能利用率。

1. 建筑供配电负荷

(1)用电负荷的分类

电力网上用电设备所消耗的功率称为用户的用电负荷或电力负荷。按《供配电系统设计规范》中规定，电力负荷根据对供电可靠性的要求及中断供电在政治、经济上所造成损失或影响的程度，分为三级：

①一级负荷。符合下列情况之一时，为一级负荷：

a. 中断供电将造成人身伤亡时。

b. 中断供电将在政治、经济上造成重大损失时。例如，重大设备损坏、重大产品报废，用重要原料生产的产品大量报废，国民经济中重点企业的连续生产过程被打乱需要长时间才能恢复等。

c. 中断供电将影响有重大政治、经济意义的用电单位的正常工作。例如，重要交通枢纽、重要通信枢纽、重要宾馆、大型体育馆、经常用于国际活动的大量人员集中的公共场所等用电单位中的重要电力负荷。

在一级负荷中，当中断供电将发生中毒、爆炸和火灾等情况的负荷，以及特别重要场所的不允许中断供电的负荷，应视为特别重要的负荷。

②二级负荷。符合下列情况之一时，应视为二级负荷：

a. 中断供电将在政治、经济上造成较大损失时。例如，主要设备损坏，大量产品报废、连续生产过程被打乱需较长时间方能恢复，重点企业大量减产等。

b. 中断供电将影响重要用电单位的正常工作。例如，交通枢纽、通信枢纽等用电单位中的重要电力负荷，以及中断供电将造成大型影剧院、大型商场等较多人员集中的重要公共场所秩序混乱。

③三级负荷。不属于一级和二级负荷者应为三级负荷。

(2)各级负荷供电要求

①一级负荷的供电要求。一级负荷应由两个电源供电，当一个电源发生故障时，另一个电源不应同时受到损坏。一级负荷容量较大或有高压用电设备时，应采用两路高压电源。如一级负荷容量不大时，应优先采用电力系统或邻近单位取得第二低压电源，亦可采用应急发电机组。如一级负荷仅为照明或电话站负荷时，宜采用蓄电池作为备用电源。一级负荷中特别重要的负荷，除上述两源外，还应增设应急电源，并严禁将其他负荷接入应急供电系统。

②二级负荷的供电要求。二级负荷的供电系统应做到当电力变压器故障或线路故障时不致中断供电(或中断后能迅速恢复)。因此，二级负荷的供电系统，宜由两回路供电。在负荷较小或地区供电条件困难时，二级负荷可由一回 6 kV 及以上专用的架空线路或电缆供电。当采用架空线时，可以一回架空线供电；当采用电缆线路时，应采用两根电缆组成的线路供电，其每根电缆应能承受 100% 的二级负荷。

③三级负荷的供电要求。三级负荷对供电无特殊要求，但应尽量提高供电的可靠性和连续性。

2. 建筑供配电系统的组成

民用建筑一般从市电高压 35/10 kV 或低压 380/220 V 取得电源，称为供电；然后将电能分配到各个用电负荷，称为配电。采用各种元件(如开关、导线)及设备(如配电箱、供配电装置)将电源与负荷联结起来，即组成了民用建筑的供配电系统。

(1)建筑供电系统的基本方式

①对于 100 kW 以下的用电负荷，一般不必要单独设置变压器，可采用 380/220 V 低压电网直接供电，只需在室内设置低压配电装置。

②小型民用建筑的供电，一般只需设立一个简单的降压变电所，把 10 kV 进线电压由变

压器变为 380/220 V，如图 4－1 所示。

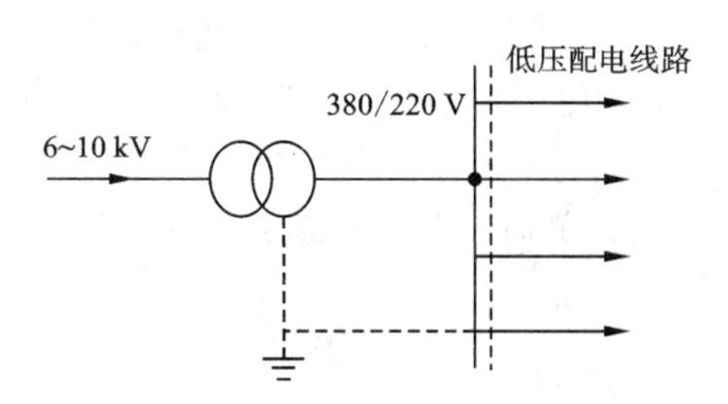

图 4－1 小型民用建筑供电示意图

③对于用电负荷较大的民用建筑，有多台变压器时，一般采用 10 kV 高压供电，经过高压配电所，分别送到各变压器，降为 380/220 V 低压后，再配电给用电设备，如图 4－2 所示。

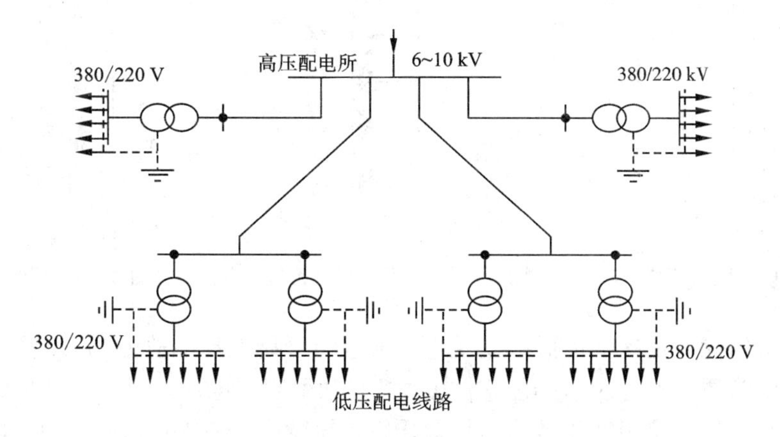

图 4－2 中型民用建筑供电示意图

④大型的民用建筑，供电电源进线可以为 35 kV，经过两次降压，第一次先由 35 kV 变压器将电压降为 10 kV，然后用高压配电线送到各变电所的 10 kV 变压器再降为 380/220 V 低压，如图 4－3 所示。

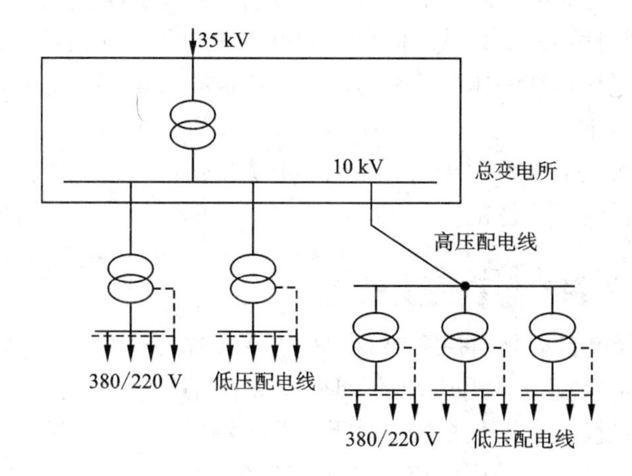

图 4－3 大型民用建筑供电示意图

(2)建筑配电系统的基本方式

建筑配电系统应满足计量、维护管理、供电安全及其可靠性的要求。一般将电力与照明分成两个配电系统，消防用电和事故照明等应自成系统。对较大容量的集中负荷应从配电室以放射式(图4－4)供电，对向楼层各配电箱的供电宜采用树干式(图4－5)或混合式(图4－6)，对于消防电梯和消防水泵等重要电力负荷，应设置备用电源。

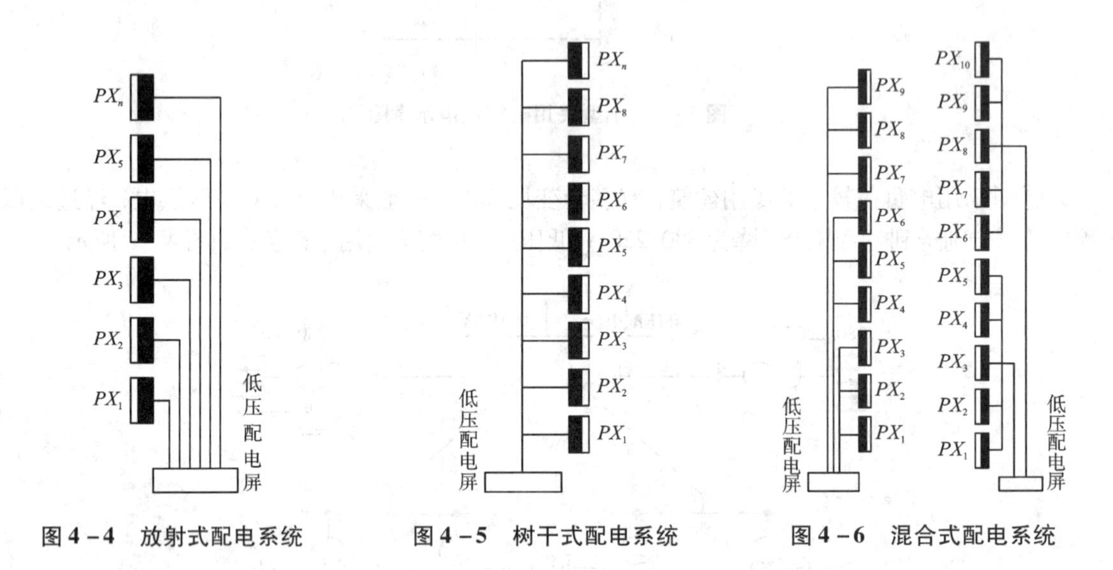

图4－4 放射式配电系统　　图4－5 树干式配电系统　　图4－6 混合式配电系统

放射式配电的优点是各个负荷独立受电，供电的可靠性高。故障的影响仅限于本回路，只要切除故障回路便可进行检修；电路中电动机启动引起的电压波动，对其他回路的影响也较小。其缺点是占用的出线回路数多，所需开关和导线或电缆用量大，增加了低压配电屏用量，从而建设费用较高。放射式配电一般多用于比较重要的负荷以及单台设备容量较大的场所。高层建筑中电梯供电的可靠性要求一般较高，因此，尽管电梯容量不大，亦宜采用一回路供一台电梯的接线方式。对于大型的消防水泵、生活水泵和中央空调机组，一是供电可靠性要求高，二是单台机组容量大，因此也宜从低压配电屏以专线方式供电。对于楼层用电量较大的高层建筑，有的也采用一回路供一层楼的放射式供电方案。

树干式配电的可靠性不及放射式，但可节约低压配电屏、导线或电缆，从而降低建设费用。如果采用封闭式绝缘母线，其可靠性可以大为提高。在高层建筑中的楼层照明和动力配电大多采用这种母线树干式。

混合式配电就是将放射式和树干式相结合，形成所谓的分区树干式。这种配电方式在高层建筑大配电系统中得到了广泛的应用，既保证了一定的可靠性，又适当减少了建筑投资。

4.1.2 建筑供配电系统监控

在建筑物中，供配电自动化监控主要有两种构成方式：对于中、小型供配电自动化系统，建筑设备自动化系统可以直接利用通用的DDC/PLC及各种变送器对供配电系统进行监视，检测信号直接传至建筑设备自动化系统；对于一些大型楼宇供配电系统，用户往往要求采用专用的能源监控管理系统对其进行监控和管理，这类系统往往自成体系，具有自己的通信网络和监控管理工作站，通过通信接口与整个建筑设备自动化系统进行数据交换。

建筑供配电系统的监控管理功能包括：

①对配电系统运行参数，如电压、电流、功率、功率因数、频率、变压器温度等进行实时检测，为正常运行时计量管理和事故发生时的应急处理、故障原因分析等提供数据。

②对配电系统与相关电气设备运行状态，如高低压进线断路器、母线联络断路器等各种类型开关当前的分合闸状态，是否正常运行等进行实时监视。

③对建筑物内所有用电设备的用电量进行统计及电费计算与管理，如空调、电梯等动力用电及照明用电和其他设备与系统的分区用电量的统计。

④除了对供配电系统安全运行、正常供配电进行监控外，供配电监控管理系统还应具备以节约电能为目标，对系统中的电力设备进行控制与调度的功能，如变压器运行台数的控制、额定用电量经济值监控、功率因数补偿控制及停电、复电的节能控制等。

目前，由于供配电系统的特殊性，民用建筑中的供配电自动化系统主要以监视为主，各类控制、保护及联动功能一般在各开关柜、变压器、配电箱内部实现或由人工就地控制。系统监视则包括高压侧监视、低压侧监视、变压器监视、应急发电机和直流操作电源监视等几部分。另外，根据供配电系统的供电电压，通常把系统分成高压段和低压段两部分。变压器的一次侧6～10 kV高压线路(大型工程一次侧电压可能更高)为高压段，变压器的二次侧电压(380/220 V)为低压段，选用检测仪器时应注意检测仪器参数与可靠性。

1. 供配电系统监控

供配电系统的监控可对以下参数和状态进行检测：

①高压进线柜：真空断路器状态用高压断路器辅助触点检测；真空断路器故障状态用高压断路器辅助触点检测；高压进线电压用电压变送器检测；高压进线电流用电流变送器检测。

②高压出线柜：真空断路器状态用高压断路器辅助触点检测。

③直流操作柜：断路器状态用断路器辅助触点检测；直流操作柜电压用电压变送器检测；直流操作柜电流用电流变送器检测。

④高压联络柜：母线联络断路器状态用断路器辅助触点检测；母线联络断路器故障用断路器辅助触点检测。

⑤变压器温度：用温度传感器检测。

⑥低压进线柜：断路器状态用断路器辅助触点检测；低压进线电压用电压变送器检测；低压进线电流用电流变送器检测；低压进线有功功率用有功功率变送器检测；低压进线无功功率用无功功率变送器检测；低压进线功率因数用功率因数变送器检测；低压进线电量用电量变送器检测。

⑦低压联络柜：母线断路器状态用断路器辅助触点检测；母线断路器故障用断路器辅助触点检测。

⑧低压配电柜：断路器状态用断路器辅助触点检测；断路器故障用断路器辅助触点检测。

⑨市电/发电转换柜：断路器状态用断路器辅助触点检测；断路器故障用断路器辅助触点检测。

监控系统根据检测到的电压、电流、功率因数计算有功功率、无功功率、累计用电量，为绘制负荷曲线、无功补偿、电费结算及能源管理、用电设备的运行和调度提供依据。供配电系统监控原理如图 4－7 所示。

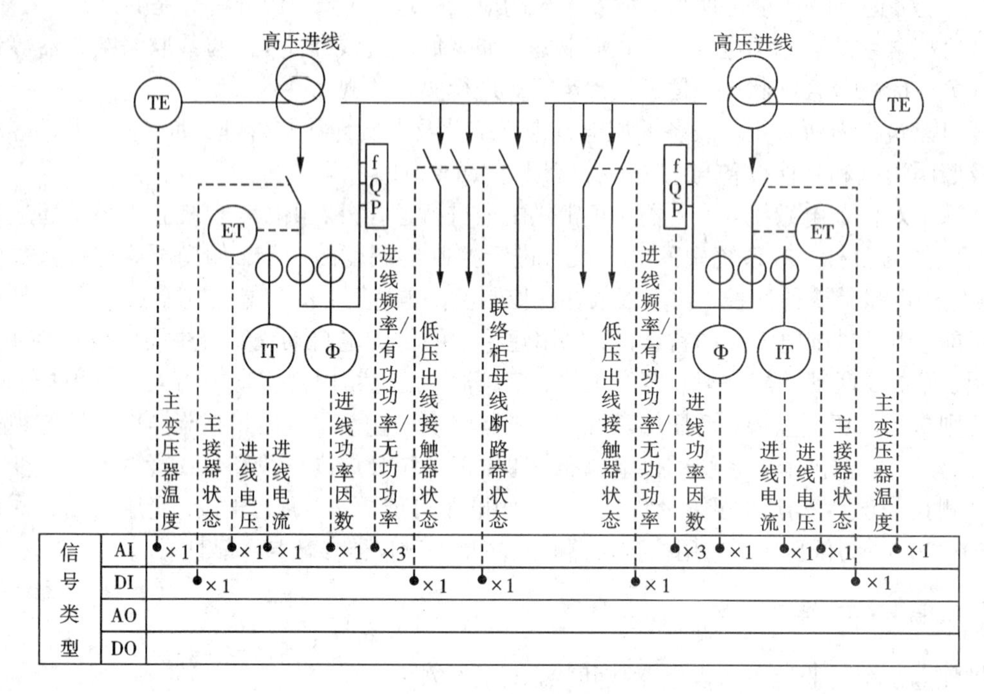

图 4－7　供配电系统监控原理

2. 动力电源柜监控

低压动力电源柜监控系统既能作为楼宇设备运行状态的辅助监测手段，又能对终端设备的用电量进行单独计量。在需要对电能消耗进行单独核算计费和作为考核指标时，低压动力电源柜监控系统则更为必要。

动力柜状态与参数的监测范围如下：

①动力柜进线电流用电流变送器检测；动力柜进线电压用电压变送器检测。

②动力柜断路器故障用断路器辅助触点检测；动力柜断路器状态用断路器辅助触点检测。

③动力进线有功功率用有功功率变送器检测；动力进线无功功率用无功功率变送器检测；动力进线功率因数用功率因数变送器检测。

④动力进线电量用电量变送器检测。

3. 应急发电机与蓄电池组监控

为保证消防泵、消防电梯、紧急疏散照明、防排烟设施、电动防火卷帘门等消防用电和重要部门、重要部位的安全防范设施用电，必须设置自备应急柴油发电机组，按一级负荷对消防设施和安防设施供电。柴油发电机应启动迅速并自启动控制方便，能在市网停电后 10～15 s 内接应急负荷，适合作为应急电源。对柴油发电机组的监控包括电压、电流等参数检测、机组运行状态监视、故障报警和油箱液位监测等。

智能建筑中的高压配电室对继电保护要求严格，一般需设置蓄电池组，以提供控制、保护、自动装置及应急照明等所需的直流电源。镉镍电池以其体积小、重量轻、不产生腐蚀性气体、无爆炸危险而获得广泛应用。对镉镍电池组的监控包括电压监视、过流过电压保护及报警等。

应急发电机与蓄电池组的监控原理如图4－8所示。由于应急发电机品牌、类型比较多，图4－8中只表示了发电机运行/故障状态、油箱液位、电流与电压的监测原理和蓄电池的监测原理，其他参数未在图中标示出来。在具体工程中，应根据发电机和系统需求进行设计。

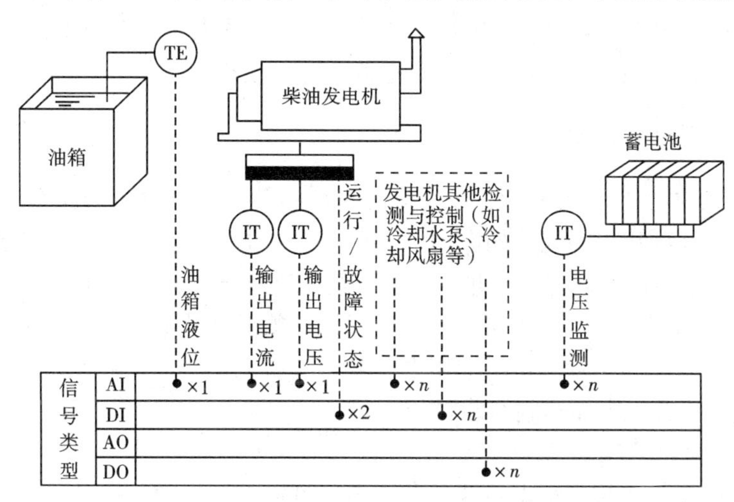

图4－8 应急发电机与蓄电池组的监控原理

发电机组运行参数、状态和蓄电池组监控内容如下：

①发电机输出电压用电压变送器检测；发电机输出电流用电流变送器检测；发电机输出有功功率用有功功率变送器检测；发电机输出无功功率用无功功率变送器检测；发电机输出功率因数用功率因数变送器检测。

②发电机配电屏：断路器状态用断路器辅助触点检测；断路器故障状态用断路器辅助触点检测。

③发电机日用油箱高/低油位：用液位开关检测。

④发电机冷却水泵：开/关控制用DDC数字输出接口；运行状态用水流开关检测；故障用水泵主电路热继电器的辅助接口。

⑤发电机冷却风扇：开/关控制用DDC数字输出接口；运行状态用风扇主电路接触器的辅助接口；故障用风扇主电路热继电器的辅助接口。

4.1.3 建筑供配电系统节能

建筑供配电系统设计应把握“满足功能、经济合理、技术先进”的原则，不能以牺牲建筑功能、降低使用需求为代价，也不能为节能而盲目增加投资。

①满足建筑物的功能。满足建筑环境设备系统为维护建筑舒适环境所需用电；满足建筑物不同场所、部位对电力的要求；满足特殊工艺要求，如体育场馆、医疗建筑、酒店、餐饮娱

乐场所等一些必需的电气设施用电。

②考虑实际经济效益。节能应考虑国情，涉及实际经济效益，不能因为追求节能而过高地消耗投资，增加运行费用，而是应该通过比较分析，合理进行投资，使增加的节能方面的投资能在几年或较短的时间内用节能减少下来的运行费用进行回收。同时在选用节能设备时，要了解其原理、性能及效果，从技术经济上给以全面的比较，并结合建筑的实际情况，再最终选定节能设备，达到真正节能的目的。

③最大限度地减少无用的消耗。设计时首先找出哪些方面的能量消耗是与发挥建筑物功能无关的，再考虑采取什么措施节能。如电能传输线路上的有功损耗、变压器的功率损耗等，都是无用的能量损耗；又如怎样进行无功补偿，提高系统的功率因素，减少电能的损耗；怎样减少建筑负载的谐波，降低功率损耗，避免电能的浪费。

1. 提高供配电系统的功率因数

为了满足建筑物功能的需求，传输有功功率是必需的，但输电线路存在有功和无功损耗，以及建筑物的某些用电设备，如电动机、变压器、灯具的镇流器以及很多家用电器都具有电感性，会产生滞后的无功电流，并从系统中经过高低压线路传输到用电设备末端，无形中又增加了线路的功率损耗。为了减小电能的损耗必须提高功率因数，目前一般是采用电容性无功补偿装置产生超前无功电流抵消用电设备的滞后无功电流，从而达到提高功率因数同时又减少整体无功电流，进而达到节能目的。

(1)提高功率因数的意义

①减少电压损失。建筑供配电系统的电压损失可以表示为：

$$\Delta U=\frac{PR+Qx}{U} \tag{4-1}$$

从式(4-1)可看出，影响 ΔU 的因数有四个：线路的有功功率 P、无功功率 Q、电阻 R 和电抗 x。如果采用容抗为 x_C 的电容来补偿，则电压损失为：

$$\Delta U=\frac{PR+Q(x-x_C)}{U} \tag{4-2}$$

故采用补偿电容提高功率因数后，电压 ΔU 损失减少，改善了电压质量。

②减小线路损失。当线路通过电流 I 时，其有功损耗为：

$$\Delta P=3I^2R\times 10^{-3} \tag{4-3}$$

或

$$\Delta P=3\frac{P^2R}{U^2\cos^2\Phi}\times 10^{-3} \tag{4-4}$$

从式(4-3)和式(4-4)可见，线路有功损耗 ΔP 与 $\cos^2\Phi$ 成反比，$\cos\Phi$ 越高，ΔP 越小。对于建筑群供配电线路有功损耗降低值的计算，应按线路单个建筑之间电阻以及所通过的个体建筑的无功负荷分段求出，再将各段的值相加。

③降低变压器损耗。投入电容补偿后，流过变压器绕组中的电流减少，故绕组的有功损耗也相应减少。单台变压器减少的有功功率为：

$$\Delta P_B=Q_C\frac{2Q-Q_C}{U_e^2}R_B\times 10^{-3} \tag{4-5}$$

式中 Q_c——补偿电容量；

Q——变压器无功负荷；

R_B——变压器等效电阻。

铜损减少的有功功率为：

$$\Delta P_T = \beta^2 \Delta P_K \left(1 - \frac{\cos\Phi_1}{\cos\Phi_2}\right)^2 \quad (4-6)$$

式中 β——变压器的负载率；

$\cos\Phi_1$、$\cos\Phi_2$——补偿前、后的功率因数；

ΔP_K——变压器的额定铜损。

④增加变压器输出功率。由于补偿后无功负荷的减少，负荷降低，相应地增加了变压器的富余容量，提高了输出能力。

(2)提高功率因数的途径

①减少用电设备无功消耗

a. 对于交流电机调速，采用变频调速装置，使电机在负荷下降时，自动调节转速，从而与负载的变化相适应，即提高了电机在轻载时的效率，达到节能的目的。

b. 正确设计和选用变流装置，对直流设备的供电和励磁，应采用硅整流或晶闸管整流装置，取代变流机组、汞弧整流器等直流电源设备。

c. 与普通电机相比，高效电动机的效率要高3% ~6%，平均功率因数高7% ~9%，总损耗减少20% ~30%，故具有很好的节能效果。条件允许时，采用功率因数较高的电动机，如Y、YZ、YZR等系列高效率电动机，也可以用等容量同步电动机代替异步电动机，在经济合算的前提下也可采用异步电动机同步化运行。

d. 荧光灯选用高次谐波系数低于15%的电子镇流器；气体放电灯的电感镇流器，单灯安装电容器就地补偿等，都可以使自然功率因数提高到0.85 ~0.95。

②用电容器进行无功补偿

目前建筑无功补偿方案一般有以下几种方式：

①固定补偿方案：固定补偿一般适合大规模的建筑群，主要综合整个建筑群的各项年平均参数，根据无功的分布情况选取若干个补偿点，每个点投入若干个单位的电容量，使得全年节能效益与经济投入之比达到最佳。这种方法的优点是能综合考虑整个建筑群的运行特点，既取得了最佳经济效益又兼顾了全局无功补偿的平衡；缺点是补偿容量不能跟随建筑物的实时运行状况，其最佳值是年平均意义上的，当某个建筑物负荷发生变化时，这种方法就无能为力了。

②手动补偿方案：手动补偿通过若干个电容器组的组合，达到改变补偿容量的作用，适用于时间上呈一定规律变化的建筑负荷，缺点是分组过于粗糙，设备体积庞大，需专人守护，并且只针对采样点参数进行计算，不能达到最佳补偿效果。

③自动补偿方案：自动补偿是微电子技术在建筑上的应用。控制器根据传感器的数据，计算出当前建筑集群所需的无功补偿量并控制电容器组的投切，达到实时补偿的目的。近几年，由于电脑技术的应用，功率因数自动补偿系统的发展进入了一个新阶段。虽然各种微电脑功率因数自动控制器硬件、软件设计不同，但其原理基本一致，如图4 -9所示。

检测单元通过电压、电流互感器采得电压和电流信号，并利用运放电路、门电路得到反

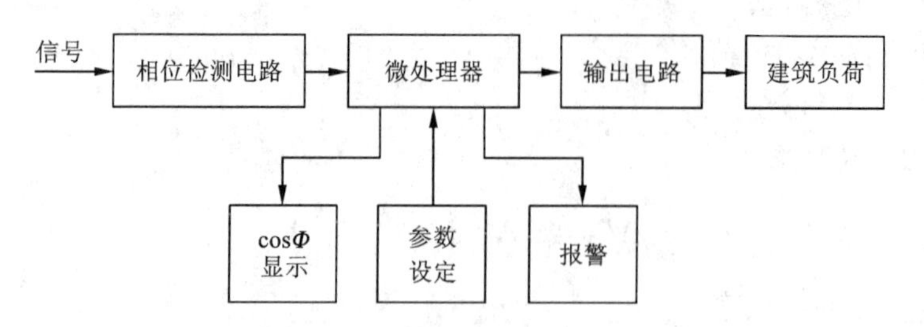

图4－9　智能功率因数控制器框图

映相位差的方波信号，传给控制单元。微处理器接收到检测信号，经过逻辑运算得到实时 cosΦ，分别送到显示和比较单元。在比较单元中与设定值进行比较，确定是否发出投切命令。同时控制单元还具有过压、过流、欠补及振荡报警和保护功能。执行单元接到命令后，通过投切装置完成电容器组的投切。微计算机技术的应用进一步加强了控制单元的功能，集成化程度大大提高，自诊能力、扩充能力都得到了加强。

2. 供配电系统谐波治理

建筑电力系统谐波产生的原因是整流器、UPS 电源、电子调速装备、荧光灯系统、计算机、微波炉等电力设备和电器设备的使用。民用建筑尤其智能建筑中存在的大量三次谐波污染，不仅会严重影响电能质量，还将增加功率损耗，造成电能的浪费。谐波治理的措施主要有两种：一是主动治理，即从谐波源本身出发，使谐波源不产生谐波或降低谐波源产生的谐波；二是被动治理，即外加滤波器，阻碍谐波源产生的谐波注入电网，或者阻碍电力系统的谐波流入负载端。

（1）主动治理主要是从谐波源着手，从源头上来减小谐波及进行无功补偿提高功率因数，主要途径有：

①改善配电系统。选用 D，Yn11 接线组别的三相配电变压器，为三次谐波电流提供环流通路；尽可能保持三相电压平衡；对谐波源负荷采用专用回路供电，减少谐波对其他负荷的影响，也有助于集中抑制和消除谐波。

②降低谐波源的谐波含量。在谐波源设备选型上，尽量选用谐波含量少的设备，最大限度地避免谐波的产生。

采用主动治理方式，可有效限制谐波的产生，但由于谐波源的多样性，要完全消除谐波是不可能的。因此，安装滤波器对负载谐波进行有效的滤波和补偿也是谐波治理的一个重要研究方向。

（2）被动治理措施主要有以下几种：

①采用无源滤波器 PF（Passive Filter）。PF 利用电感、电容元件的谐振特性，在阻抗分流回路中形成低阻抗支路，从而减小流向电网的谐波电流，同时还可以补偿无功功率。它具有结构简单、成本低和维护方便的优点。但由于其结构原理上的缺点，在应用中存在以下难以克服的缺点：

a. 只能对特定谐波进行滤波。谐振频率依赖于元件参数，因此单调谐滤波器只能消除特定次数的谐波，高通滤波器只能消除截止频率以上的谐波。

b. 滤波器参数影响滤波性能。由于调谐偏移和残余电阻的存在，调谐滤波器的阻抗等于零的理想条件是不可能出现的，阻抗的变化大大妨碍了滤波效果。LC 参数的漂移将导致滤波特性改变，使滤波性能不稳定。

c. 对于谐波次数经常变化的负载滤波效果不好。当滤波器投入运行之后，如果谐波的次数和大小发生了变化，便会影响滤波效果。并且需要根据高次谐波次数的多少，需设置多个 LC 滤波电路。

②采用有源滤波器 APF(active power filter)。APF 的基本工作原理是将系统中所含有害电流(电压)检出，并产生与其相反的补偿电流(电压)，以抵消输电线路中的有害电流(电压)。与 PF 相比，APF 具有以下一些优点：

a. 滤波性能不受系统阻抗的影响。

b. 不会与系统阻抗发生串联或并联谐振，系统结构的变化不会影响治理效果。

c. 原理上比 PF 更为优越，用一台装置就能完成各次谐波的治理。

d. 实现了动态治理，能够迅速响应谐波的频率和大小发生的变化。

e. 由于装置本身能完成输出限制，因此即使谐波含量增大也不会过载。

f. 可以对多个谐波源进行集中治理。

4.2 建筑照明系统监控与节能

照明系统的基本功能是保证安全生产、提高劳动效率、保护人员视力健康和创造良好的人工视觉环境。在一般情况下照明是指以“明视条件”为主的功能性照明。在那些突出建筑艺术效果的厅堂内，照明的装饰功能加强，成为以装饰为主的艺术性照明。因此照明系统的优劣除了影响建筑物的功能外，还直接影响建筑的艺术效果。

4.2.1 照明系统概述

照明系统由照明装置及其电气设备组成。照明装置主要是指灯具，照明电气设备包括电光源、照明开关、照明线路及照明配电箱等。

环境对照度的要求

1. 基本概念

①光通量。光源在单位时间内以辐射形式发射、传播和接收的能量，称为光通量，单位为流明(lm)。

②发光强度。光源在给定方向上、单位立体角(单位球面度)内辐射的光通量，称为发光强度，单位为坎德拉(cd)。发光强度是表征光源(物体)发光强弱程度的物理量。

③照度。单位被照面面积上的光通量，称为照度，单位为勒克斯(lx)。照明设计中，必须满足国家标准规定的最低照度值，它是照明设计的基础物理量。

④亮度。光源在给定方向单位投影面积上的发光强度，称为亮度，单位为尼特(nt)。它是衡量照明质量(明暗程度)的一个重要依据。

⑤色温。当光源的发光颜色与黑体被加热到某一温度所发出的光的颜色相同时的该温度称为色温，用卡氏温标(K)来表示。例如：白炽灯的色温为 2400～2900 K。

⑥光源的显色指数。显色指数指在待测光源照射下的物体的颜色与在另一相近色温的黑

体或日光参照光源照射下相比，物体颜色相符合的程度。颜色失真越少，显色指数越高，光源的显色性越好。国际上规定参照光源的显色指数为100。

2. 照明方式

照明方式可根据建筑物在功能和生产工艺流程的要求不同一般可分为以下三种：

①一般照明：在整个场所或场所的某部分照度基本上均匀的照明。对于工作位置密度很大而对光照方向又无特殊要求，或工艺上不适宜装设局部照明装置的场所，宜单独使用一般照明。它由若干灯具对称均匀排列而成，可获得较均匀的水平照度。

②局部照明：局限于工作部位的固定的或移动的照明。对于局部地点需要高照度并对照射方向有要求时，宜采用局部照明。它设单独控制开关，开闭灵活方便，并能有效地突出对象。但在整个场所不应只设局部照明而无一般照明。

③混合照明：一般照明与局部照明共同组成的照明，对于工作面需要较高照度并对照射方向有特殊要求的场所，宜采用混合照明。可以在工作面上获得较高照度，并易于改变光色，减少装置功率和节约运行费用。

3. 照明分类

按照明的功能，照明可分成下面六类：

①正常照明：正常工作、生活、学习时使用的室内、外照明称为正常照明。它一般可单独使用，也可与应急照明、值班照明同时使用，但它们之间的控制线路必须分开。

②应急照明：应急照明包含三部分内容。正常照明因故障熄灭后，供继续工作或暂时继续工作的备用照明；为确保处于危险之中的人员安全的安全照明；发生事故时保证人员安全疏散时的疏散照明。在因工作中断或误操作容易引起爆炸、火灾以及人身事故会造成严重政治后果和经济损失的场所，均应设置应急照明。应急照明灯具宜设置在可能引起事故的工作场所以及主要通道和出入门。应急照明必须采用能瞬时点燃的可靠光源。

③值班照明：在非生产时间内供值班人员使用的照明。可利用工作照明中能单独控制的一部分，或利用应急照明的一部分或全部作为值班照明。

④警卫照明：用于警卫建筑物周边附近的照明，可根据需要在需警戒的区域设置。

⑤障碍照明：装设在建筑物上作为障碍标志用的照明。在飞机场周围较高的建筑上，或在有船舶通行的航道两侧的建筑上，均应按民航和交通部门的相关规定装设障碍照明。

⑥景观照明：既有照明功能，又兼有艺术装饰和美化环境功能，主要装设于户外，如外墙艺术照明等。

4. 照明电光源

①传统电光源。

传统电光源可分为两大类：一类是热辐射光源，如白炽灯、卤钨灯等；另一类是气体放电光源，如荧光灯、高压汞灯、高压钠灯、金属卤化物灯等。传统电光源的特性见表4-1。

表4-1 传统电光源的主要技术特性

特性参数	白炽灯	卤钨灯	荧光灯	高压汞灯	高压钠灯	金属卤化物灯	氙灯
额定功率/W	15~1000	10~2000	6~125	50~1000	35~1000	150~3500	1500~100000
发光功率/($lm \cdot W^{-1}$)	7~19	15~25	27~75	32~53	65~130	55~110	20~40
平均使用寿命/h	1000	1000~3500	3000~7000	3500~6000	16000~24000	500~10000	1000
色温/K	2400~2900	2700~3050	3000~6500	4400~5500	2000~2300	4300~7000	5900~6700
显色指数	97%~99%	95%~99%	65%~80%	30%~40%	20%~25%	65%~90%	95%~97%
启动稳定时间	瞬时	瞬时	1~4 s	4~8 min	4~8 min	4~8 min	瞬时
再启动时间	瞬时	瞬时	1~4 s	5~10 min	1~3 min	10~15 min	瞬时
功率因数	1.0	1.0	0.27~0.6	0.44~0.67	0.5	0.5~0.95	0.4~0.9
频闪效应	无	无	有	有	有	有	有
表面亮度	大	大	小	较大	较大	大	大
电压变化对光通的影响	大	大	较大	较大	大	较大	较大
环境温度对光通的影响	小	小	大	较小	较小	较小	小
耐震性能	较差	差	较好	好	较好	好	好
所属附件	无	无	镇流器、启辉器	镇流器	镇流器	镇流器、触发器	镇流器、触发器

②LED 光源。

LED(lighting emitting diode)光源即发光二极管，是一种半导体固体发光器件。它利用固体半导体芯片作为发光材料，在半导体中通过载流子发生复合放出过剩的能量而引起光子发射，直接发出红、黄、蓝、绿色的光，在此基础上，利用三基色原理，添加荧光粉，可以发出任意颜色的光。

LED 光源是彩色照明中能效最高的一种节能光源，并以其长寿命、节能、良好显色性、无频闪、激励响应时间短、耐震动、耐气候、使用安全、环境友好等诸多优点进入绿色照明领域。另外，LED 灯还具有丰富多样的颜色光、方便选色和变色的优势，可制成各种形状，因此广泛应用在宾馆酒店、超市百货商场、建筑工程、商业空间、机场、地铁、医院等场所。

4.2.2 建筑照明系统监控

1. 照明控制方式

正确的控制方式是实现舒适照明的有效手段，也是节能的有效措施。目前常用的照明控制方式有：跷板开关控制、断路器控制、定时控制、感应开关控制及智能控制等。

(1)跷板开关控制

该方式以跷板开关手动控制一套或几套灯具，这是采用最多的控制方式。它可以配合设计者的要求随意布置。同一房间不同的出入口均需设置开关。单控开关用于在一处启闭照明；双控及多程开关用于楼梯及过道等场所，在上层、下层或两端多处启闭照明。该控制方式线路烦琐、维护量大、线路损耗多，很难实现舒适照明。

(2)断路器控制

该方式是以断路器控制一组灯具的控制方式。此方式控制简单、投资小，但由于控制的灯具较多，造成大量灯具同时开关，节能效果差，且很难满足特定环境下的照明要求。一般用于商场、超市等需要同时开闭大量灯具的场所。

(3)定时控制

该方式是以定时方式打开或关闭照明灯具光源，可利用 BAS 的接口通过控制中心来实现，但该方式较机械，如果遇到天气变化或临时更改作息时间，就比较难以适应，一定要通过改变程序设定才能实现，显得非常麻烦。

(4)感应开关控制

该方式采用光电感应开关、声控开关等进行动态控制，具有较好的节能效果。

光电感应开关通过测定工作面的照度与设定值比较，来控制照明光源开闭。当检测的照度低于设定值的极限值时开灯，高于极限值时关灯。这样可以最大限度地利用自然光，达到更节能的目的。该方式可提供一个不受季节与外部气候影响的相对稳定的视觉环境。它特别适合一些采光条件好的场所。

声控开关是在特定环境光线下采用声响效果激发拾音器进行声电转换来控制照明光源的开启，并经过延时后能自动断开照明的电源。在白天或光线较亮时，声控开关处于关闭状态；夜晚或光线较暗时，声控开关处于预备工作状态。当有人经过该开关附近时，脚步声、说话声、拍手声均可将声控开关启动，延长一定时间后，声控开关自动关闭。声控开关特别适合用在一些短暂使用照明或人们容易忘记关灯的场所(如楼梯间、走廊等)。

(5)智能控制

智能控制方式采用模块化分布式控制结构，通常由调光模块、开关模块、智能传感器、控制面板、液晶显示触摸屏、时钟管理器、手持编程器等独立的单元模块所组成。各模块独立完成各自的功能，并通过通信网络连接起来，对整个建筑的照明系统进行集中控制和管理。智能控制方式下照明不仅具备简单的开关控制，而且还能对光源进行多级/无级调光控制，因此能获得较好的照明效果及节能效果。

2. 照明监控系统形式

随着控制技术的发展，照明监控系统经历了由传统照明监控系统到自动照明监控系统，再到智能照明监控系统的发展过程。

(1)传统照明监控系统

传统照明监控系统目前仍被广泛使用。它采用机械式开关直接控制电源的开与关，其基本特点是动力线与控制线重叠，不存在控制信息流的概念，如图 4－10 所示。跷板开关控制方式、断路器控制方式都属于传统的照明系统。

传统的照明监控系统原理简单直观，但一旦完成后，系统就固定，无法再改动。此外，要实现复杂的控制要求，如实现总控制模式或场景模式时，布线量呈几何级数增加，同时降低了系统的可靠性，并导致安装维护费用的增加。尤其是随着个性化要求的提高，传统的照明监控变得无能为力。

传统照明监控系统不足的根本原因是：动力线路和控制线路的重叠，只有能量流，而无控制流。一旦控制要求改变，就必须重新铺设动力线。改进方法是使动力线与控制线分离。这种分离可以是物理的，即另行铺设信号线；也可以是逻辑的，即动力线载波。

(2)自动照明监控系统

自动照明监控系统在现代建筑中使用较多。定时控制方式、光电感应开关控制和无调光的网络控制都属于自动照明控制方式。

无调光的网络控制利用数字控制技术来遥控灯具的开关。通常是控制中心发出信号，通过直接数字控制器(DDC)来控制配电回路中的交流接触器的分合，从而控制配电回路的通断，实现灯具开关控制，如图4－11所示。

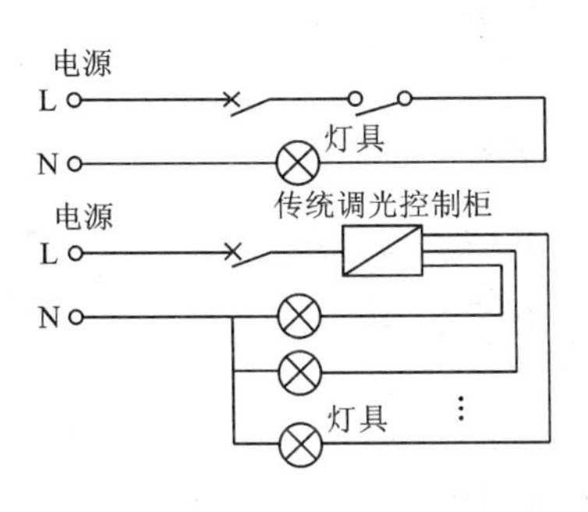

图4－10 传统照明监控方式

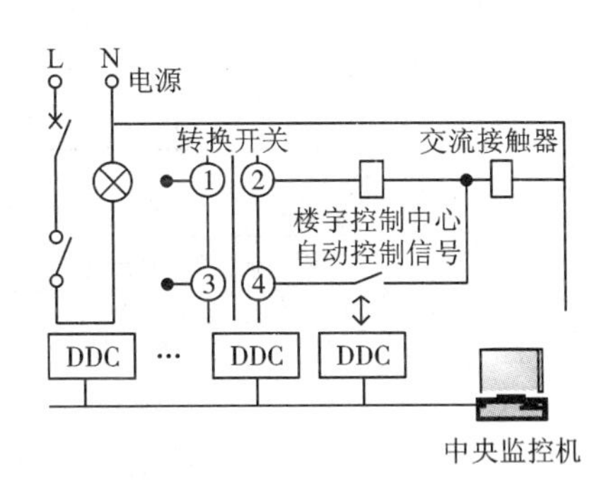

图4－11 自动照明监控方式

该方式解决了传统方式控制相对分散和无法有效管理等问题，实现了照明监控的自动化，但却无法实现调光控制功能。

(3)智能照明监控系统

智能照明监控系统可以根据环境变化、客观要求、用户预定需求等条件而自动采集照明系统中的各种信息，并对所采集的信息进行相应的逻辑分析、推理、判断，并对分析结果按要求的形式存储、显示、传输，进行相应的工作状态信息反馈控制，以达到预期的控制效果。智能照明控制体现了照明控制技术革命性变革的三大趋势，即电子化、网络化、集成化。智能照明监控系统结构如图4－12所示。

智能照明监控系统的任务主要有两个方面：一是为了保证建筑物内各区域的照度以及视觉环境而对灯光进行控制，称为环境照度控制；二是以节能为目的，对照明设备进行监控，称为照明节能监控。在智能建筑中，照明系统的用电量仅次于空调系统的用电量，因此对照明系统的有效监控是节约能源的重要手段。智能照明监控系统的优点主要有：

①良好的节能效果。借助各种不同的"预设置"控制方式和控制元件，对不同时间不同环境的光照度进行精确设置和合理管理，实现节能；充分利用室外的自然光，利用最少的能源保证所要求的照度水平。智能照明系统节电可达30%以上，甚至可达70%～80%，如图4－13所示。

②保护灯具，延长光源的寿命。智能照明监控系统能抑制电网的浪涌电压，具备电压限定和扼流滤波等功能，避免过电压和欠电压对光源的损害。同时，系统中的灯具大部分时间

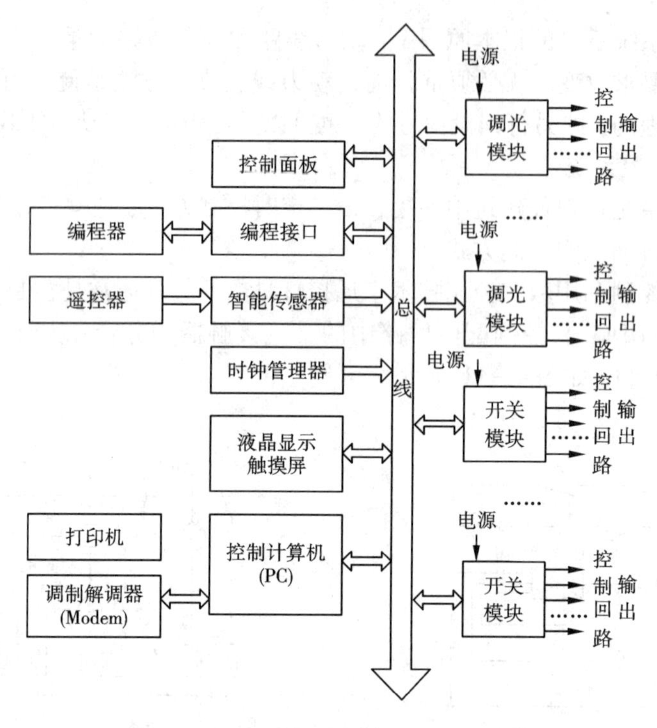

图 4－12 智能照明监控系统结构示意

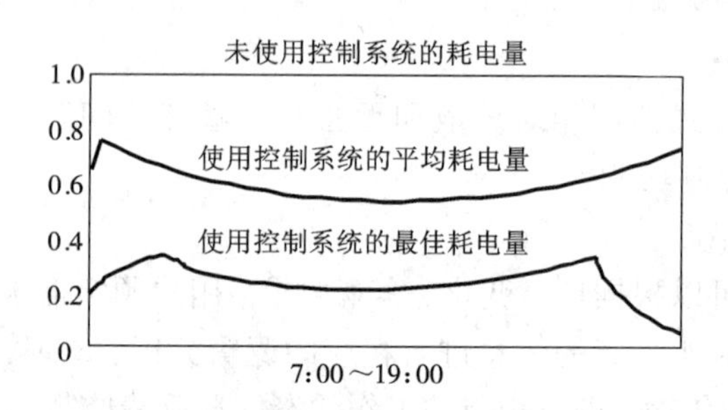

图 4－13 智能照明监控系统的节能效果

工作在低电压调光状态，这种长时间低电压工作状态能大幅度延长灯具寿命。这对难于安装区灯具和昂贵灯具更具有特殊意义。

③改善工作环境，提高工作效率。良好的设计、合理的选用光源灯具及优良的照明监控系统都能提高照明质量。以调光模块和控制面板代替传统的开关控制灯具，可以提高水平工作面上均匀的照度值；采用可调光电子镇流器，解决了频闪效应（100 Hz 左右→40 ~ 70 kHz），可减轻用眼疲劳。

④可实现多种照明效果。按其不同时间、不同用途、不同效果，采用不同的预设场景设置进行控制，可以达到丰富的艺术效果。

⑤智能控制，管理维护方便。照明系统工作在全自动状态，系统将按预先设定的若干基本状态进行工作和切换；可以通过手动编程控制面板和遥控编程器、随意改变各区域的光照

度，以适应各种场合的不同场景要求；系统可以和建筑设备自动化系统相连接，还可联入远程维护中心，实现对整个系统的远程维护。

⑥系统扩展灵活，应用范围广。系统的各功能模块都挂于一个控制总线上，这种系统可大可小，便于扩充。小系统可只由一个调光模块(或一个开关模块)和几个控制面板组成，用于一个会议室、一座别墅或一个家庭的灯光控制。复杂的系统可配置计算机监控中心，这个监控中心可和智能建筑的中央控制室合用，实现就地控制和集中控制的良好结合。

3. 智能照明系统的模式控制

智能照明系统可划分为多种监控模式：时间表控制模式、情景切换控制模式、动态控制模式、远程强制控制模式、联动控制模式等。在多功能建筑中，不同用途的区域对照明有不同的要求。因此，应当根据场所使用的性质和特点，采用不同的照明监控模式。按照功能划分，智能建筑的照明包括以下几个部分(图4－14)：

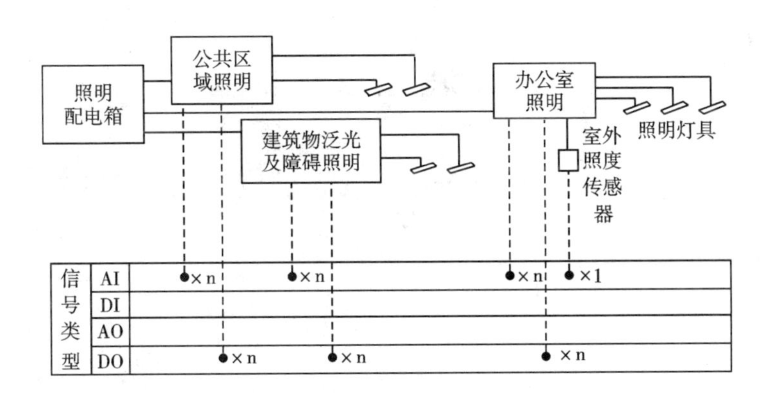

图4－14 照明系统监控原理

(1)办公室照明

办公室照明应为办公人员创造一个良好的舒适的视觉环境，以提高工作效率。办公室照明宜采用自然光和人工照明协调配合的动态控制模式。不论晴天、阴天、清晨或傍晚自然光如何变化(夜间照明也可看作其中的一个特例)，也不论房间朝向、进深尺寸有多大，办公室照明始终能有效地保持良好的照明环境，减轻人们的视觉疲劳。它的调光原理是：配置智能传感器，根据室外自然光的强弱，自动调节室内人工照明。当自然光较弱时，自动增强人工照明；当自然光较强时，自动减弱人工照明，使两者始终能够动态地补偿，以保持室内亮度恒定(图4－15)。在实际应用中，办公照明控制也可采用时间表控制模式，通常将时间分为工作时间、午餐午休时间、下班时间、加班时间等时间区，分别编制监控程序。

(2)公共区域照明

公共区域的照明控制通常可采用时间表控制模式，即下班后除保持必要的值班照明、庭院照明外，其他的照明灯应关掉，以节约能源。当办公区有员工加班时，楼梯间、走道等公共区域的灯保持基本的亮度，只有当所有办公区的人走完后，才将灯调到安全状态或关掉。

(3)多功能区域照明

会议厅、宴会厅等多功能区域照明系统的使用时间不定，不同场合对照明需求差异较

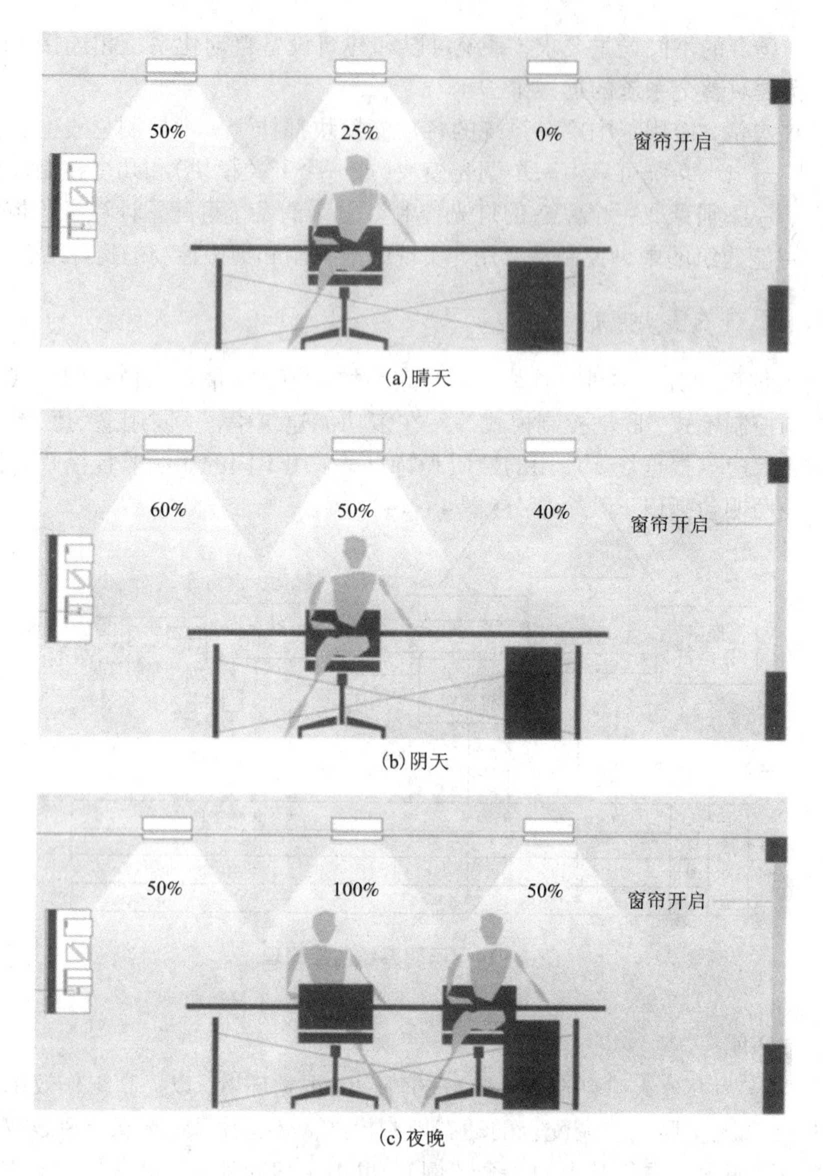

(a)晴天

(b)阴天

(c)夜晚

图 4－15　办公室照明动态模式

大，因此可采用情景切换控制模式，预先设定多种照明场景，使用时根据具体场合进行切换。图 4－16 为某宴会厅的照明控制，该系统预先设定四种常用场景模式，需要进行场景切换时只需按动相应按钮或在控制计算机上进行相应操作即可。

(4)障碍照明、建筑物泛光照明

航空障碍灯应根据当地航空部门要求设定，一般装设在建筑物顶端。障碍照明属于一级负荷，应接入应急照明电路，并根据预先设定的时间控制程序，或根据室外自然环境的照度来控制光电器件实现闪烁运行。

高层建筑的泛光照明常采用投光灯，使高层建筑夜间看上去更美丽，以增加城市的色彩。泛光照明通常采用时间表控制模式进行控制，也可采用远程强制控制模式由工作人员在工作室远程控制。

(a)准备照明　(b)宴会照明　(c)舞会照明　(d)酒会照明

图4-16　宴会厅照明模式

(5)照明设备的联动功能

当建筑内有突发事件发生时，需要照明系统做出相应的联动配合，这时可以采用联动控制模式。例如当有火警时，正常照明系统关闭，事故照明打开；当有保安报警时，联动相应区域的照明灯开启。

在照明监控的几种模式中，联动控制模式的优先级别最高，远程强制控制模式次之，时间表控制模式、情景切换控制模式、动态控制模式三者的优先级别最低。当照明监控系统处于低级别的控制模式时，如出现了高级别控制模式的信号，则必须无条件地转换到高级别的控制模式。

4.2.3　建筑照明系统节能

发达国家照明能耗占总能耗的9%以上，我国发达地区的照明能耗占总能耗的6%～9%。以美国为例，每天花在照明上的费用高达1亿美元以上，占全部发电量的1/4左右，因此，必须在照明系统大力倡导节能技术，即在保证不降低作业视觉要求，不降低照明质量的前提下，力求减少照明系统中的光能损失，最有效地利用电能。一般来讲建筑照明节能要遵循以下三个原则：

①满足建筑物照明功能的要求。

②考虑实际经济效益，不能单纯追求节能而过高地消耗投资，而应该使增加的投资费用能够在短期内通过节约运行费用来回收。

③最大限度地减小无所谓的消耗。在选用节能设备时，要了解其原理、性能及效果，从技术经济上给以全面的比较，并结合建筑的实际情况，再最终选定节能设备，达到真正节能的目的。

1. 提高照明设计的精确性

照明节能与照明设计有着密切的关系，照明节能的具体实施是通过建筑电气设计与照明装置节能产品的采用两个重要环节来完成的。合理的照明设计方案是实现照明节能的保证，在保证设计照明质量的前提下，优先选用照明用电指标较低的设计方案。照明设计应注意以下三个环节：

①根据视觉工作需要，合理地选取高、中、低档照度水平，在所需的照度前提下，优化照明设计，限定照明节能指标，最优控制单位面积照明功率密度值。

②正确选用与建筑场所使用要求及特点相适应的光源、灯具，合理布灯，保证必要的照明质量(亮度分布、眩光限制、显色均匀度、造型等)。

③采用分区控制灯光或自动控光、调光等控制方式，并充分利用天然采光。

(1)使用先进的专业照明设计模拟软件

建筑照明设计主要包括一般空间照明供配电设计、普通灯具选型、灯具布置等工作。由于照明质量、照明艺术和环境不像供配电设计那样涉及建筑安全和使用寿命等需严肃对待的设计问题，故电气工程师考虑较少。这样就造成了照明设计中随意加大光源的功率和灯具的数量或选用非节能产品，造成能源浪费。一些专业公司承包大型厅堂、场馆及景观照明的设计，虽然比较好地考虑了照明艺术和环境，由于自身力量不足或考虑的侧重不一样，有时候设计十分片面，如照度不符合标准，照明配电不合理，光源和灯具选型不妥等现象。

要解决好上述问题，应加强专业照明设计模拟软件的使用。这些照明设计模拟软件不仅含有国内外几十家灯具公司的产品数据库，能进行照明设计计算和场景虚拟现实模拟，还能输出完整的报表，误差在5%以内。建筑设计人员应尽快地掌握这些先进的设计工具，与国际建筑照明设计领域接轨，提高建筑照明设计的质量与精度，从而在照明设计的最初环节上实现能源的高效利用。

(2)精确的照度计算

建筑电气照明设计中，许多人认为照度没必要计算那么详细，往往根据经验大概估算一下。仅凭经验估算是不可能把照度误差控制在照明规定场所的实际照度设计值与照度标准值只有±10%的误差范围内。影响照度计算的因素有很多，如灯具的效率、灯具的配光、光源的光通量、灯具安装位置、房间的尺寸和形状、反射面的材料等，假如忽略上述因素，凭感觉来取值，会造成计算结果与实际要求不符，造成能源的浪费。

目前有多种照明照度计算方法，较常用的有逐点法、利用系数法和单位容量法。被照面上某点的照度，通常由两部分光通组成。一部分直接来自光源，称为直射光通；另一部分由空间各个方面反射而来，称为反射光通。这两部分光通构成该点的照度。计算照度时，有的只计算直射光通(如逐点法)，有的则同时算出直射和反射两者的总和照度(如利用系数法)。利用系数法简单，较准确，对空间小、反射光较强的场所比较适用；逐点法则适宜在房间高大、反射光很少的场所(如体育场馆，高大厂房以及工作面上的局部照度等)；单位容量计算法一般适用于方案或初步设计时的近似计算，也常被应用于均匀照明场所的照明工程设计中。

伴随着计算机工程应用技术的发展，建立在精确照度计算方法基础上的计算机辅助空间模拟照明设计软件渐趋成熟。设计师的照明设计方案，可以即刻在计算机屏幕上看到接近实际的彩色照明效果和空间照度场图，通过交互操作、调整方案，形成照明设计图。计算机辅助照明设计及计算取代传统设计、计算已成必然趋势。

2. 照明节能光源的选择

选择照明光源时，在满足显色、启动时间等要求下，应优先选用高光效光源节能灯。按不同的工作场所条件，采用不同种类的高效光源，可降低电能消耗、节约能源。

(1) 太阳能照明

太阳能照明设备主要由照明灯具、光源和控制系统组成。灯具类型主要有太阳能草坪灯(图4－17)、庭院灯、景观灯和路灯(图4－18)等。这些灯具以太阳光为能源，白天充电，晚上使用，无须进行复杂昂贵的管线铺设，而且可以任意调整灯具的布局。其光源一般采用LED或直流节能灯，使用寿命较长，又为冷光源，对植物生长无害，是一种环保型的绿色能源。

图4－17 太阳能草坪灯

图4－18 太阳能路灯

(2) 节能荧光灯

冷阴极T8细管径(≤26 mm)直管节能荧光灯：适合于灯具悬挂高度较低的场所，如学校、办公楼等，商店照明可用细管径代替粗管径、以紧凑型荧光灯(俗称节能灯)代替白炽灯等。

稀土(三基色)节能荧光灯：它含有稀土类荧光物质，与其他荧光灯相比，不仅亮度增强，光色也大为改善，且显色指数可达80%以上，使人对颜色感觉清晰、明亮。近来，国外已研制出了一种1 cm厚的平板型不含汞的荧光灯，使用电子控制系统，将工作频率提高到3万～6万Hz，可节电30%，灯寿命延长50%，还消除了闪烁现象。

(3) 金属卤化物灯(HID)

具有节能、发光效率高、光色好等特点。对灯具悬挂高度较低的场所，如商场、超市，可选用小功率金属卤化物灯；而对灯具悬挂高度较高的场所，如体育场馆、广场、高大厂房，可选用大功率金属卤化物灯。

(4) LED光源

与传统光源相比，LED光源具有以下优点：

①节约能源：普通光源大部分的耗电变成热量损耗，而LED的光谱几乎全部集中于可见

光频段，发光效率可达80%～90%。据测算，在同样照度下，LED光源能耗约为白炽灯的1/10，普通荧光灯的1/3。

②光质量高：LED可较好控制发光光谱组成，光的单色性好；显色性高，不会对人的眼睛造成伤害；响应时间短，约为普通光源响应时间的1/100。

③使用寿命长：LED光源为固体冷光源，采用环氧树脂封装，不存在灯丝发光易烧、热沉积、光衰等缺点，使用寿命可达6万到10万小时，比传统光源寿命长10倍以上。

④效果变化广：元件体积小，可制成各种形状的光源；可根据三基色原理形成不同光色的组合且变化多端，实现丰富多彩的动态变化效果及各种图像。

⑤安全环保：工作电压低，多为1.4～3 V直流电，可以安全触摸；光谱中无紫外线和红外线，既没热量，也没有辐射，眩光小；另外，其废弃物中不含汞元素。

(5)其他新型光源

主要有光纤灯、高频无极灯、场致发光等，目前世界上最先进的CCFL节能面光源模组也正走向市场。

3. 高效节能灯具的选择

一般应根据视觉条件的需要，综合考虑灯具的照明技术特性及其长期运行的经济性等原则进行灯具的选择。

灯具的种类繁多，常用的有控照型(或开敞型)和带保护罩的格栅式、透明式、棱镜式、磨砂式等，它们的效率是不同的。磨砂或棱镜保护罩式反射率只有55%，格栅式为60%，透明式为65%，控照式(或开敞式)为75%。同一种形式的灯具反射板采用不同的材料其反射效率也是不一样的。高效节能照明灯与普通灯具相比具有如下性能特点：

①高效节能，节电率为37.5%～50%；

②提高了照明质量，照度提高1～3倍；

③光污染低，紫光和紫外线的反射率只有5%，是普通灯具的1/8；

④光衰减少，长期使用反射率仅降低3%～8%，远低于普通灯具。

附件镇流器也是照明耗能的一部分。与传统电感型镇流器相比，电子镇流器具有可靠性好、效率高、能耗低的优点。T8直管型荧光灯，应选用电子镇流器或节能型电感镇流器；T5(大于14 W)荧光灯应采用电子镇流器；大功率高压钠灯、金属卤化物灯应采用节能型电感镇流器；小功率金属卤化物灯选用电子镇流器；高压钠灯、金属卤化物在电压偏差大的场所，为了节能和保持光输出稳定，延长光源寿命，宜配用恒功率镇流器。

4. 照明系统的节能控制技术

为了在不同工作状态下避免不必要的耗电，可以采取不同的节能控制措施：

(1)采用各种类型的节能开关和管理措施

例如，建筑的公共部位，除高层住宅的电梯厅和应急照明外，均采用节能自熄开关；实行用电计量收费，以经济核算的方式来约束照明的浪费。因此在照明系统设计中，应根据设计对象的性质、功能等因素，按区域划分装设电能计量表。

(2)采用合适的照明方式

尽量少采用一般照明方式以及单一的照明方式，已采用分区一般照明方式，宁可多增加分区控制开关，如分层次的、交错的电灯方式，而不是一个开关控制很大范围的照明区，不考虑经济运行。对于照度要求较高场所采用混合照明。

(3)采用适当控制方法

在建筑照明上，采用集中遥控、自动智能控制等方式，都是节能的重要途径，目前常用的有以下几种：

①声音、红外线、超声波等感应控制开关，检测到有人出入时自动感应实现开启，在人离开后还延长一段时间再关闭。

②预先设置合适的工作照度，根据对自然环境的检测，由光控调光装置来随时调整人工照明各区域的灯光照明，无论环境如何变化，系统均保持建筑物室内的照明度维持在预先设定的水平。表4－2为光源采用照度控制的效果。

表4－2 光源采用照度控制效果

光源亮度/%	节电率/%	光源寿命延长/倍	光源亮度/%	节电率/%	光源寿命延长/倍
90	10	2	50	40	20
75	20	4	25	60	>20

③时钟控制，可要求照明灯光按预先设定的不同时序来自动控制照明开关。

④联锁控制，一般用于酒店客房，当客人离开客房时，客房内电源自动切断，不仅可以节约能源，还能减少消防隐患。

⑤智能照明控制：可任意实现单点、双点、多点、区域、群组逻辑控制，定时开关、亮度手/自动调节、红外线监控、遥控、电话拨打等多种照明控制功能；能对低压卤素灯(电子镇流器)、荧光灯(电子镇流器)、石英灯等多种光源调光。这样既可以展现丰富的灯光效果，还同时实现了节约能源的目的。

4.3 电梯监控与停车场管理

随着现代建筑的发展，电梯与扶梯已经成为现代建筑中不可或缺的交通运输工具。对电梯系统的要求是：安全可靠，启动和制动平稳，感觉舒适，平层准确，候梯时间短，节约能源，因此必须对电梯运行进行监控。汽车停车场是大型建筑和民用住宅小区的必备设置。近几年，随着汽车的快速增加，不仅需要在公用场所和住宅小区修建更多数量的停车场，而且还需要对停车场进行高效管理，使之发挥最大效能。

世界电梯之最

4.3.1 电梯监控与节能

1. 电梯概述

(1)电梯的分类

①按电梯的用途可分为客梯、货梯、客货两用梯、住宅梯、医用梯、服务梯、观光梯、自

动扶梯及其他类型的特种电梯。

②按电梯的运行速度可分为低速电梯(<1 m/s)、快速电梯(1 ~2 m/s)、高速电梯(2 ~5 m/s)及超高速电梯(≥5 m/s)。

③按电梯的拖动方式可分为液压电梯、齿轮齿条电梯、螺杆电梯、交流电梯、直流电梯、直线电机电梯等。

④按电梯的操纵方式可分为按钮控制电梯、信号控制电梯、集选控制电梯、并联控制电梯、程序控制电梯及智能控制电梯。

(2)电梯的主要性能指标

①安全性。电梯是运送乘客的，即使载货电梯通常也有人伴随，因此对电梯的第一要求便是安全。电梯必要的安全措施有：超速保护装置；轿厢超越极限保护装置；撞底缓冲装置；交流电源断相保护装置和相序保护装置；厅门、轿门电气联锁装置；其他措施。

②可靠性。电梯工作起来经常出现故障，就会影响人们正常的生产、生活，给人们造成很大的不便；不可靠也是故障的隐患，是不安全的起因。

③舒适感和快速性。电梯必须考虑人们乘坐的舒适性；另外，快速也可以节约时间。

④停站的准确性。电梯轿厢的平层准确度会影响到电梯的安全性，它与电梯的额定速度、电梯的负载情况有密切的关系。

⑤振动、噪声及电磁干扰。电梯是为乘客创造舒适的生活、工作环境的，因此要求电梯运行平稳、安静，没有电磁干扰。

⑥节能。电梯是现代高层建筑中主要耗能设备之一，且其利用率高，因此要求采用节能效果好的控制方式和电机。

(3)电梯的运行原则

①自动定向原则。电梯首先按内选呼梯信号优先10 s自动定向，超过10 s后采集所有呼梯信号，按先来先到原则自动定向。

②顺向截车原则。电梯一旦按确定方向运行，只响应同向呼梯信号减速停车，记忆反向呼梯信号等换向后响应它。

③最远程反向截车原则。电梯如果向上运行时，对于有向下方向的呼梯信号，电梯先响应最远的，换向后再按顺向截车原则响应下方向其他信号。

④顺向销号、反向保号原则。电梯满足某层呼梯信号要求后，必须消掉同方向的呼梯信号，记忆反方向的呼梯信号。

⑤自动开关门原则。电梯到达某层后自动开门延迟一定时间后，自动关门。

⑥本层呼叫重开门原则。电梯在关门过程中，如果本层有同方向呼梯信号，电梯重新将门打开，响应乘客要求。

2. 电梯的电力拖动系统

(1)电梯的电力拖动系统组成

电力拖动系统是电梯的动力来源，它驱动电梯部件完成相应的运动。在电梯中主要有如下两个运动：

①轿厢的升降运动。轿厢的运动由曳引电动机产生动力，经曳引传动系统进行减速、改

变运动形式(将旋转运动改变为直线运动)来实现驱动，其功率从几千瓦到几十千瓦，是电梯的主驱动。为防止轿厢停止时由于重力而溜车，还必须装设制动器(俗称抱闸)。

②轿门及厅门的开关运动。轿门及厅门的开与关则由开门电动机产生动力，经开门机构进行减速、改变运动形式来实现驱动，其驱动功率较小(通常在200 W以下)，是电梯的辅助驱动。开门机一般安装在轿门上部，驱动轿门的开与关，而厅门则仅当轿厢停靠本层时由轿门的运动带动厅门实现开或关。

(2)常见的电力拖动方式

①轿厢升降运动的电力拖动方式。

轿厢升降运动的常见电力拖动方式可以划分如下(图4－19)：

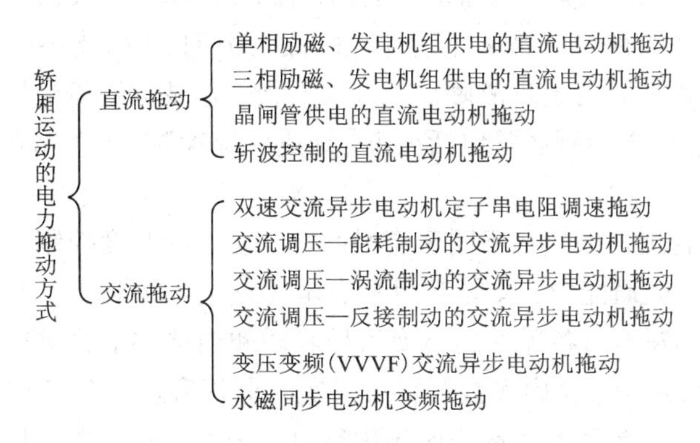

图4－19 轿厢常见的电力拖动方式

发电机组供电的直流电动机拖动方式的电梯由于能耗大、技术落后已不再生产，只有少量旧电梯还在运行。20世纪七八十年代出现的变压变频(VVVF)交流异步电动机拖动方式，由于其优异的性能和逐步降低的价格而大受青睐，占据了新装电梯的大部分。永磁同步电动机拖动方式在近几年开始在快速、高速无齿电梯中应用，是最有发展前途的电梯拖动方式。

②轿门及厅门开关运动的电力拖动方式。

轿门及厅门开关运动的电力拖动方式可以划分如下：

a. 直流电动机电枢串、并联电阻调速拖动方式。通过改变电枢电路所串、并联电阻的阻值来改变电动机的转速，实现开(关)门过程的“慢—快—慢”的要求。这种调速方式在早年的电梯中普遍采用，由于运行过程中需要不断地切换电枢回路的电阻，其切换用的开关容易出故障，造成维修工作量大，可靠性差，效率较低，目前已较少采用。

b. 直流电动机斩波调压调速拖动方式。采用大功率晶体管组成的无触点开关，通过改变导通占空比实现直流调压调速。这种方法可靠性好，效率高，可以平滑地调速，是直流电动机电枢串、并联电阻调速拖动方式的替代方法。

c. 交流异步电动机VVVF调速拖动方式。近些年出现的新型调速方法，这种调速方法较直流电动机斩波调压调速拖动方式更好。由于采用交流异步电动机，其结构简单，可靠性进一步提高，采用VVVF调速控制，运行平稳，效率更高，是当前电梯开关门电路中较普遍采用的方法。

d. 力矩异步电动机拖动方式。力矩异步电动机具有较大转矩，能够承受长时间的堵转而不会烧坏，由力矩异步电动机驱动的开关门方式适宜用于环境较差、容易出现堵卡门现象的电梯中。

e. 伺服电动机拖动方式。这是近几年出现的电梯开关门方式，这种方法由于采用伺服电动机作为驱动电动机，其反应灵活，响应迅速，是一种有发展前途的开关门方式。

3. 电梯监控系统

(1)控制内容

不同类型的电梯在不同的使用环境、不同的系统要求下，电梯监控系统完成实现的内容有所差异，通常应包括以下几方面基本内容：

①按时间程序设定的运行时间表启/停电梯，监视电梯运行状态，对电梯故障及紧急状况在线报警。运行状态监视包括启动/停止状态、运行方向、所处楼层位置等；故障检测包括电动机、电磁制动等各种装置出现故障后，自动报警，并显示故障电梯的地点、发生故障时间、故障状态等；紧急状态检测通常包括火灾、地震状况检测、发生故障时是否关人等，一旦发现，立即报警。

②多台电梯群控管理。如何在不同客流时间，自动进行调度控制，达到既能减少候梯时间、最大限度利用现有交通能力，又能避免多台电梯同时响应同一召唤造成聚堆空载运行、浪费电力，这就需要不断地对各厅站的召唤信号和轿厢内选层信号进行循环扫描，根据轿厢所在位置，上下方向停站数、轿内人数等因素来实时分析客流变化情况，自动选择最适合客流情况的输送方式。群控系统能对运行区域进行自动分配，自动调配电梯至运行区域的各个不同服务区段。服务区域可以随时变化，它的位置与范围均由各台电梯实际工作情况确定，并随时监视，以便随时满足大楼各处的不同厅站的召唤。群控管理可大大缩短候梯时间，改善电梯交通的服务质量，最大限度地发挥电梯作用，使之具有理想的适应性和交通应变能力，这是单靠增加台数和梯速所不易做到的。

③配合消防系统协同工作。发生火灾时，普通电梯直驶首层、放客，切断电梯电源；消防电梯由应急电源供电，在首层待命。

④配合安全防范系统协同工作。接到信号时，根据保安级别自动行驶至规定楼层，并对轿厢门实行监控。

(2)控制方案

一般电梯的控制系统主要有继电器控制、微机(单片机)控制和 PLC 控制三种方式。电梯的继电器控制系统框图如图 4 - 20 所示；电梯的微机(单片机)控制系统框图如图 4 - 21 所示；电梯的 PLC 控制系统框图如图 4 - 22 所示。

继电器控制系统是最早出现的电梯控制系统，其所有控制功能及信号处理均由硬件实现，线路直观；系统的保养、维修及故障检查无须较高的技术和特殊的工具、仪器；大部分电器均为常用控制电器，更换方便，价格较便宜。但该控制方式需要的器件比较多，因此接线复杂、故障率高、可靠性差、维修工作量大，现仅在一些老式电梯中还有使用。

与继电器控制系统相比，电梯微机控制系统具有成本低，通用性强，灵活性大及易于实现复杂控制等优点。但由于微机控制系统开发难度较大(包括软件与硬件)，且对维护人员的专业性要求较高，且不方便多台电梯的群控，因此限制了其在电梯中的推广使用。

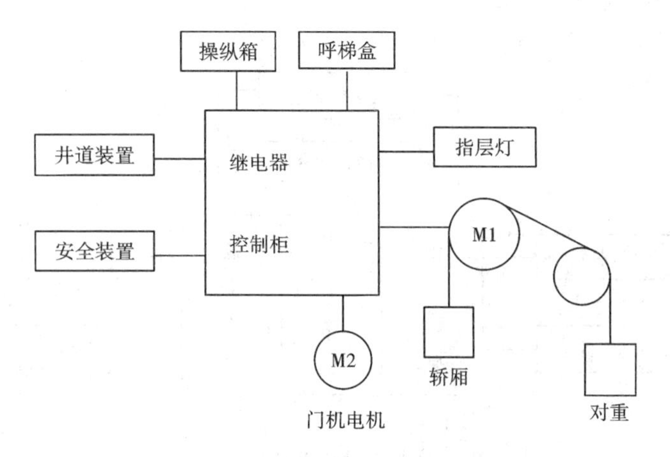

图 4-20 电梯的继电器控制系统框图

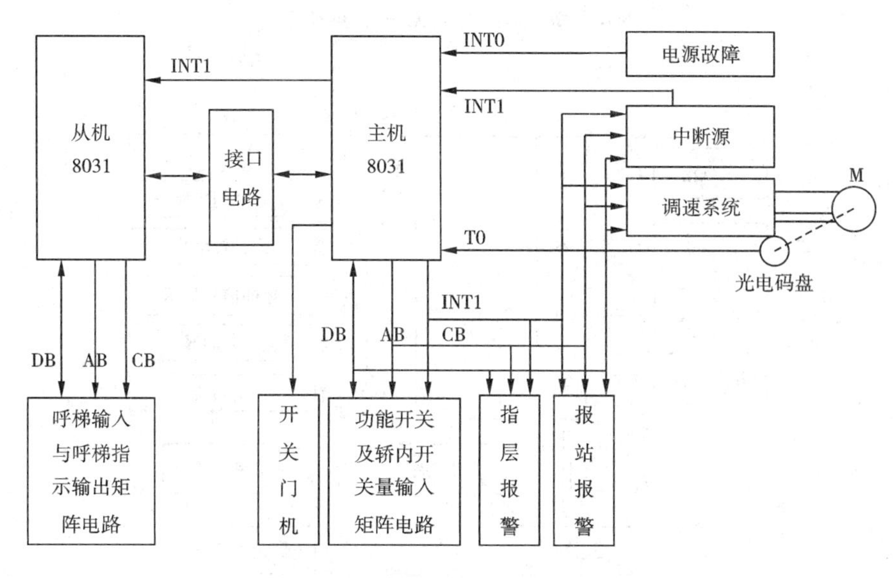

图 4-21 电梯的微机控制系统框图

目前，中、小型的电梯控制系统大多采用 PLC 控制。PLC 编程简单，可以降低因专门设计和制造微机控制装置的成本，开发周期短；控制运行可靠性高，抗干扰能力强；通用性好、功能强大；体积小，使用方便，可扩展性强；维护方便以及强大的网络通信功能等优点，因此成为现代楼宇中、小型电梯控制系统的主流。

(3) PLC 控制系统

电梯的 PLC 控制系统和其他类型的电梯控制系统一样，主要由信号控制系统和拖动控制系统两部分组成。电梯的 PLC 控制系统的基本组成结构如图 4-23 所示。

PLC控制系统

主要硬件包括 PLC、机械系统、轿厢操纵箱、厅外呼梯、门机与主拖动系统等。其中控制系统的核心为 PLC 主机。来自操纵箱、呼梯盒、井道装置及安全装置的外部信号通过输入接口通过输入单元及其扩展送入 PLC 内部 CPU 微处理器进行逻辑运算与处理，

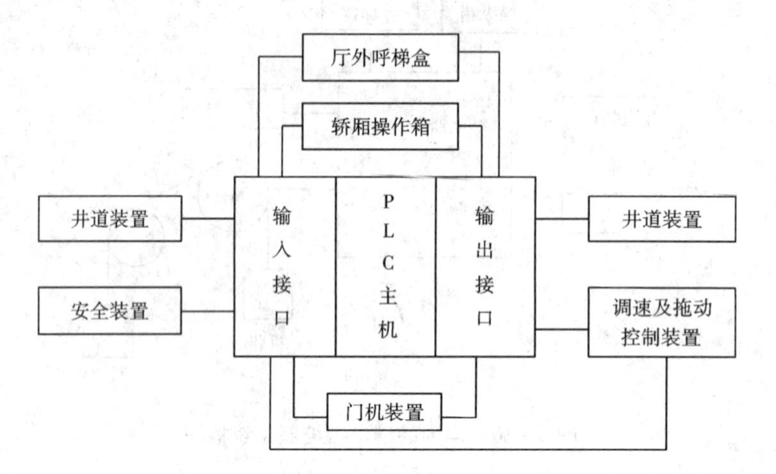

图 4-22 电梯的 PLC 控制系统框图

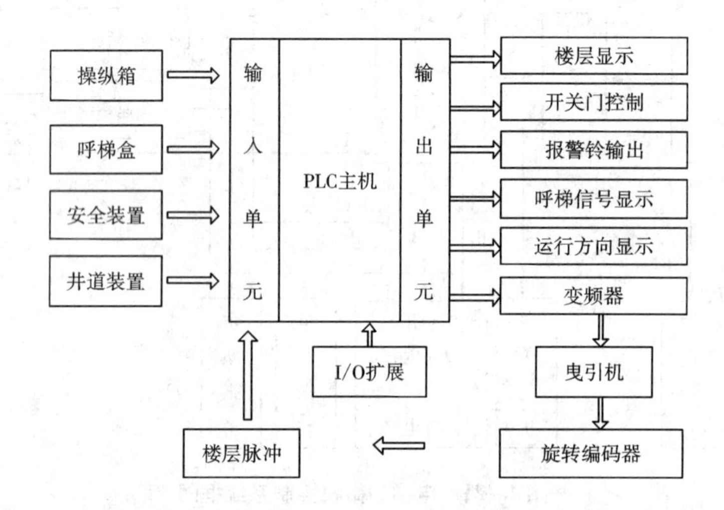

图 4-23 电梯的 PLC 控制系统的基本组成结构

再经过输出单元及其扩展模块分别向楼层显示、呼梯信号灯、运行方向信号灯发出显示信号，向门机发出开关门控制信号，向变频器发出上下行、换速等信号，从而实现电梯运行状态的控制。输入、输出单元一般都通过光电隔离和滤波把 PLC 和外部电路隔开，因此，PLC 的抗干扰能力很强，平均无故障率可达到$(4\sim5)\times10^4$h，远远超过继电器控制系统和计算机控制系统。同时，PLC 内部的“软”继电器、“软”接点和“软”接线取代了继电器控制系统里的“硬”器件、“硬”触点和“硬”接线，其控制逻辑由存储在内存中的程序实现，大大减少了系统中继电器的使用数量，使得触点少、磨损现象少、连线少，减少了控制柜的体积，系统可靠性增强，并有良好的灵活性和扩展性。

由于 PLC 与 PLC 之间，以及 PLC 与上位机之间通信方便，因此 PLC 还可用于电梯的群控系统，图 4-24 为电梯群控 PLC 控制方案。

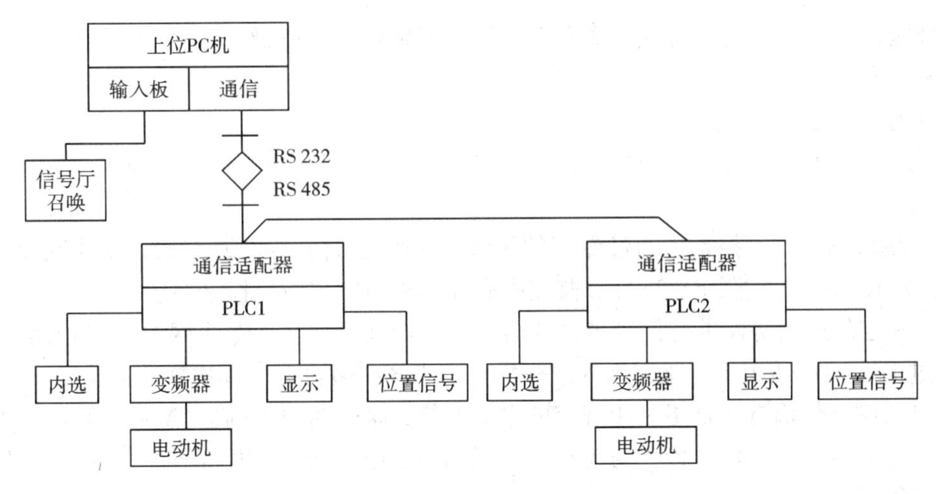

图4－24 电梯群控PLC控制方案

4. 电梯远程监控系统

电梯远程监控系统是当今电梯控制领域的先进技术，是继PLC系统硬件结构控制系统和VVVF调速系统之后又一次大的技术进步。PLC控制成功地解决了困扰电梯行业的可靠性问题，而VVVF调速系统则成功地解决了电梯运行舒适感的问题。采用电梯远程监控系统意味着可以为用户提供高层次的服务。

远程监控的主要目的是对在用电梯进行远程数据维护、远程故障诊断及处理故障的早期预告及排除，以及对电梯运行状态(群控效果、使用频率、故障次数及故障类型)进行统计与分析等。

(1)电梯远程监控的定义

电梯远程监控是指电梯服务中心的有关人员通过设在电梯维修服务中心的计算机通过电话线路或专用线路，可在任何时间、任意地点对其管辖范围内的电梯进行实时运行状态的远程监控、故障诊断及远程参数设置。电梯远程监控系统为电梯维修保养单位和电梯使用单位对在用电梯进行集中管理提供了一种强有力的手段。该系统可以在第一时间得到电梯的故障信息，并进行及时处理，变被动保养为主动保养，极大地减少故障停梯时间。通过该系统，还可以在服务中心进行远程的故障诊断与故障分析，协助现场维修人员排除电梯故障，为电梯的集中管理提供了有效的手段。

(2)电梯远程监控系统的功能

①实时监测。对电梯进行实时监测，使管理人员随时掌握各电梯的运行状况，计算机通过数据采集模块检测各部电梯的运行方式和状况、层楼位置，并累计运行次数。

②故障报警。计算机根据检测信号判断故障，当电梯出现故障时，立即发出声光报警，及时通知管理人员。

③故障诊断。对各故障现象给出专家诊断意见，包括故障现象、故障原因、解决办法，指导维护人员完成电梯修复工作，同时记录故障时间和类型。

④数据管理。数据库中存放有各部电梯的运行数据，包括电梯运行次数、故障时间、故障现象、故障原因、故障次数等数据，供管理人员查询，以随时掌握电梯运行情况。

⑤报表输出。系统设有单台电梯运行数据的日报表和月报表，以及各部电梯的运行数据

和故障数据的日报表，便于管理人员向上一级管理单位汇报电梯工作情况，并使运行数据规范化、标准化。

(3)远程监控系统分类

根据监控信号传输方法的不同，远程监控大致可分为两类，即专线传输方式和电话网络传输方式。

①专线传输方式监控是指通过专用的线缆(一般为同轴电缆或双绞线)及特定的接口电路(一般为 RS 485 或增强 RS 232)。监控中心计算机与电梯微机控制系统组成一个小的局域网，按照一定的通信协议进行信号传输及监控。一般而言，这种专线网的通信距离不长，一般不超过 1 km，仅适用于一座大厦内或一个住宅小区有多台电梯或扶梯的情况。

②电话网络传输方式是指利用现有的电话网络，通过调制解调器(Modem)作为中介，采取拨号接通的方式进行信号传输与监控。由于利用了电话网络，因而不存在通信距离的问题和干扰的问题。

就目前的情况来看，采用电话网络传输方式的监控系统已成为电梯远程监控系统的主流。专线传输方式一般只应用在特定的建筑物中，而且要进行专有设计。

(4)电梯远程监控系统的结构

电梯远程监控系统由位于控制柜中的信号采集处理计算机(前端机)、负责信号传输的电话网络与调制解调器(Modem)和向维保人员(操作员)提供监控界面的服务中心计算机(服务器)这三部分组成。其基本工作过程是：由前端机随时采集电梯的运行状态和有关信息，在电梯发生故障时，通过电话网络将故障信息传送给位于服务中心的服务器；维护人员可以在服务器上随时拨号接通前端机，通过监控窗口可以直观地观察到任意电梯的动态运行信息，并可以进行远程的故障查找或操作，如图 4－25 所示。

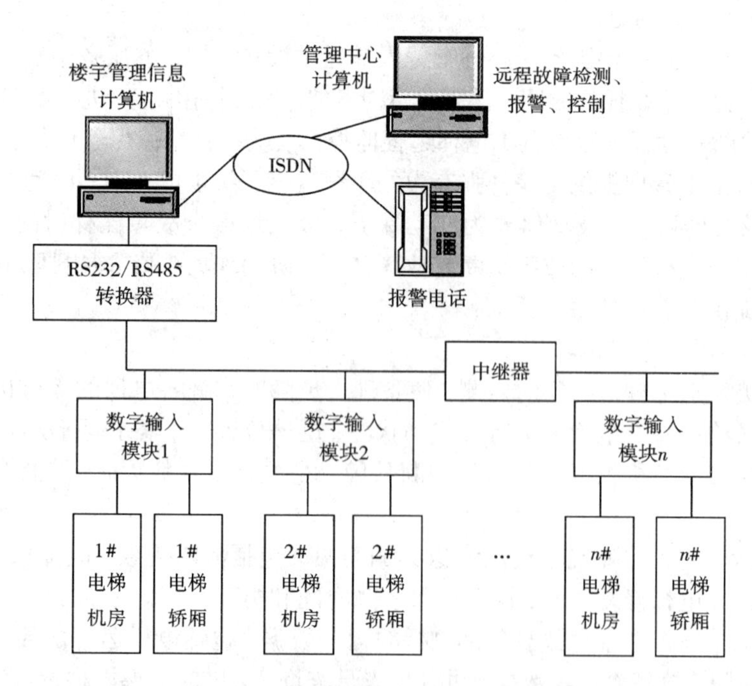

图 4－25　电梯远程监控系统的结构图

前端机即现场监控计算机，能实现现场信号的实时采集并与中心计算机的通信，故障时拨号接通主机，并支持主机主动呼叫等功能。

服务器为在监控中心安装有"电梯远程监控系统软件"的计算机。服务器负责向操作员提供监控界面。

由于远程监控系统是依赖于电话线的，所以电话网络的质量对监控系统的影响相当大。在系统设计时应充分考虑尽可能保证在线路传输质量不高的前提下做到不掉线、不误码。

(5)电梯远程监控系统的软件

系统软件由三部分构成：数据采集程序、监测程序、专家系统诊断程序。

①数据采集程序。数据采集程序完成电梯状态信号的采集工作，此程序又包括通信程序、数据采集、存储程序等子程序。通信子程序完成主监测计算机与数据采集模块的通信任务，包括设置模块地址、波特率、校验状态等；数据采集、存储子程序则主要用于采集并存储数据。

②监测程序。监测程序完成电梯运行状态的监测，包括电梯运行方式：自动、司机、检修、消防、电梯运行状态；开梯、安全、急停、门锁、开门、关门、关门到位(门区)、超载、呼梯、运行、定向、层楼指示、上下行指示等，并对数据库中提供的实时数据进行异常判断。

③专家系统诊断程序。当监测程序发现有故障时，发出故障报警，管理人员便可启动专家系统程序。专家系统诊断程序的结构如图4-26所示。

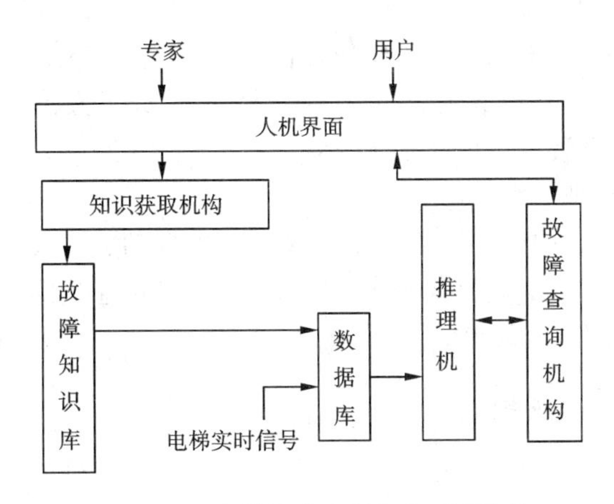

图4-26 电梯故障诊断专家系统结构

5. 电梯节能措施

电梯是智能建筑中最大的用电设备之一，据国外统计数据显示，电梯耗电要占到大楼总能耗的3%~7%。我国的VVVF电梯系统中大都采用能耗制动方式，即通过外加制动电阻的方法将电能消耗掉，大大降低了系统的效率，因此我国电梯的能耗相对来说可能还会更高一些。因此，采取有效措施降低电梯能耗，是非常必要和现实的，符合建设资源节约型社会的基本国策。

开展电梯的节能降耗工作，主要有以下几种措施：

(1)改进机械传动和电力拖动系统

电梯耗电主要在电动机上，约为电梯耗电的70%，而当完成相等的运送量时，不同电梯的耗电水平相差可达8倍。因此，对电梯电动机的节能改造或节能技术的应用尤为重要，也是电梯节能的主要应用空间。例如，将传统的蜗轮蜗杆减速器改为行星齿轮减速器或采用无齿轮传动，机械效率可提高15%～25%；将交流双速拖动（AC－2）系统改为变频调压调速（VVVF）拖动系统，电能损耗可减少20%以上；采用变频控制技术和永磁同步电机改造高耗能电梯，可取得20%～45%的节能效果。

（2）采用电能回馈器将制动电能再生利用

电梯作为垂直交通运输设备，其向上运送与向下运送的工作量大致相等，驱动电动机通常是工作在拖动耗电或制动发电状态下。当电梯轻载上行及重载下行以及电梯平层前逐步减速时，驱动电动机工作在发电制动状态下，此时是将机械能转化为电能，而过去这部分电能要么消耗在电动机的绕组中，要么消耗在外加的能耗电阻上。前者会引起驱动电动机严重发热，后者需要外接大功率制动电阻，不仅浪费了大量的电能，还会产生大量的热量，导致机房升温，有时候还需要增加空调降温，从而进一步增加了能耗。

利用变频器交—直—交的工作原理，可将机械能产生的交流电（再生电能）转化为直流电，并利用电能回馈器将直流电电能回馈至交流电网，供大楼其他用电设备使用，起到节约电能的目的。目前，对于将制动发电状态输出的电能回馈至电网的控制技术已经比较成熟，用于普通电梯的电能回馈装置可实现节电30%以上。

（3）更新电梯轿厢照明系统

使用LED光源更新电梯轿厢常规使用的白炽灯、日光灯等照明灯具，可节约照明用量60%～90%，灯具寿命是常规灯具的30～50倍。另外，LED光源使用时很少热量产生，且其工作电流多为1.4～3V直流电，安全可靠。

（4）采用先进电梯控制技术

采用目前已成熟的各种先进控制技术，如轿厢无人自动关灯技术（15 min内无外呼及内选，则轿厢照明自动切断）、驱动器休眠技术、自动扶梯变频感应启动技术、群控楼宇智能管理技术等均可达到很好的节能效果。

4.3.2 停车场管理系统

1. 停车场管理系统功能与组成

根据建筑设计规范，大型建筑物必须设置汽车停车场。一般停车场车位超过50个时，则需要考虑建立停车场管理系统（PA）。传统的人工管理停车场存在着服务效率低、管理费用高、费用流失大、车辆失盗严重等弊端。近几年，随着计算机应用领域的扩大，现代停车场管理系统得到了迅速发展。

（1）停车场管理系统的功能

停车场管理系统的主要功能有：采取不同的检测手段（如IC卡、射频卡、蓝牙卡，图像识别等）检测和控制车辆的进出；车位和车满的显示与管理，指引驾驶员迅速找到适当的停车位置；统计进出车辆的种类和数量；计费或收费并统计日进额或月进额。

（2）停车场管理系统的基本组成

基本的停车场管理系统有入口系统、出口系统和管理系统等三部分（图4－27）。入口系统主要由入口控制机、入口道闸、入口摄像机等组成；出口系统主要由出口控制机、出口道闸、出口摄像机等组成；收费管理处（管理系统）由收费管理电脑、打印机、发行器、收费显示屏等组成。

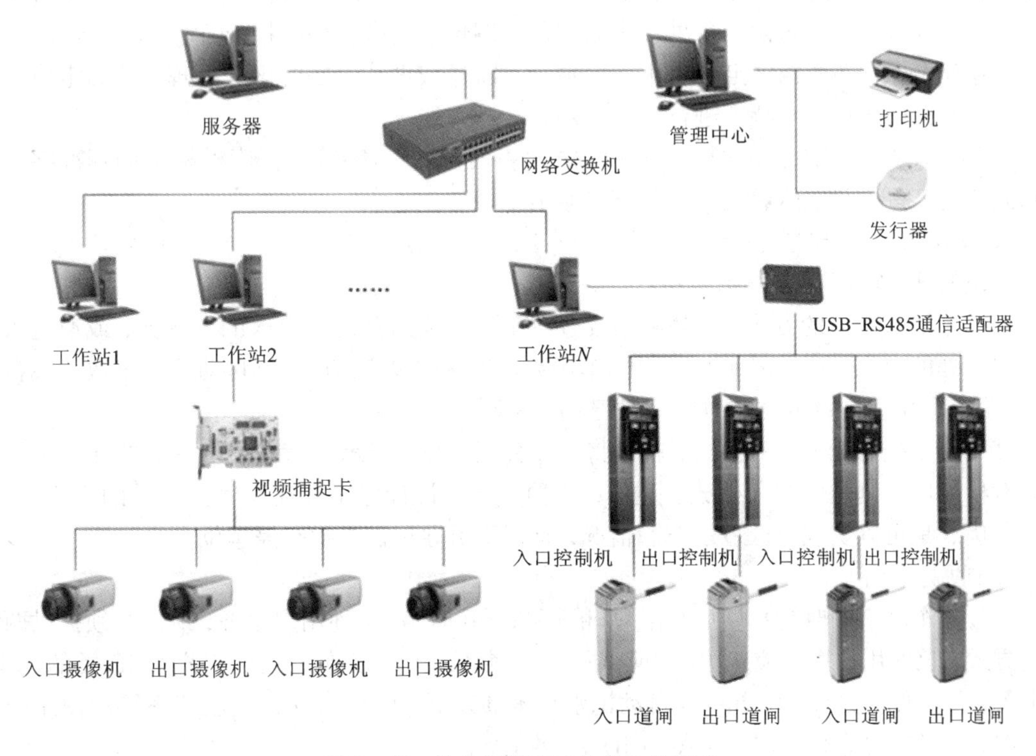

图4－27 停车场管理系统的结构组成

2. 停车场管理系统的检测与管理

（1）车辆出入的检测方式。

①IC卡、射频卡、蓝牙卡等

IC卡一般在入口处由驾驶员从发卡机领取（车辆入场时间存储在IC卡上），入口道闸自动打开，车辆驶入场内；出场时驾驶员将IC卡交还管理人员，管理人员可根据IC卡上存储的相关信息进行收费；收费完成后，管理人员打开出口道闸，车辆方可驶出。IC卡一般用于临时车辆的管理。

射频卡和蓝牙卡一般用于停车场长期用户。射频卡的识别距离相对较近，车辆出入时需由车主持卡靠近读卡器识别；蓝牙卡可安装在车辆上，当车辆到达出入口时，蓝牙读卡器可远距离读取蓝牙卡信息。读卡器读取信息后，如确认为合法用户，系统则会自动打开道闸，允许车辆驶入或驶出。

②图像自动识别。

利用车辆的动态视频或静态图像进行车牌号码、车牌颜色等的自动识别，其技术核心包括车牌定位算法、车牌字符分割算法和光学字符识别算法等。具体包括以下步骤：

a. 车辆检测：可采用埋地线圈检测、红外检测、雷达检测技术、视频检测等多种方式感知车辆的经过，并触发图像采集抓拍。

b. 图像采集：通过高清摄像抓拍主机对通行车辆进行实时、不间断记录、采集。

c. 预处理：噪声过滤、自动白平衡、自动曝光以及伽马校正、边缘增强、对比度调整等。

d. 车牌定位：在经过图像预处理之后的灰度图像上进行行列扫描，确定车牌区域。

e. 字符分割：在图像中定位出车牌区域后，通过灰度化、二值化等处理，精确定位字符区域，然后根据字符尺寸特征进行字符分割。

f. 字符识别：对分割后的字符进行缩放、特征提取，与字符数据库模板中的标准字符表达形式进行匹配判别，然后组成牌照号码输出。

（2）车位的显示与管理

一般检测“车满”的依据有两种：

①按车辆数统计的方式，就是利用设置在车道的检测器统计出入的车辆数，或通过入口处和出口处的出入车库信号来加减得到车辆数。当达到设定值时，就自动地在车数监视盘上显示“剩余车位××数量”或“现在车位已满”等字样。

②按停车处有无车位的方式，就是将车库分区，按区显示车满与否。它需要在每个停车位装有检测器检测是否有车存放。显然，这种方式的设计施工要比车辆数统计的方式复杂，但它的优点是可以实现分区显示车满情况，有利于引导车辆寻找空停车位。

（3）收费系统

一般停车场多同时为长期（月租、季租）和短期（时租）两种用户服务，所以必须提供两种计费方式：长期用户用感应式 ID 卡或 IC 卡，寿命长，使用方便；短期用户用 ID 类的磁卡、纸卡等，价格低。另外，随着图像自动识别技术的发展，图像自动识别收费系统的使用越来越普遍，它可同时为长期用户和短期用户提供服务。

3. 停车场管理系统的主要设备

停车场管理系统的主要设备有自动识别装置、收银机、泊位调度控制器、出入口票据验读器、自动道闸等。

（1）出入口票据验读器

由于停车用户一般分临时停车、短期租用停车、长期停车三种用户情况，因此需对停车人持有的票据卡上的信息做相应的区分。停车场的票据卡常见有条形码卡、磁卡、IC 卡、射频卡等，出入口票据验读器的信息阅读方式可以依卡的类型设置。

出入口票据验读器的主要功能有：

①读取票据卡的信息；

②按键发出印有时间和编号的票据；

③可与上位机通信；

④控制自动道闸；

⑤可附有“车满”显示灯；

⑥存储停车状况的信息。

入口票据验读器工作过程是：司机将卡插入验读器，验读器根据卡上的信息，判断该卡是否有效。若卡有效，则将驶入停车场时间（年、月、日、时、分）打入票据卡，同时将票据卡的类别、编号及允许停车位置等信息储存在票据验读器中并输入管理中心。电动栏杆升起车辆放行。如果票据卡无效，则禁止车辆驶入，并发出告警信号。

出口票据验读器工作过程是：司机将卡插入验读器，验读器根据卡上的信息，核对持卡车辆与凭该卡驶入的车辆是否一致，并将开出停车场的时间（年、月、日、时、分）打入票据卡，同时计算停车费用。当合法持卡人支付结清停车费用，电动栏杆升起车辆放行。

（2）电动栏杆（自动道闸）

电动栏杆（自动道闸）由票据验读器控制。电动栏杆（道闸）具有感应自控和按钮控制等多种方式，具有感应探测防砸功能，车辆过后自动复位，如道闸下落过程中遇到车辆经过，会立刻停止下落返回，以防砸车。

（3）自动计价收银机

根据停车票据卡上的信息自动计价或向管理中心取得计价信息，并向停车人显示。

（4）泊位调度控制器

当停车场规模较大，要能实现优化调度与管理，需要在每一个停车位设感应线圈或红外探测器，在主要车道设感应线圈，以检测泊位与车的占用情况。之后，在入口处与车道沿线对刚入库的车辆进行引导。

（5）车牌识别器

车牌识别器用于防止偷车。在车辆驶入车库时，摄像机将车辆外形、色彩与车牌信号送入电脑保存起来。车辆出库前，摄像机再次摄像，与前信息相对比。

（6）管理中心

管理中心由计算机、打印机和IC卡发行器等外围设备组成，配备专用的管理软件对整个停车场进行全面管理。管理中心的计算机可作为上位机通过RS 485等通信接口与下属设备连接，交换运营数据。管理中心的主要功能有：

①对停车场的所有车位进行在线监测，如图形显示功能；

②对停车场运营的数据做自动统计报表；

③收费标准设定、票据（卡、币）发放；

④先进的还可与消防系统和保安系统建立密切的联系。

4. 停车场管理系统实例

某停车场管理系统可对停车场的车辆进行月租收费管理，并且允许外来临时车辆收费进入。停车场有1个入口，1个出口，同时在出口处设1个收费管理处。如图4－28所示。

（1）系统基本功能及特点

智能卡具有防水、防磁、防静电、无磨损、信息贮存量大、高保密度、一卡多用等特点。智能卡操作刷卡无须接触，操作更为方便。全中文菜单式操作界面，操作简单、方便。完善的财务管理功能，自动形成各种报表。临时车全自动出卡，减少人员操作，自动化程度高。滚动式LED中文电子显示屏提示，使用户和管理者一目了然。独特的车牌号录入、显示系统，大大提高停车场防盗措施。出卡系统存卡量不足自动提示。车辆入、出全智能逻辑自锁控制系统，严密控制持卡者进、出场的行为符合“一卡一车”的要求。具有防抬杆、全卸荷、光电控制、带准确平衡系统的高品质挡车道闸。高可靠性和适应性的数字式车辆检测系统。压力电波和地感双重防砸车装置可保证车辆在闸杆下停留，闸杆不会落下，或即使杆轻碰到

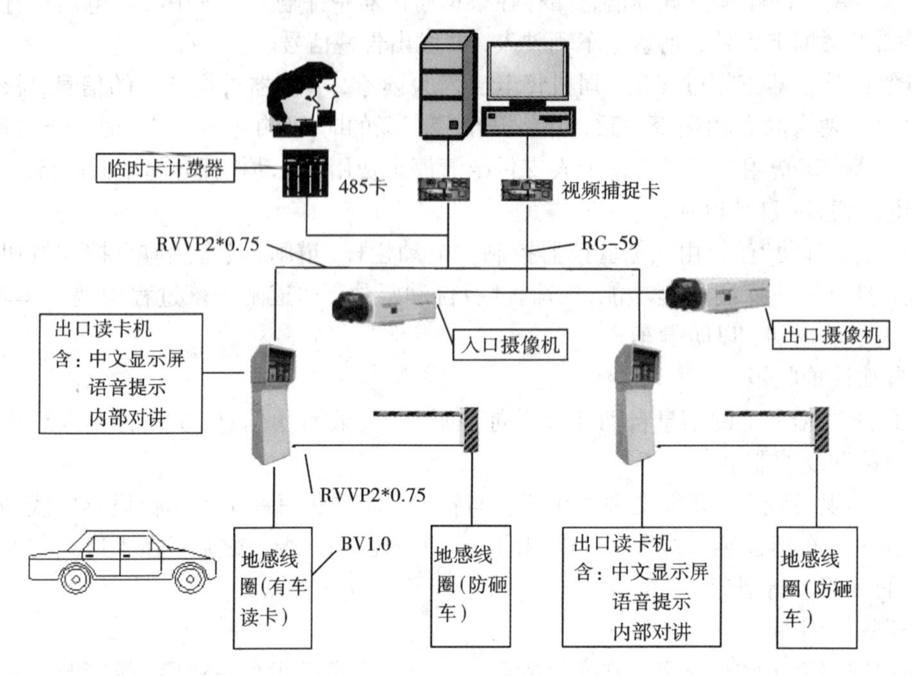

图 4-28 某停车场管理系统

车辆道闸也会停止动作并自动启杆。

(2)系统结构组成与拓扑结构

停车场管理系统的结构组成如图 4-29 所示。停车场管理系统可以采用各种网络拓扑结构，服务器与管理工作站为局域网(LAN)形式连接，计算机对下位机以 RS485 总线型连接；简洁，投入使用快，系统稳定性好。

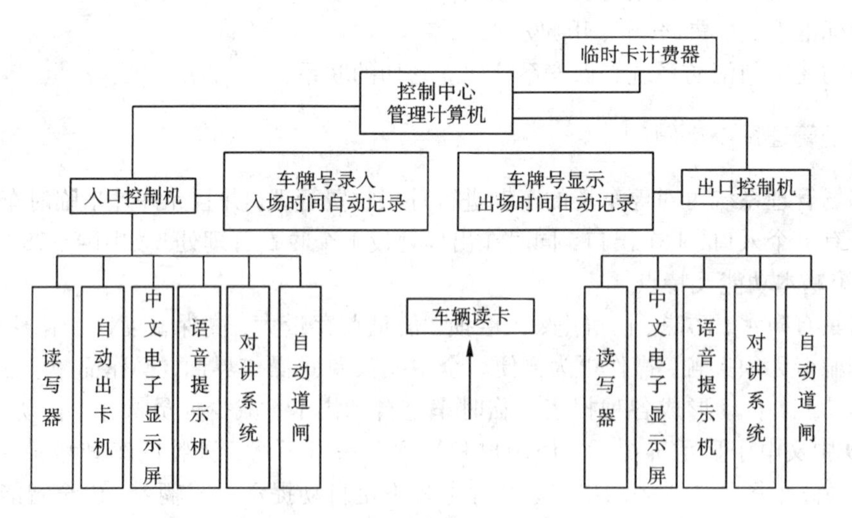

图 4-29 停车场管理系统的结构组成

(3)系统工作流程

停车场管理系统的工作流程如图4－30所示。

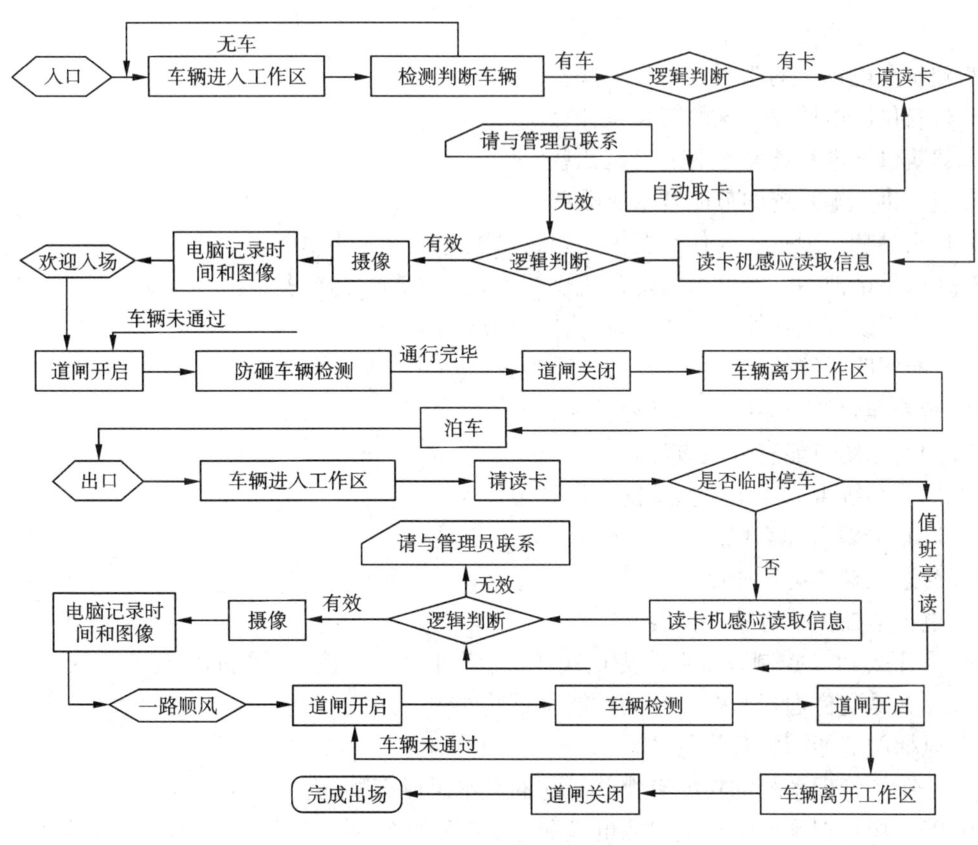

图4－30 停车场管理系统的工作流程

(4)停车场管理系统软件

系统软件是一个非接触式智能IC卡为车辆出入停车场凭证、以车辆图像对比管理为核心的多媒体综合车辆收费管理系统，用以对停车场车道入口及出口管理设备实行自动控制、对在停车场中停车的车辆按照预先设定的收费标准实行自动收费。它具有功能强大的数据处理功能，可以对停车场管理中的各种控制参数进行设置、IC卡挂失和恢复，可以进行分类查询和打印统计报表，并能够对停车场数据进行管理。有“出入管理”“联机通信”“IC卡管理”“查询管理”“报表打印”和“辅助管理”等模块。

本章重点

本章介绍了建筑电气系统的监控与节能，包括建筑供配电系统、建筑照明系统及电梯与停车场管理系统，重点为建筑供配电系统的监控内容、建筑照明系统的监控模式及电梯监控内容等。

思考与练习

1. 建筑供电系统的基本方式有哪些?
2. 建筑配电系统的基本方式有哪些?
3. 建筑供配电监控系统的特点是什么?
4. 建筑供配电系统监控的内容有哪些?
5. 建筑供配电系统的节能技术有哪些?
6. 什么是功率因数? 为什么要提高建筑供配电系统的功率因素?
7. 什么是谐波污染? 怎么治理建筑供配电系统的谐波污染?
8. 照明系统有哪些控制方式? 各有什么特点?
9. 智能照明系统的优点主要体现在哪些方面?
10. 智能建筑照明系统有哪些监控模式?
11. 照明系统节能有哪些方法?
12. 照明系统可以采用哪些节能控制技术?
13. LED 光源有什么优点?
14. 简述电梯的运行原则。
15. 电梯监控主要有哪些内容?
16. 为什么 PLC 控制系统会成为现代楼宇中、小型电梯控制系统的主流?
17. 什么是电梯远程监控? 它的功能有哪些?
18. 电梯的节能措施有哪些?
19. 停车场管理系统的功能有哪些? 它的基本组成有哪些?
20. 停车场管理系统中车辆出入的检测方式有哪些?

第5章　建筑可再生能源利用与监控

自然界中可以不断再生并有规律地得到补充的能源称为可再生能源，如太阳能和由太阳能转换而成的水力、风能、生物质能等。它们资源丰富，都可以循环再生，不会因长期使用而减少，而且在使用中几乎没有损害生态环境的污染物排放(生物质能除外)，是一种清洁能源。因此，要做到建筑的可持续发展，必须加强建筑中可再生能源的利用。但是，与煤、电、油、气等常规能源相比，可再生能源的能量密度较低并且高度分散，而且太阳能、风能等资源还具有间歇性和随机性，这就给建筑中可再生能源的利用提出了较高的技术要求。

5.1　太阳能利用与监控

太阳能的利用方式有光－热转换、光－电转换和光－化学转换等。受技术和经济因素的影响，现阶段建筑中普遍采用的太阳能利用方式是光－热转换，如采光、被动式和主动式太阳房、太阳能热水系统等，但随着技术和经济的发展，太阳能光电系统在建筑中的应用也越来越多。

5.1.1　采光与遮阳

现代建筑的一种潮流是开放与交流，即追求开放的空间与开阔的视野。受此潮流的影响，透明玻璃在现代建筑上得到了越来越多的应用。但是玻璃的使用有其局限性：如建筑物内部的温室效应，强烈日照对室内装修及家具的损伤等。在冬季，人们需要享受阳光，希望尽可能将室外光能导入室内。而在夏季，隔热降低空调负荷则成为建筑设计的主导思想。于是，人们努力去寻求一种既能透过自然光又能避免热损失的理想方案。

1. 自然采光及控制

发达国家照明能耗占总能耗的9%以上，我国发达地区的照明能耗占总能耗的6%～9%。以美国为例，每天花在照明上的费用高达1亿美元以上，占全部发电量的1/4左右。因此，从20世纪90年代初开始，建筑节能和绿色人居环境日益受到重视，利用室外自然光代替人工照明技术开始受到关注。

利用自然采光，不仅可以节约能源，并且在视觉上更为习惯和舒适，在心理上能和自然接近、协调。自然光无频闪，有利于保护视力和改变人长期在灯光下引起的灯光疲劳症(头晕头痛、眼睛干酸、心烦失眠、长期紧张疲劳甚至心动过速)，以及满足人们对自然光的心理需求。因此，在建筑中，应尽量利用自然采光。

(1)直接自然采光

为了获得自然光，人们在建筑外围护结构上(如墙和屋顶等处)开设各种形式的洞口，装上各种透明材料，如玻璃或有机玻璃等，以免遭受自然界的侵袭(如风、雨、雪等)，这些装有透明材料的孔洞统称为采光窗(口)。按照采光窗所处位置，可分为侧窗(安装在墙上，称侧面采光)和天窗(安装在屋顶上，称顶部采光)两类。有的建筑兼有侧窗和天窗两种采光形式，成为混合采光。

除了采光窗(口)外，现代建筑还可利用玻璃幕墙进行直接采光。金属玻璃幕墙具有轻量化、不燃、耐震、施工迅速等优点，在现代都市高楼化，防火、防震、施工安全的要求前提下，使用越来越普遍。金属玻璃幕墙可以减少传统混凝土外墙大量的钢筋、混凝土使用量，对于减少高耗能建材使用所达到的节约能源、资源有很大的帮助，且金属玻璃幕墙较易于回收利用，也可达到环保的目的。

为避免直接自然采光照度不够时影响室内光环境，可以根据室内照度采用光电联动控制方法对室内人工照明控制以弥补自然采光的不足。光电联动控制的参考点高度一般为工作面高度(0.9 m左右)，每个房间可选择两个点，在室内呈对角线分布，两点离墙壁水平距离均为1 m。考虑到房间人员位置分布和照度需求，各个权重系数分别为0.5，参考照度为500 lx。室内灯光控制可分为多级(一般为4级)，当室内参考照度不够500 lx时，灯光则根据参考点照度大小进行自动分级控制。

(2)光导照明

对于一些不能直接利用自然光直接照明的场所，如地下室、内廊等，可以采用光导系统进行照明，如图5-1所示。光导照明系统是20世纪末国外发展起来的一种新型照明装置，这种装置无须消耗任何能源，可以把自然光进行重新分配，从室外传输到室内任何需要光线的地方，以得到由自然光带来的特殊照明效果。

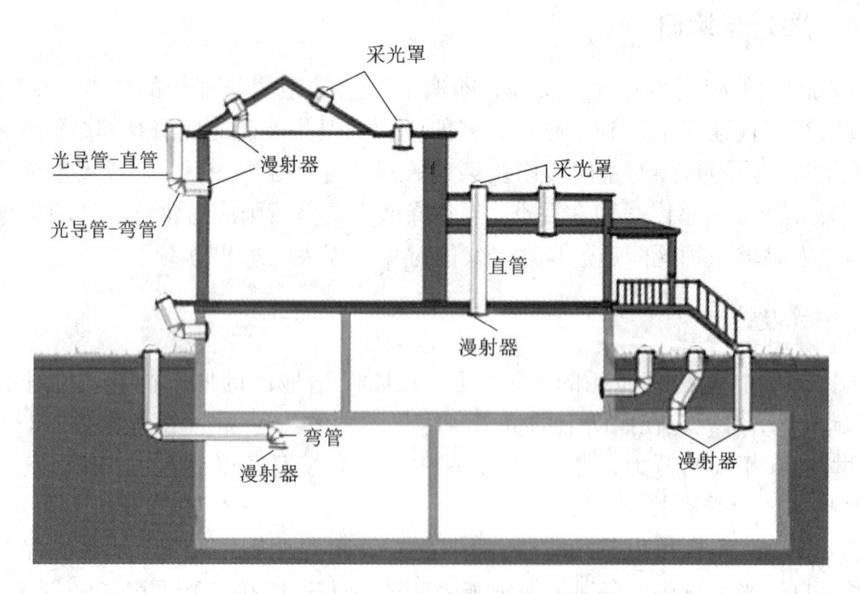

图5-1 光导照明系统

光导照明系统不受朝向和窗户开启的影响，光导管超强反射，可增加光线强度；采用自然光照明，光线柔和，不产生眩光，一天内光线随时间变化，能改善人体机能，促进身心健康；利用光导管将太阳光导入到室内进行采光，可以有效地减少白天建筑物对人工照明能源的消耗；系统结构简单，安装方便，适用于各种房屋的屋顶，且使用寿命长，无须维护；系统全封闭结构，防灰尘和飞虫进入，具有隔热和隔音的功能。因此，光导照明系统是目前世界普遍推崇的一种健康、节能和环保的新型照明系统。

光导照明系统的结构主要分四部分：一是采/聚光部分，采光罩由透光性强的特殊材料做成，表面有三角形全反射聚光棱；二是光导部分，一般是由三段光导管组合而成，光导管内壁为高反射材料，反射率可达90%以上，光导管还可以旋转弯曲重叠来改变光导角度和长度；三是散光部分，为采用特殊材料制作的漫射器，可避免眩光现象的发生；四是光电切换装置。

光导照明系统的采/聚光部分可采用太阳跟踪装置根据太阳的运动而调整方向。太阳跟踪装置包括跟踪传感器、微电脑控制器和双轴马达传动机构，控制程序中设有计时功能，可根据年、月、日、时确定太阳的位置，使透镜面向太阳。由于其控制程序是以地理位置为依据设计的，因此在不同的地点需要对控制程序进行修正。

太阳光在不同的时间有不同的强度，因此在黄昏及阴天的时候不能有效地发挥光导照明系统的功能。为保证光导照明系统的正常使用，必须在光导照明系统的末端安装光电转换装置，以备补充使用。即当室内照度低于设计值，可以自动或采用手动方式切换为普通的电力照明。

2. 遮阳及其控制

通过窗和玻璃幕墙采光时，直射日光透过玻璃照射到室内会影响室内的照度分布，产生眩光和辐射热，损害室内物品，另外，在夏季，阳光透过玻璃射入室内，是造成室内过热的主要原因。特别在南方炎热地区，如果人体再受到阳光的直接照射，将会感到炎热难受。因而要对窗和玻璃幕墙采取适当的遮阳并根据需要进行一定的调节。

遮阳一方面可阻挡阳光直射辐射和漫射辐射得热，控制热量进入室内，降低室温、改善室内热环境，使空调高峰负荷大大削减；另一方面，通过调节适量的阳光进入室内，有利于人体视觉功效的高效发挥和生理机能的正常运行，让人感到舒适，给人愉悦的心理感受。所以遮阳是对太阳光的一种合理利用，根据建筑物所处地域在不同季节的日照角度、日照时间长短以及周边环境，通过遮阳角度的合理布置，对光线的反射、折射进行综合考虑及调配，达到对光线的合理运用。夏天，强烈的光线被挡在室外，防止过多的热量进入室内；冬季，温暖的阳光被折射进室内成漫散光状态，改善室内光环境和热环境。

遮阳分为外遮阳和内遮阳。一般来说，外遮阳的效果要好于内遮阳，但内遮阳安装、维护方便，对建筑外观无影响，因此使用较多。从遮阳材料与建筑结合的形式来划分，遮阳系统可分为如下几类：卷帘遮阳系统、百叶帘遮阳系统和百叶板遮阳系统。另外，根据需要遮阳的部位，遮阳可以分为外窗遮阳、天窗遮阳、玻璃幕墙遮阳等，这些不同材料和不同部位的遮阳需根据它们各自的特点采用不同的控制方法。

(1)卷帘遮阳系统

遮阳卷帘可以安装在室内，亦可安装在室外，它通过电机驱动遮阳帘运转。根据功能要求的不同，卷帘可在设定的上、下及中间限位自动停止，亦可在运行中间强制停止。图 5-2 为某建筑安装的电动布卷帘外遮阳，其遮阳系数(SC)夏季为 0.33，透光率不大于 2%，它可以根据室外太阳辐射强度和室内采光要求，自动伸缩改变遮阳面积。

图 5-2 电动布卷帘外遮阳

(2)百叶帘遮阳系统

百叶帘可以安装在室内，亦可安装在室外，还可安装在双层玻璃之间。根据材料的不同，百叶帘分为铝百叶帘、木百叶帘和塑料百叶帘等。一般来说，铝百叶帘更多地应用于商业楼宇，木百叶帘大多见于住宅。

百叶帘可自动调整角度来改变进光量。当光线强烈、太阳辐射量大的时候，遮阳百叶片将自动旋转遮光，而当风力超过设定的风速时，遮阳百叶将自动收起，可避免百叶帘受到强风的破坏。由于百叶帘既可以升降，又可以调节角度，在遮阳与采光、通风之间达到了平衡，因而在办公楼宇及民用住宅上得到了广泛的应用。

图 5-3 为百叶帘遮阳在双层通透玻璃幕墙中的应用，它通过智能控制系统，可获得自然光线并可根据阳光强弱程度调节百叶角度及升降开启，有效控制光线和热量的吸收，另外，还可在内外玻璃之间设置排风系统，将玻璃内的热空气排出，更好地保证了节能效果。

(3)百叶板遮阳系统

百叶板遮阳系统通过安置在玻璃幕墙或天棚外的遮阳百叶板，翻转角度来改变采光和遮阳效果，同时可调控通风效果(图 5-4)。该系统与百叶帘遮阳系统的区别在于百叶板一般只安装在室外且只能翻转角度，不能上下升降。另外，百叶板的宽度一般较百叶帘的宽度要宽。

由于铝金属的结构特性及耐气候性，使得铝遮阳板成为该遮阳系统最常见的遮阳板材料。采用高性能的隔热和热反射玻璃制成的遮阳板，其材质的视觉通透性，满足了开阔视野与遮阳结合的要求。另外，高品质的木板以及具有光电转换功能的遮阳板也在国外发达国家得到应用。

百叶板遮阳系统的驱动装置可采用轴推式开窗机，通过总线控制系统，结合光、风、雨等感应装置，实现整幢大楼或大面积的遮阳系统的智能联动。

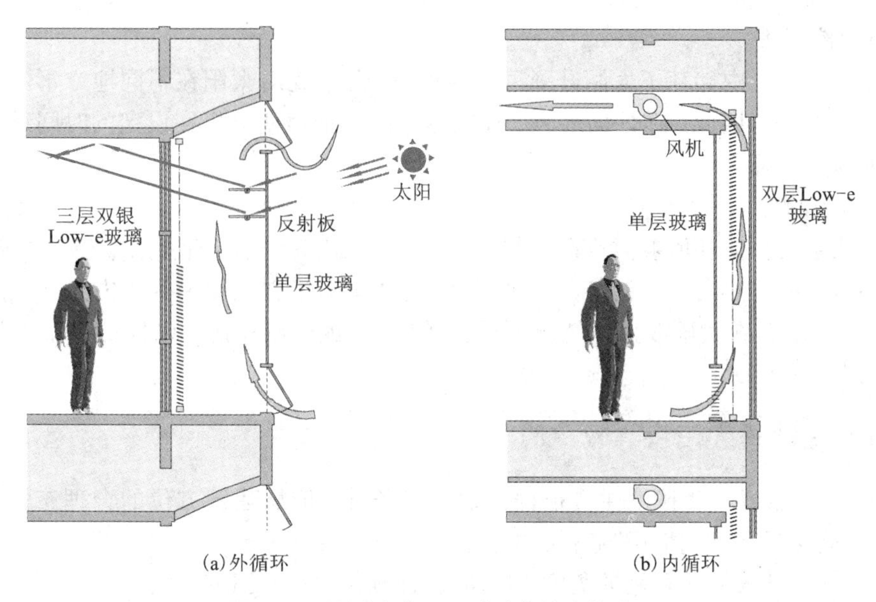

(a)外循环 (b)内循环

图5-3 百叶帘在双层玻璃幕墙中的应用

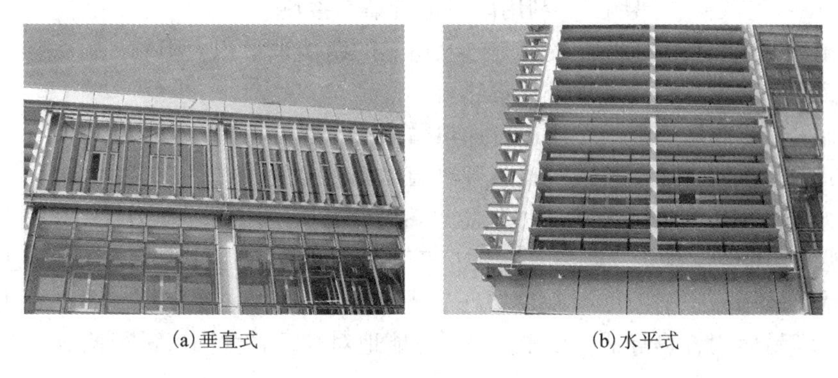

(a)垂直式 (b)水平式

图5-4 百叶板遮阳

3. 采光/遮阳智能控制系统

采光/遮阳系统能够实现节能的目的，主要是依靠它的智能控制系统，它涉及周围气候测量、制冷机组运行信息采集、电力系统配置、楼宇控制、计算机控制、外立面构造等多方面的因素。由于智能控制系统能够自动调节遮阳的面积和位置，同时也可以遮挡外界视线，保护视觉的私密性，因此在现代建筑中得到越来越多的应用。

采光/遮阳智能控制系统可以实现全面多种控制，以满足建筑物的特殊需求。例如：可以基于室内光线及温度的变化进行设置；可以对真实情境按照预置做出反应，如用外部光线传感器来监控阳光等级，当超过临界值时，遮阳系统就会进行相应的动作；延时技术的引入可以使整个控制系统更加可靠，避免了遮阳设施随光线等级短时间的变化而频繁动作，延长了设备的使用寿命，同时也减少了对室内人员的干扰；遮阳系统的开闭控制还可以更深入地整合进楼宇管理系统中，如出现火险时，遮阳帘等可以强制全部收起，让浓烟迅速排出。

采光/遮阳智能控制系统的控制方法主要有以下两种：

(1)时间控制法

这种方法在系统内储存了太阳升降过程的记录，并事先对太阳在不同地方不同季节的起落时间进行了调整。因此，在任何地方，控制器都能准确地使电机在设定的时间进行遮阳板角度调节或窗帘升降。

(2)环境控制法

这种方法主要根据环境参数进行控制，它安装有太阳光强、风速、雨量、温度等传感器，在使用中根据这些传感器测得的参数对遮阳设施进行控制，在获得最优室内光环境的同时尽量减少能源消耗，并在大雨或强风情况下及时关闭/收拢遮阳设施，以保护遮阳设施不会受到破坏。

5.1.2 被动式太阳房

太阳塔

被动式太阳房主要根据当地气候条件，依靠建筑方位的合理布置，使建筑能尽量地利用太阳的直接辐射能。

从太阳热利用的角度，被动式太阳房可分为几种类型：

①直接受益式：利用南窗直接照射的太阳能；

②集热蓄热墙式：利用南墙进行集热蓄热；

③附加阳光间式：利用阳光间的热空气及蓄热的南墙来蓄积太阳能；

④屋顶集热蓄热式：利用屋顶进行集热蓄热；

⑤自然循环式：利用热虹吸作用进行加热循环；

⑥组合式：温室和直接受益式及集热蓄热墙式相结合的方式。

被动式太阳房不需要安装复杂的太阳能集热器，也不使用循环动力设备，完全依靠建筑结构造成的吸热、隔热、保温、通风等特性，来达到冬暖夏凉的目的。在冬季遇上连续坏天气时，可能需要采用一些辅助能源补助；正常情况下，早、中、晚室内气温差别也很大。因此，为更好地满足使用者热舒适的要求，应尽可能地对被动式太阳房进行调节。

1. 直接受益式太阳房

直接受益式(图5－5)结构最简单，房屋本身就是集热－蓄热器，利用向阳面的大玻璃窗(在严寒地区最好采用双层玻璃)接受日光的直接辐射，房屋地板和墙体采取符合吸热的措施做成蓄热结构，如深色水泥地板或铺砖等。白天利用其蓄积太阳能，晚间这些表面则又成为散热表面。

直接受益式太阳房一般要求南向或者屋顶开设较大的采光窗。为了防止夜间散热过多，这些采光部位必须有保温措施，以改善其热工性能。为了防止夏天过热，还必须采取遮阳措施或者挑檐结构。由于直接受益式获得的太阳能有限，整幢建筑必须有良好的保温性能才能使此系统发挥作用，因此屋顶和墙壁也要作保温处理，如加装泡沫塑料吊顶或护壁，以防止热量散失，夜晚为防止热量过度散失而增加热负荷，可采用保温卷帘加以遮挡。另外，白天较强的自然光可通过反射装置将其反射至天花板或地板，抑制眩光，形成非直射光线对室内进行自然光照明，可节约能源。综合考虑自然光照明及采暖因素，应合理选择窗框和玻璃种类及层数，保证密闭隔热，并确定合理的窗墙比和窗地比。有研究表明，双层玻璃加密封窗框并结合防止眩光的可调百叶为最佳选择之一。

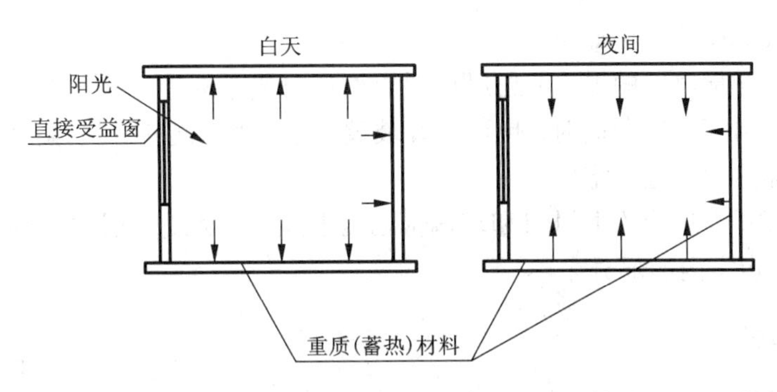

图5-5 直接受益式被动太阳房

2. 集热蓄热墙式

蓄热墙的方法是1967年法国国家科学研究中心太阳能研究室主任特朗勃教授提出的，国际上一般称为“特朗勃墙”。后来，在实用中，建筑师米谢尔又做了不少工作，所以在太阳能界也称之为“特朗勃-米谢尔墙”。当蓄热墙应用于建筑物向室外排风时，也称之为太阳能烟囱。其工作原理均是在朝南向墙的外表面涂以深色选择性涂层，并在离墙一定距离处(一般为100 mm)装上玻璃形成空气夹层，利用“烟囱效应”原理加热夹层内的空气，从而产生热压驱动空气流动。

集热蓄热墙式不完全靠太阳光直接射入室内。冬季主要是利用南向垂直集热墙吸收穿过玻璃采光面的阳光，墙体温度升高，将玻璃与墙体之间的空气加热，由于热空气比重轻，即形成上升的热气流通过上风口进入室内采暖，而室内底层较凉的空气由下风口自动吸入空气通道形成循环。夏日时，空气加热后从排风孔排出，打开北面小窗，凉风进入室内，加强了空气对流，使室温得到下降。因此，蓄热墙的外表面一般被涂成黑色或某种暗色，以便更有效地吸收阳光。图5-6中(a)和图5-6(b)分别表示冬季和夏季的运行工况。

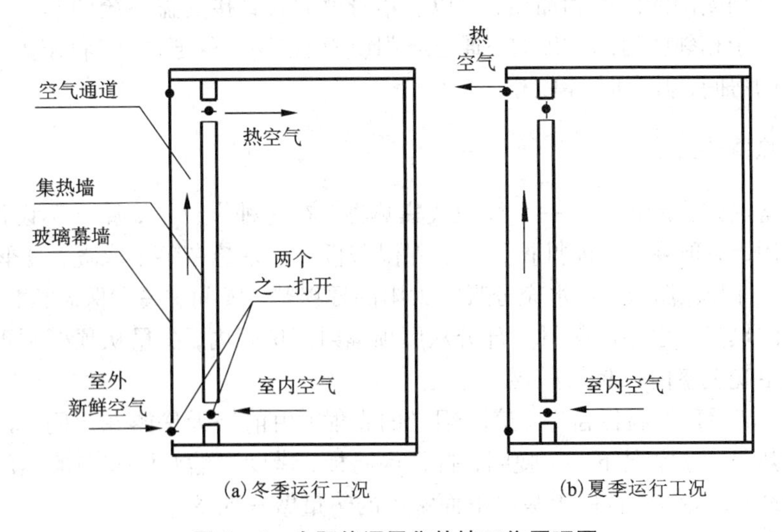

图5-6 太阳能通风集热墙工作原理图

集热蓄热墙式的调节方法如下：

①冬季通过打开集热墙的上、下通风口形成循环对流来对室内空气进行加热，当需要新鲜空气或室外空气温度比较合适时，也可打开玻璃幕墙下面的进风口、关闭集热墙的下风口来对室外空气先加热后再进入室内。

②夏季则只打开集热墙的下风口和玻璃幕墙的上风口，利用夹层空气的热压流动来防止室内过热，同时带走室内的部分余热。

3. 附加阳光间式

附加阳光间系统和集热蓄热式系统接近，只不过将玻璃幕墙改做成一个阳光间，利用阳光间的热空气及蓄热的南墙来蓄积太阳能。阳光间内的南墙可以开窗，将阳光间内的热空气导入室内。这种系统结构简单，对建筑外立面影响小，如图 5 -7 所示。

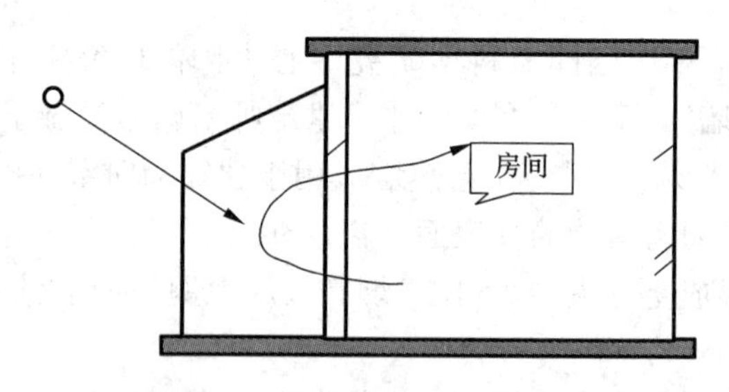

图 5 -7　附加阳光间式太阳房

这种太阳房是直接受益和集热墙技术的混合产物。其基本结构是将阳光间附建在房子南侧，中间用一堵墙(带门、窗或通风孔)把房子与阳光间隔开。实际上在一天的所有时间里，附加阳光间内的温度都比室外温度高，因此，阳光间既可以将太阳热能供给房间，又可以作为一个缓冲区，减少房间的热损失，使建筑物与阳光间相邻的部分获得一个温和的环境。由于阳光间直接得到太阳的照射和加热，所以它本身就起着直接受益系统的作用。白天当阳光间内空气温度大于相邻的房间温度时，通过开门(或窗或墙上的通风孔)将阳光间的热量通过对流传入相邻的房间，其余时间关闭。

4. 屋顶集热蓄热式

屋顶集热蓄热式将屋顶做成一个浅池式集热器，在这种设计中，屋顶不设保温层，只起承重和围护作用，池顶装一个能推拉开关的保温盖板。该系统在冬季取暖，夏季降温。

冬季白天，打开保温板，让水充分吸收太阳的辐射热；晚间，关上保温板，水的热容大，可以储存较多的热量。水中的热量大部分从屋顶辐射到房间内，少量从顶棚到下面房间进行对流散热以满足晚上室内采暖的需要。

夏季白天，把屋顶保温板盖好，遮断阳光的直射，由前一天暴露在夜间、较凉爽的水吸收下面室内的热量，使室温下降；晚间，打开保温板，借助自然对流和向凉爽的夜空进行辐射，冷却池内的水，又为次日白天吸收下面室内的热量做好准备。

用屋顶作集热和蓄热的方法，不受结构和方位的限制。用屋顶作室内散热面，能使室温均匀，也不影响室内的布置。其较好的蓄热性也使空调负荷得以降低，减轻了环境负荷。

该系统适合于南方夏季较热，冬天又十分寒冷的地区，如夏热冬冷的长江两岸地区，为一年冬夏两个季节提供冷、热源。

5. 自然循环式

自然循环被动太阳房的集热器、储热器与建筑物分开独立设置，它适用于建在山坡上的房屋。集热器低于房屋地面，储热器设在集热器上面，形成高差，利用流体的热对流循环。白天，太阳集热器中的空气（或水）被加热后，借助温差产生的热虹吸作用，通过风道（用水时为水管），上升到它的上部岩石储热层，热空气被岩石堆吸收热量而变冷，再流向集热器的底部，进行下一次循环。夜间，岩石储热器通过送风口向采暖房间以对流方式供暖。

该类型太阳房有气体采暖和液体采暖两种。由于其结构复杂，应用受到一定的限制。

6. 组合式

几种基本类型的被动式太阳房都有它们的独特之处。把由两个或两个以上被动式基本类型组合而成的系统称为组合式系统。不同的采暖方式结合使用，就可以形成互为补充的、更为有效的被动式太阳能采暖系统。图5－8是由直接受益窗和集热墙两种形式组合而成的组合式太阳房，可同时具有白天自然照明和全天太阳能供热比较均匀的优点。

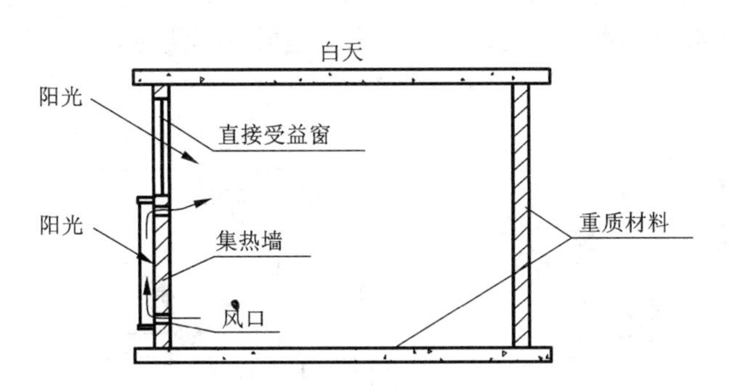

图5－8 直接受益窗和集热墙组合式太阳房

5.1.3 太阳能热水系统

太阳能热水系统是太阳能利用中使用得最多、最广泛的装置，它通常由集热器、储热水箱、循环管路、阀门及控制元件等主要部件所组成。根据需要还可以加配辅助能源（如电热器等），以供无日照时使用。如系统采用强迫循环，必须还有水泵等部件。

1. 系统形式

太阳能热水系统可以单独设置，也可以和建筑结合成一体。根据热水的循环形式，太阳能热水系统可以分为自然循环式和强迫循环式。

（1）自然循环式

自然循环式的储水箱置于集热器的上方。水在集热器中由于太阳辐射而被加热，温度上升，使得集热器和储水箱中水温不同。由于水的密度差而引起浮升力，产生热虹吸现象，使水在储水箱和集热器中作自然流动(图5－9)。自然循环式不需要水泵和有关的控制元件，因而使用、维护都很方便。

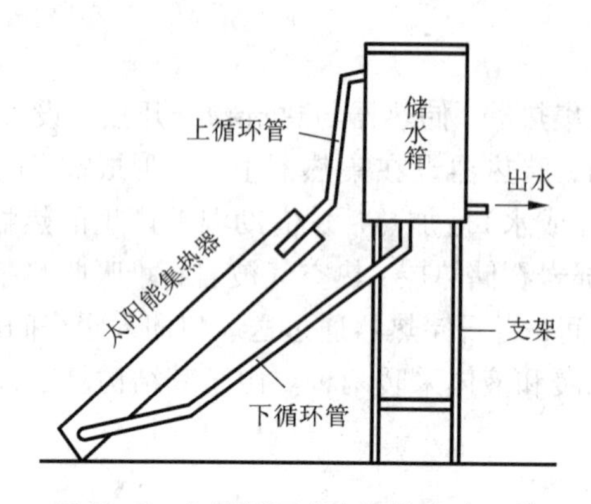

图5－9　自然循环式太阳能热水系统

(2)强迫循环式

强迫循环式利用水泵使水在集热器与储水箱之间循环。它的特点是储水箱的位置不受集热器位置的制约，可任意设置，可高于集热器，也可低于集热器。它是通过水泵将集热器接收太阳辐射的水与储水箱的水进行循环，使储水箱内的水温逐渐增高，如图5－10所示。

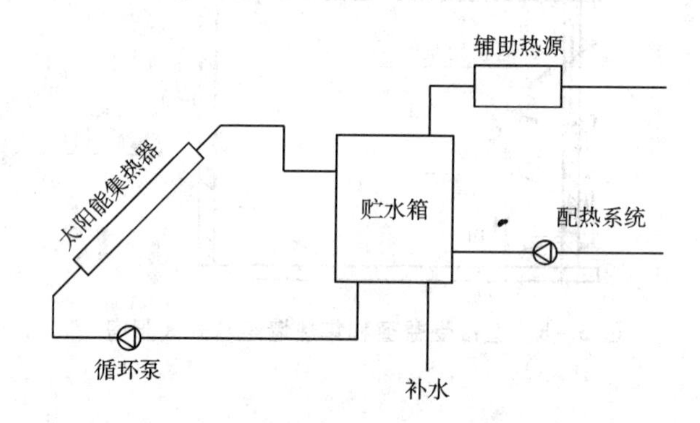

图5－10　强迫循环式太阳能热水系统

2. 控制内容

太阳能热水系统控制设计时需要考虑到所有可能的运行模式，如集热、放热、停电保护、辅助加热、过热保护、排水等。控制系统要遵循简单可靠的原则，选择可靠的控制器和温度传感器。

(1)运行控制

太阳能热水系统的运行控制方式主要有定温控制、温差控制、光电控制、定时器控制四种。定温控制和温差控制是指以温度或温差作为驱动信号来控制系统阀门的启闭和泵的启停，是最为常见的控制方式。光电控制一般指设置光敏元件，在有太阳辐射时控制集热系统运转采集太阳能，没有太阳辐射时集热系统停止运行并采取相应的防冻措施。定时器控制是指通过设定的时间来控制集热系统的运行。

自然循环式可采用定温放水的控制方式。当水箱上部水温升高到预定界限时，置于水箱的电接点温度计发出信号，通过继电器打开水管上的电磁阀，将热水存于储水箱内。同时循环水箱内有冷水补入，当水温低于规定界限时，电磁阀关闭。这样周而始复地向储水箱中输送恒定温度的热水供使用，如图 5－11 所示。

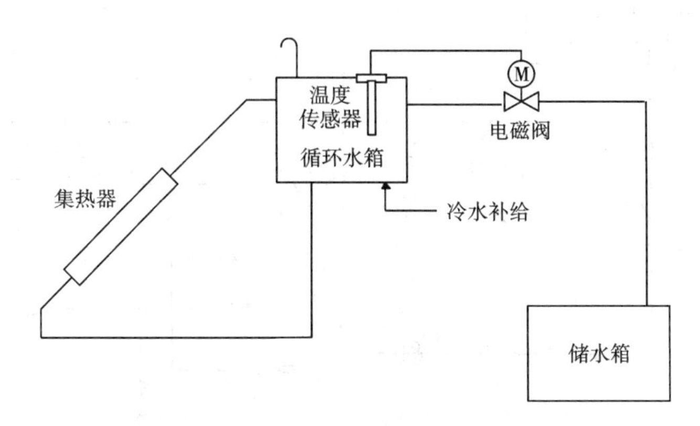

图 5－11　太阳能热水系统定温放水控制方式

强迫循环式一般采用温差控制。直接强迫循环系统温差控制方式如图 5－12，间接系统的控制方式如图 5－13。温度控制器 S1 和 S2 分别设置在集热器出水口和贮热水箱底部，温度传感器的信号送到控制器 T1 中。当两者温差大于某一数值时(一般设定为 5～10℃)，控制器控制循环泵 P1 开启将集热器热水输送到贮热水箱；当两者温度差小于设定值时(一般设定为 2～5℃)，循环泵停止工作。控制器中的温差设置可以根据现场情况调节，一般间接系统取上限，直接系统取下限，且应避免水泵的频繁启动。

强迫循环式也可采用定温控制。当集热器顶端水温高于贮热水箱底部水温一定温度时，控制装置启动水泵使水流动。水泵入口处装有止回阀，以防止夜间水由集热器逆流，引起热损失。水泵的运转由集热器出口的恒温器控制。一般集热器出口水在 55℃时开动水泵，50℃左右停止水泵。

(2)防冻控制

太阳能热水系统在冬季温度可能低于 0℃的地区使用时需要考虑防冻问题。对较为重要的系统，即使在温和地区使用也应考虑防冻措施。开始执行防冻措施的温度一般取 3～4℃。自然循环系统往往采用手动排空的方式来防止冻结，在严寒地区一般不推荐使用，因此主要是强迫循环系统的防冻控制。

强迫循环的直接系统一般建议在温度不是很低，防冻要求不是很严格的场合使用。一般采用如图 5－14 所示的排空系统。当可能会有冻结或发生停电时，系统自动通过多个阀门的启闭将太阳能集热系统中的水排空，并将太阳能集热系统与市政供水管网断开。当使用排空系统时，对集热系统的集热器和管路的安装坡度有严格要求，以保证集热系统中的水能完全排空。

对强迫循环的间接系统一般可采用排回系统或采取在太阳能集热系统中充注防冻液作为传热工质的防冻液系统。

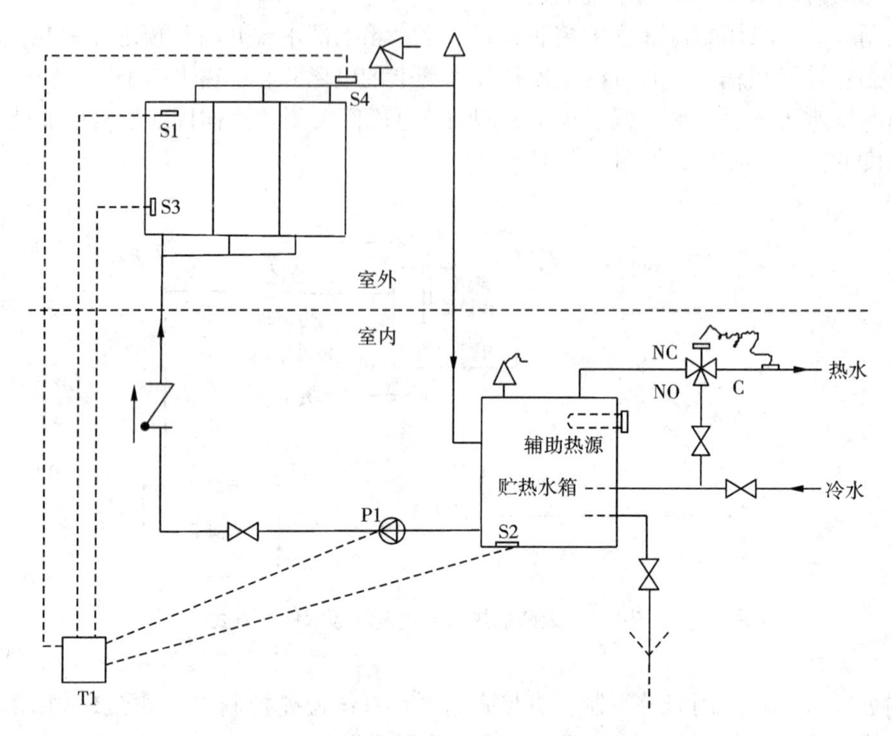

图 5－12　直接强迫循环系统温差控制方式

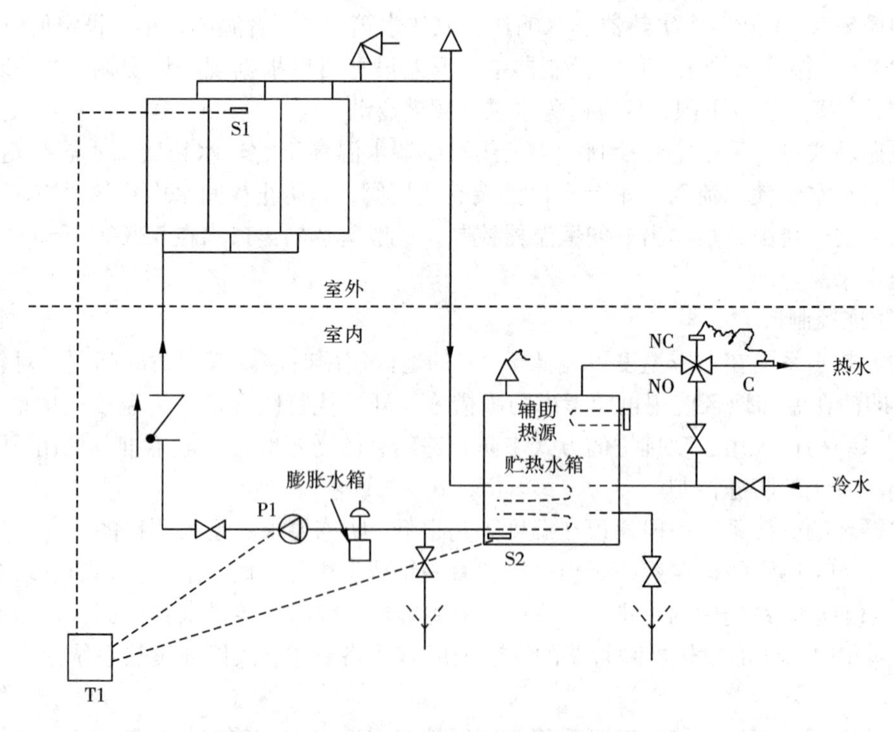

图 5－13　间接强迫循环系统温差控制方式

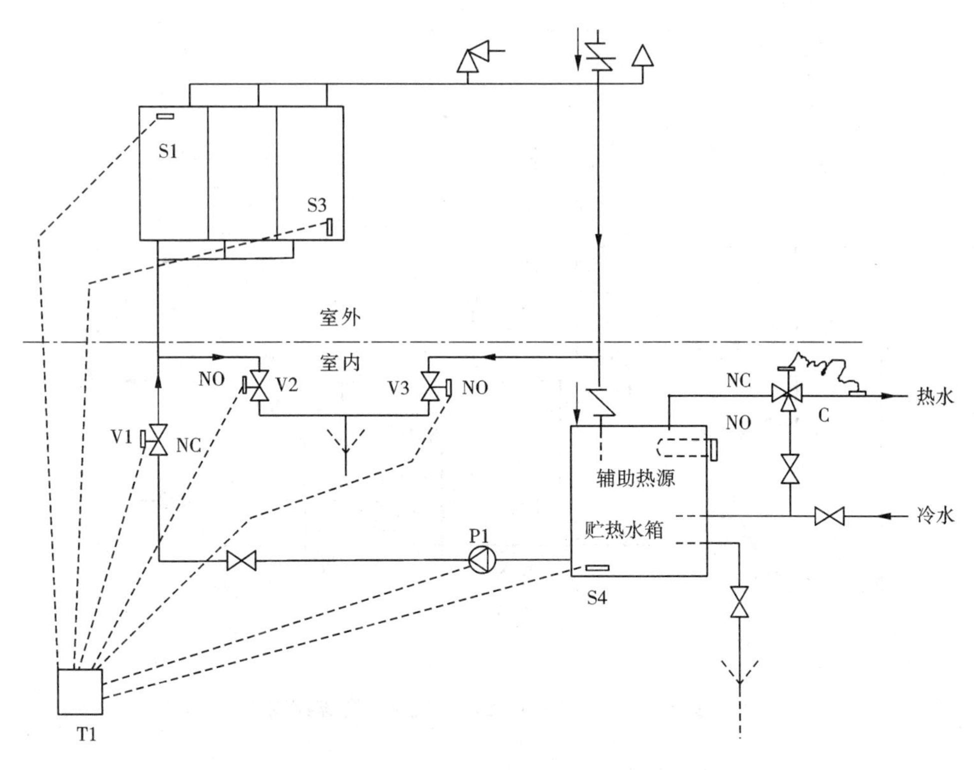

图 5 – 14 直接强迫循环系统防冻控制

在排回系统中，一般集热器依然采用水作为热媒。如图 5 – 15 所示，除贮热水箱外，系统中还设了一个贮水箱贮存防冻控制实施时从集热系统排回的水。当太阳能集热系统出口水温低于贮存水箱水温时，太阳能集热系统停止工作，循环泵关闭，太阳能集热系统中的水依靠重力作用流回贮水箱。排回系统在冻结现象不会频繁发生的地区使用具有较大优势。首先，集热器和相关管路中的热媒夜间贮存在贮水箱中，在第二天不用浪费太阳能进行再次加热；其次，集热系统可以使用无腐蚀、传热性能较好的水作为热媒，系统的效率可以提高。但是，在太阳辐射高峰时期，如果冻结危险解除或电力恢复，太阳能热水系统自动恢复运行，将贮水箱中的水泵入高温的太阳集热器中，会对集热器造成严重的热冲击，容易损坏集热器，需要采取相应的防护措施，在集热器空晒温度过高时集热系统不会自动恢复运行。

防冻液系统（图 5 – 16）在工程使用中最为常用。由于防冻液系统是闭式系统，集热系统循环水泵的扬程只需克服管路阻力，不用考虑集热器的安装高度，因此集热器的放置位置没有严格限制。此外，防冻液系统也没有严格的管路坡度要求，管路系统中常用的防冻剂主要为乙二醇溶液，其他可供选用的防冻液还包括氯化钙、乙醇（酒精）、甲醇、醋酸钾、碳酸钾、丙二醇和氯化钠等。由于防冻液通常有腐蚀性，因此系统采用的热交换器一般需要双层结构以免污染生活热水或生活热水进入防冻液对防冻液的功能产生影响。防冻液的组成成分对其冰点有关键性影响，集热系统不应设自动补水，也不应设自动放气阀，以免破坏防冻液成分。防冻液的选择对系统的性能影响很大，需要谨慎选取防冻液类型。防冻液根据生产商要求应定期更换，没有具体要求时最多 5 年必须进行更换。

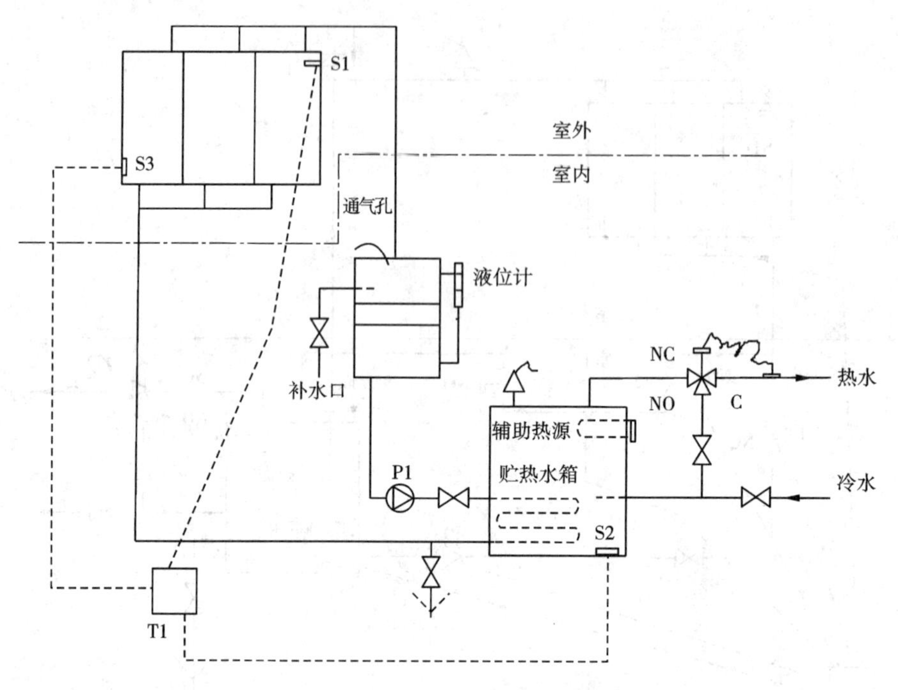

图 5－15 间接强迫循环系统排回防冻控制

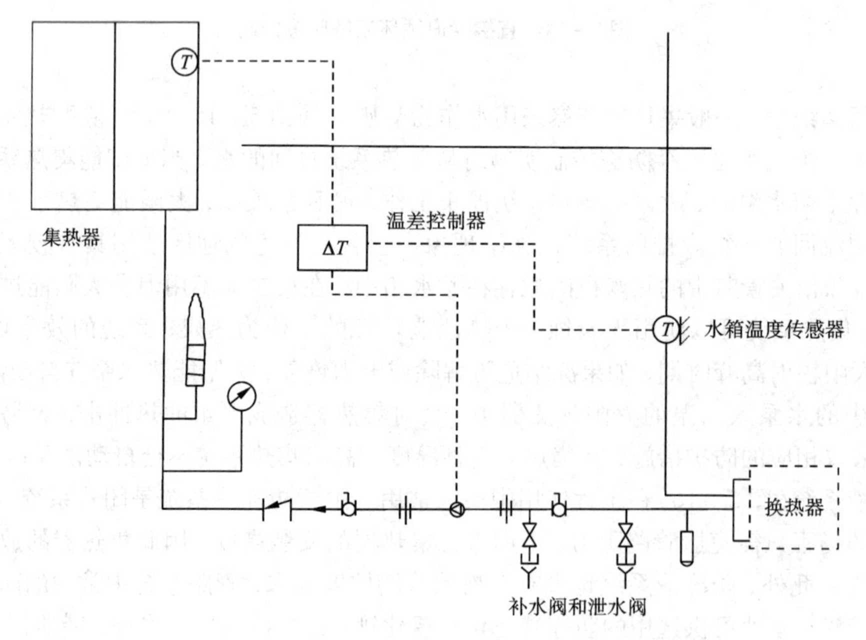

图 5－16 采用防冻液的间接强迫循环系统

当集热器本身没有防冻要求时，可以采用电伴热等方式对管路和贮水箱进行防冻保温。在严寒地区，由于真空管集热器中的水不能完全排空，在环境温度很低的情况下也可以采用防冻循环的方式，即开启集热系统的循环泵，用水箱中的热水冲刷管道和集热器，以防止设备冻裂。

(3)过热防护

太阳能热水系统过热产生的原因和现象有很多。当系统长期无人用水时，贮热水箱中热水的温度会发生过热，产生烫伤甚至沸腾，产生的蒸汽会堵塞管道甚至将水箱和管道挤裂，这种过热现象一般称为水箱过热；当集热系统的循环泵发生故障、关闭或停电时可能导致集热系统过热，对集热器和管路系统造成损坏。当采用防冻液系统时，集热系统中防冻液的温度高于115℃后防冻液具有强烈腐蚀性，对系统部件会造成损坏，这种过热现象一般称为集热系统过热。因此，为保证系统的安全运行，在太阳能热水系统中应设置过热防护措施。

过热防护系统一般由过热温度传感器和相关的控制器和执行器组成。水箱过热温度传感器一般可以借用温差控制中的水箱温度传感器。在温差控制中，传感器一般设在水箱底部，不能真正反映水箱中的最高温度，因此也可以在水箱顶部专门设置一个过热温度传感器，它可以探测到水箱真正的最高温度。需要设置集热系统过热温度传感器时，一般借用温差控制中的集热系统出口温度传感器来承担该项功能。水箱过热温度传感器的温度设定一般在80℃以内以免发生烫伤危险，集热系统过热温度传感器的温度设定高于水箱过热温度传感器的温度设定，根据所采取的集热系统过热防护措施具体确定该温度。

过热防护系统的工作原理是：当发生水箱过热时，不允许集热系统采集的热量再进入水箱，避免供热系统水的过热，此时多余的热量由集热系统承担；当集热系统也发生过热时，任由集热系统中的工质沸腾或采取其他措施散热。

在排空系统或排回系统中，只需设置水箱过热保护，集热器系统不考虑过热防护。当水箱过热温度传感器探测到过热产生时，控制器首先将集热系统循环泵关闭，停止向水箱中输送太阳能，太阳能集热系统中的热媒被排回到水箱，集热器处于空晒状态。在这种情况下，在选择集热器时，必须考虑到集热器能承受可能的空晒高温。当过热消除后，将水箱中的水重新注入集热器时，还要考虑到集热器能承受相应的热冲击或采取其他措施减小热冲击。

在防冻液系统或没有防冻危险，用水作为集热系统热媒的闭式系统中，当水箱过热发生时，循环水泵停止运行，集热系统处于闷晒状态。当闷晒温度过高时，集热系统热媒会沸腾，防冻液的性能也会破坏。如果不设置集热系统过热防护系统，任由工质沸腾，在集热系统中就必须设置安全阀泄压，在过热结束后再重新补充工质。安全阀的设置压力应在系统所有部件承压能力之下，一般为350 kPa左右，对应的温度大约为150℃。集热系统膨胀罐在选型时应适当放大以容纳热媒部分气化后产生的蒸汽。

系统过热最彻底的解决措施应该是在设计阶段就针对用户的用热规律来规划和设计系统，从源头上尽量避免过热现象的发生。在系统部件的选择上，必须以系统的过热保护启动温度作为工作温度来选择，以保证过热防护系统的正常运行。

5.1.4 太阳能光电系统

太阳辐射除可以转换为热能外，还可以转换为电能，这就是光—电转换。在建筑中，可以通过光电器件直接将太阳能转换为电能，即太阳能光伏发电，也称为太阳能光电系统。

1. 太阳能光电系统的组成

太阳能光电系统的组成如图5－17所示。

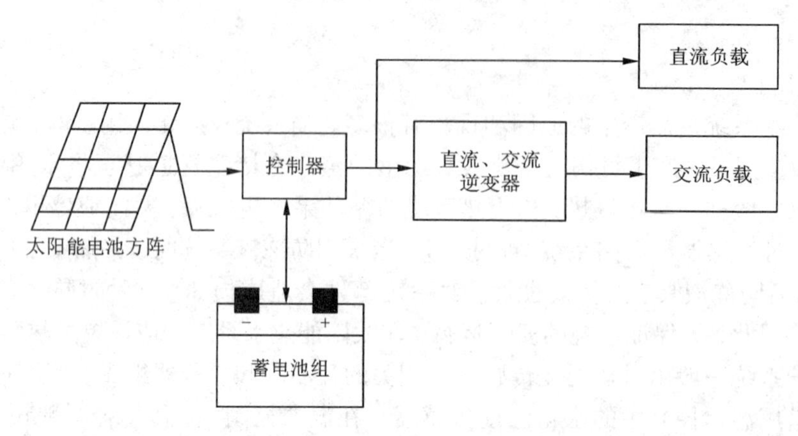

图 5-17　太阳能光电系统的组成

①光电转换器件：把光能转换为电能的器件叫作光电转换器件，又称为光伏器件。太阳能电池就是由这些光电转换器件所组成的。太阳能电池单体的工作电压一般为 0.45～0.5 V，每平方厘米的工作电流为 20～25 mA，尺寸为 4～100 cm^2。由于电压太低、电流太小通常不能单独作为电源使用，需要把若干单体电池串联、并联起来封装成电池组件，然后再把许多组件经过串联、并联安装在支架上，这样就构成了太阳能电池方阵，方可满足负载所要求的输出功率。

②反流割断器：在发电机与蓄电池连接的电路里，通常都要设置反流割断器。反流割断器的作用在于当发电机电压低于蓄电池电压时，防止蓄电池通过发电机绕组产生反向电流。在太阳能光电系统中，同样要防止蓄电池通过太阳能电池组反向放电，这种情况一般发生在夜晚和阴雨天气，此时太阳能电池组不能发电或发电电压很低，即低于蓄电池电压。光电系统中的反流割断器通常使用单向导电的晶体二极管器件，例如半导体整流二极管。这类二极管称为防反充二极管，又叫阻塞二极管。当太阳能电池组输出电压高于蓄电池电压时，二极管导通；反之，二极管截止。对防反充二极管的要求是：能承受足够大的导通电流，而且正向电压降要小，二极管反向饱和电流要小。

③控制器：对太阳能光电系统进行智能控制和管理的设备，能够完成信号检测、充电控制、放电管理、运行保护、故障诊断、状态指示等任务。控制器可以检测系统各种装置、各个单元的状态和参数；根据太阳能资源状况和蓄电池储电状况确定最佳充电方式；对蓄电池放电进行有效保护，能自动开关电路，工作运行实现软启动等；能对系统过压、负载短路及时加以控制，防止系统设备受到损害；能够显示运行状态，进行故障报警。

④蓄电池组：由于太阳辐射能受昼夜、季节、气象条件的影响具有间歇性、随机性，需要把晴天吸收的能量存储起来，因此在太阳能光电系统中，专门设置了蓄电池组。太阳能光电系统通常配备铅酸蓄电池，蓄电能力为 200 Ah 以上。对蓄电池的要求是：充电效率高，自放电率低，深放电能力强，工作温度适应范围宽，使用寿命长，价格低廉，能适应少维护或免维护的要求。

⑤逆变器：逆变器是把直流电变为交流电的设备。光电转换器件产生的电能，蓄电池中存储的电能，都是直流电能，如果给直流负载提供电力，就可以免除逆变器设备。当系统对交流负载供电时，就需要加装逆变器。由于常规电网都采用交流供电方式，如果把太阳能光电系统和常规电网并网，就必须备有逆变器。对于逆变器的技术要求是：输出交流电压稳

定、频率稳定；输出电压波形含谐波成分小，对电网的“污染”小、干扰小；逆变效率高，换流损失小；快速动态响应性能好，具有良好的过载能力；对过载、过热、欠电压、过电压以及短路，都有有效的保护功能和报警功能。逆变器按输出波形分为方波逆变器和正弦波逆变器两种。方波逆变器的电路简单，造价低，但谐波分量大，适用于对谐波干扰要求不高的小功率系统；正弦波逆变器的输出波形好，谐波分量小，适用于各种负载，也适宜于联网运行，是当前太阳能光电系统逆变器的主流产品。

2. 太阳能光电系统与建筑结合的形式

经过多年的发展，太阳能光电技术已日趋成熟，在建筑领域得到了广泛的应用，如生态建筑、边远农牧家、独立庭院、路灯照明等方面，均发挥出越来越大的作用，受到人们的普遍重视。目前，世界各国已有越来越多的建筑中安装了太阳能光电系统。

太阳能光电系统与建筑结合有两种方式：

①建筑与光伏系统相结合。将现成的平板式光伏组件安装在建筑物的屋顶等处，构成太阳能电池方阵。在住宅系统中，供家庭使用时，装机容量较小，一般为5～8 kW；供一栋建筑或一个小区使用时，一般为200～250 kW；如果容量不够，可以增加电池方阵的组件。这种方式是现阶段采用最多的方式。图5－18是太阳能电池方阵在建筑屋顶的安装照片。

图5－18 太阳能电池方阵在建筑屋顶的安装

②建筑与光伏组件相结合。把屋顶、向阳外墙、遮阳板甚至窗户等的材料用光伏器件来代替，如图5－19。目前已研究开发出的产品有：双层玻璃的光伏幕墙，透明和半透明的光伏组件，隔热隔音的外墙光伏构件，光伏屋面瓦等，其颜色和形状还可以适应建筑构件的要求。这种方式是建筑太阳能光电系统的发展方向。

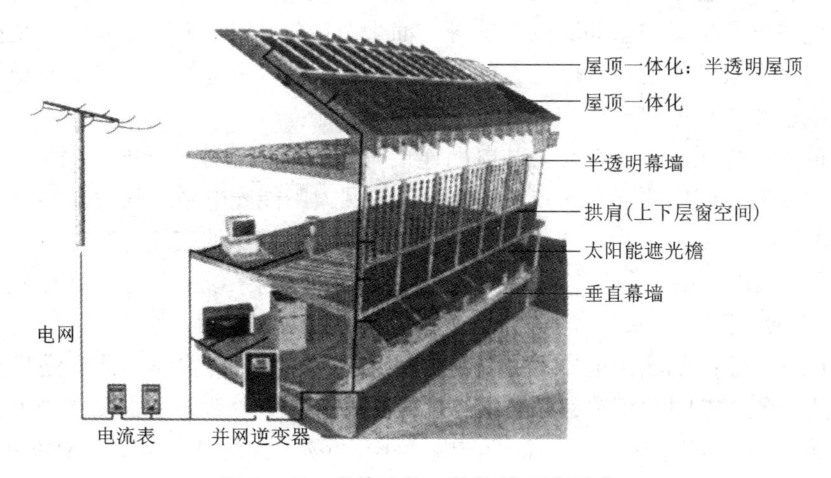

图5－19 光伏建筑一体化的几种形式

3. 太阳能光电系统的联网

根据运行模式不同，除独立运行发电系统(离网系统)外，太阳能光电系统还可以与常规电网相连。在白天有阳光照射时发电量大，负载用电量小，就可以把光电系统白天所生产的多余电力输送到电网中去；到了晚上或阴雨天气，负载所需电力就可以由电网来供应。联网负载电压一般为220 V单相或380 V三相，所接入的电网是商用低压电网。

并网系统是一条经济实惠的途径，它可以扩大清洁能源的应用范围；以电网作为储能装置，可以省掉蓄电池设备，比独立的太阳能光电系统节省投资35% ~45%；可以就近就地分散供电，改善电力系统的负荷平衡，并降低线路损耗；可以改善峰时用电，起到调峰作用。太阳能光电系统与常规电网联网应用结构一般设有太阳能电池方阵、防雷系统、控制器、联网逆变器、联网配电控制器、输出和输入电度表等，如图5－20所示。

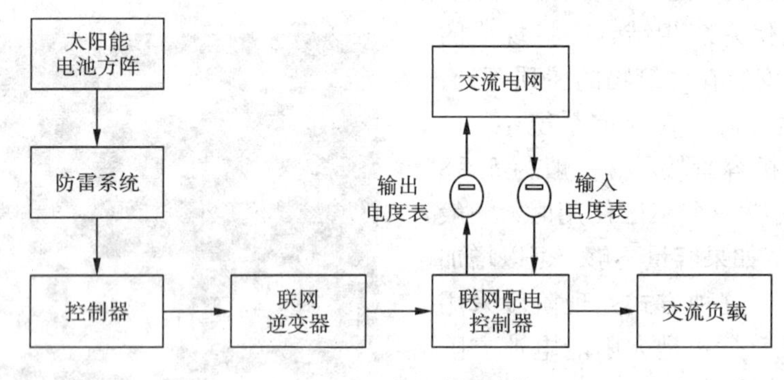

图5－20 联网应用结构

在联网应用中，可能会影响电网的稳定性，因此需要十分注意。联网供电太阳能光电系统的逆变器输出是与常规电网并联的，当一组电源与另一组电源并联时，必须保持两组电源的电压、相位、频率等电气特性一致，否则就会产生两组电源相互之间的充放电，造成整个电源系统的内耗和不稳定。因此采用联网供电需要解决的根本问题是，从技术角度保证联网的太阳能光电系统从电能质量和联网保护等方面采取措施，保证太阳能光电系统向本身交流负载提供电能和向公共电网输送电能时的质量处于始终受控状态，保证在电网低压接入时对外供电的影响最小。根据以上要求，通常采取以下措施：

①联网的太阳能光电系统在与公共电网连接时通过变压器等进行电气隔离，形成与公共电网市政供电线路之间的明显分界点，并且保证并网太阳能光电系统的发电容量在上级变压器容量的20%以内，同时实现直流隔离，使逆变器向电网馈送的直流电流分量不超过其交流额定值的1%。可以采用三台逆变器保证多运行模式下光电系统三相输出的平衡，使三相电压的最大不平衡度不超过4%。

②太阳能光电系统的输出电压、相位、频率、谐波和功率因数等参数在满足实用要求的同时，能够随动公共电网的相关参数。根据实际工程情况，一般要求太阳能光电系统的输出电压总谐波畸变小于5%，输出电流总谐波畸变小于5%，各次谐波电流含有率小于3%，输出频率偏差值小于50 ±0.5 Hz，从而在运行时不会造成电网电压波形过度畸变，导致注入电网过度的谐波电流。

③设置相应的并网保护装置，一旦出现光电系统和电网发电异常或故障时，能够自动将光电系统与电网分离。如北京某工程设置了三级短路开关，实施过压、欠压保护，保证设备和人身安全，防止事故范围的扩大，特别是一旦发生联网光电系统电网失压时，自控装置在1 s内动作，把光电系统与电网断开。

④实行实时采样和自控，自控装置应对公共电网的电压、相位、频率等参数进行采样，并以采样值实时调整逆变器的输出，以保证并网光电系统与公共电网的同步运行。

⑤在智能建筑的实施中，开发太阳能光电系统与建筑设备自动化系统的接口和集成技术，实现建筑设备自动化系统对太阳能光电系统的二次监控，进一步提高太阳能光电系统与公共电网之间的安全性。

5.2 环境热能利用与监控

在建筑周围环境中，存在着大量的低品位能源，如空气、水、土壤中蕴含的大量热能，如能充分利用这些低品位能源来改善室内环境品质，则必然会减少大量不可再生能源的使用，从而减少由于化石能源使用而造成的对环境的破坏，有利于建筑的可持续发展。

5.2.1 直接利用

环境热能虽然量大，但一般品位低，不能直接应用于建筑。但是，在一些特殊情况下，可以直接利用这些环境热能来调节建筑热环境。

1. 地热直接供暖

地热能是来自地球深处的热能，源于地球的熔融岩浆和放射性物质的衰变。在我国许多需要供暖的地区，存在着丰富的50～90℃的低温地热资源，因此可以利用这些地热直接向建筑供暖。

地热直接供暖是以一个或多个地热井的热水为热源向建筑供暖。根据热水的温度和开采情况，可以附加其他的调峰设备(如锅炉或热泵)。地热直接供暖系统主要由三个部分组成(图5－21)：

①地热水开采系统：包括地热开采井和回灌井，调峰站以及井口换热器；

②输送、分配系统：它将地热水或被地热加热的水引入到建筑物；

③中心泵站和室内装置：将地热水输送到中心泵站的换热器或直接进入每个建筑中的散热器，必要时还可以设蓄热水箱，以调节负荷的变化。

采用地热供暖具有以下优点：

①充分合理利用资源，用低于90℃的低温地热水代替具有高品位能的化石燃料供热，可大大减少化石能源的消耗；

②在我国北方城市的大气污染中，由燃料燃烧所造成的污染占60%以上，因此地热供暖可改善城市大气环境质量，提高人民的生活水平；

③地热供暖的时间可以延长，同时可全年提供生活用热水；

④费用低，仅需消耗输送水泵电能或调峰设备部分能耗。

在地热供暖取代传统锅炉时，北方地区一般只能满足基本负荷的要求，当负荷处于高峰

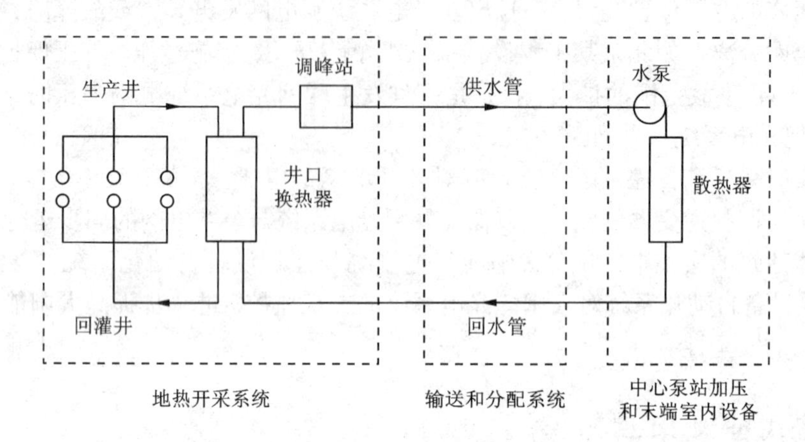

图 5－21　地热供暖系统

期时，需要采取调峰措施，增加辅助热源。其次，合理控制地热供暖尾水的排放温度，大力提倡地热能的梯级利用。

2. 新风供冷

对于一些内部发热量大的建筑，如商场、超市、计算机数据中心等，当处于过渡季甚至是冬季时，都需要制冷机制冷来降低室内温度，这时就可以把室外的冷空气(新风)作为冷源，通过风机引入建筑内来消除余热。这种方式具有以下优点：

①初投资增加较小。仅需要适当放大新风机组型号和新风管尺寸，不需要额外购买其他设备，节省投资和机房空间。

②节省运行费用。充分利用天然冷源，没有增加制冷用电及其附属设备的用电，仅需适当增加通风机的功率。

③新风量增加，提高了室内空气品质，减小传染病的传播。

新风供冷的关键是室内外空气的焓值，当室外空气的焓值低于室内空气焓值时，就可以实施新风供冷。新风供冷按空调系统的形式不同实现方式也不同。带有双风机的全空气系统可以实现新风与回风的任意比例调节，因此可采用全新风方式实现新风供冷，即全开新风阀和排风阀，关闭回风阀；对于风机盘管加新风系统，则将新风风机满负荷运行。

3. 夜间通风蓄冷

地球的自转，使地球表面存在着一定的日较差。夜间通风蓄冷就是在夜间将室外自然冷风送入室内，使其与室内空气、围护结构、家具等进行对流换热，进行预冷和蓄冷；白天则使蓄存的冷量供给室内空气。夜间通风蓄冷可以降低白天室内的空气温度，在满足人体热舒适的前提下，推迟空调的开启时间，从而降低了白天空调器的运行能耗，起到了移峰填谷的作用。

采用普通建筑围护结构作为蓄冷材料进行换热并不能达到令人满意的效果。为了强化夜间通风的效果，可采用相变材料来提升夜间的蓄冷能力，如图 5－22 所示。相变材料具有单位体积贮能密度大，相变过程近似为等温过程等优点，其潜热贮能特点解决了蓄冷材料蓄冷能力不足和温度波动的问题。同时，可以通过提高相变温度加大对夜间环境冷源的利用程度以及扩大相变材料的接触面积来增加夜间通风蓄冷的传热面积。利用相变材料作为主要蓄冷材料的夜间通风效果比采用普通建筑材料要明显得多，白天平均室温可降低3℃左右，舒适温度时间更长。

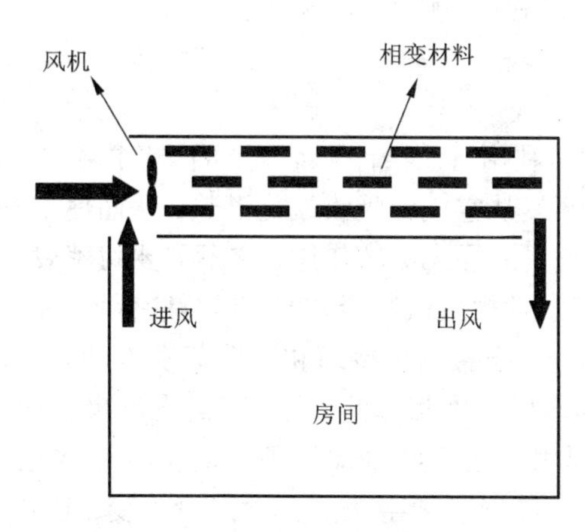

图5-22 相变材料夜间蓄冷示意

4. 地道降温通风

由于地层的体积庞大，因而它具有很大的吸热能力，从一定意义上讲，它可谓是一个取之不尽的能量源泉。地道降温通风系统(图5-23)正是根据地层的这一特点，利用地道来冷却空气。该系统是利用地能的一种形式，它以空气为工作介质，在夏季利用地层作冷源(地层温度低于室外空气温度)，最大限度地利用自然能源，减少化石能源的消耗，不对周围环境产生污染。

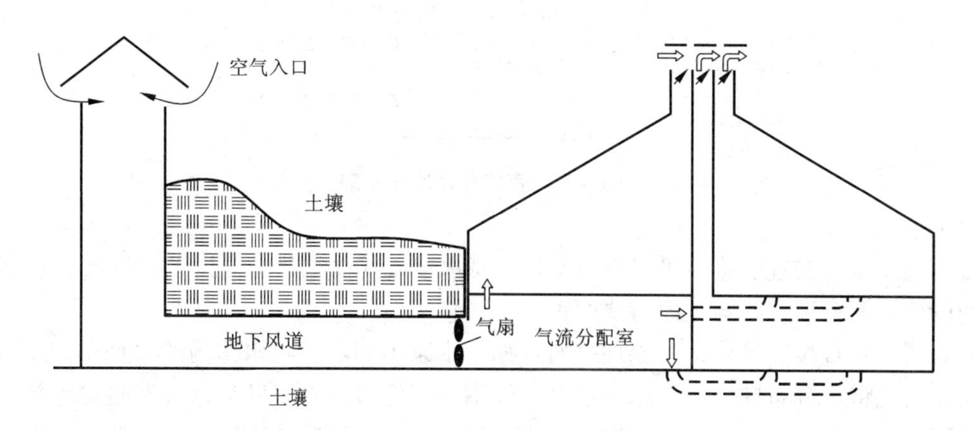

图5-23 地道降温通风系统

夏季，室外空气经过地下风道后得到冷却降温。在东北的广大地区地层温度较低，空气冷却降温的最终温度也较低。在南方地区，地层温度较高，且室外温度也较高，空气冷却降温的最终温度比较高。为了保证建筑物内空气的温湿度要求，可在地下风道末端设置空气处理机组对空气进行再处理。

因为地下风道降温系统简单，充分利用天然冷源，可节省大量的运行和维护费用。我国的能源资源相对不足，地下风道降温系统在我国有着巨大的利用价值。我国有众多的城市人防地道闲置，如果能对其加以利用，则可大大降低造价。

5.2.2 蒸发冷却

空调扇

蒸发冷却是利用自然条件下空气的干湿球温差来获取冷量，它以水为制冷剂，利用水分蒸发从空气中吸收汽化潜热，从而使空气降温，它不使用氯氟烃类制冷剂，对大气臭氧层无破坏作用，它不需要将蒸发后的水蒸气再进行压缩，因此其COP值高于常规机械制冷方案，运行能耗低，初投资低。

蒸发冷却分为直接蒸发冷却和间接蒸发冷却。利用循环水直接与空气充分接触，水的蒸发使得空气与水的温度都降低，而空气的含湿量增加，这个增湿、降温、等焓过程称为直接蒸发冷却。而利用直接蒸发冷却处理后的空气或水通过换热器冷却另一股空气(一次空气)，其中一次空气不与水直接接触，其含湿量不变，这种等湿冷却过程称为间接蒸发冷却。

1. 直接蒸发冷却

直接蒸发冷却利用循环水直接参与空气充分接触，由于水表面的水蒸气分压力高于空气中的水蒸气分压力，使水蒸发，空气和水的温度都降低，而空气中的含湿量增加，使用加湿后的空气对房间进行空调或降温，这是一个等焓降温过程，其中空气的显热转化为潜热。理论上，直接蒸发冷却获得送风空气的最低温度趋近于室外空气的湿球温度(图5－24)。

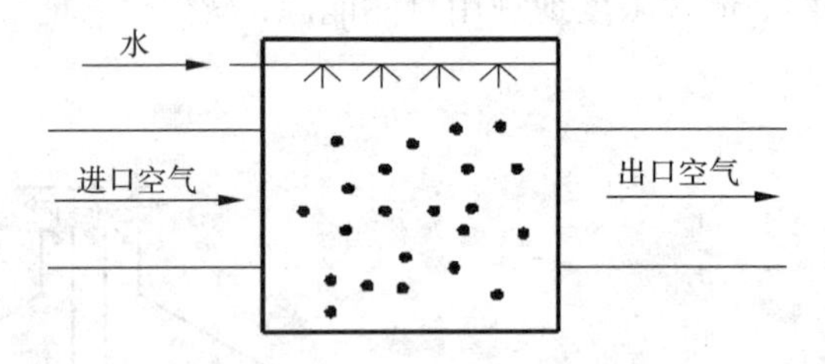

图5－24 直接蒸发冷却原理

直接蒸发冷却实现的途径可以在冷却塔、喷水室或其他绝热加湿设备内进行。直接蒸发冷却的设备主要有填料式与无填料式两种。

填料式的水直接蒸发冷却的原理是通过循环水泵不间断地将水槽内的水抽出，并通过水分布器均匀地将水分布在蜂窝过滤网层上。周围空气经过外壳百叶进入蜂窝过滤网层，在蜂窝过滤网内与水进行充分的湿热交换。因水蒸发而降温的清凉洁净的空气由低噪声离心风机加压送入室内。

无填料式的水直接蒸发冷却的原理是当进入的冷水(低于周围空气的温度)通过旋转喷嘴喷射，使水雾化，同时利用风扇叶旋转鼓风，使新鲜空气与雾化了的水滴很好地接触，从而达到良好的传热效果。

直接蒸发冷却过程的送风干球温度与室外空气干球温度没有明显的相关性。在室外空气湿球温度不变的情况下，即使室外干球温度发生显著变化，空调的送风干球温度也不会有明显的变化，而送风干球温度随着室外空气湿球温度的不同有规律地发生变化，室外湿球温度升高，送风干球温度也随之升高。送风干球温度比较接近室外空气湿球温度，但要比室外空气平均湿球温度稍高。直接蒸发冷却过程较充分达到了蒸发冷却的目的，但其明显的缺点是送风的相对湿度较大，接近饱和。

2. 间接蒸发冷却

间接蒸发冷却利用直接蒸发冷却后的空气(称为二次空气)或水，通过换热器与室外空气进行热交换，实现冷却。由于空气不与水直接接触，其含湿量保持不变，是一个等湿降温过程(图5－25)。

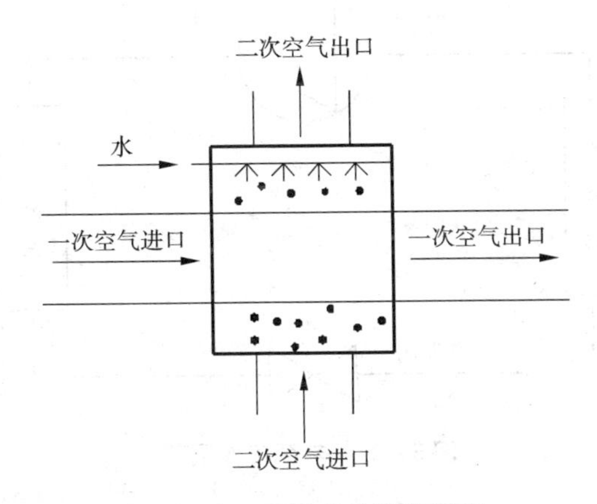

图5－25 间接蒸发冷却原理

间接蒸发冷却可以通过各种类型的换热器来实现。目前，间接蒸发冷却的形式主要有板式间接蒸发冷却器和管式间接蒸发冷却器两种。

板式间接蒸发冷却器的优点是结构紧凑，体积相对较小，且换热器换热效率较高，但是由于其流道窄小，因而流道容易堵塞，尤其是在空气中粉尘浓度较高的场所，长时间的运行使得流动阻力增大，换热效率急剧降低，并且布水不均匀、浸润能力差，换热器表面结垢、维护困难等。而管式间接蒸发冷却器流道较宽，不易堵塞，且流动阻力小，布水相对比较均匀，容易形成稳定水膜，有利于蒸发冷却的进行。因此，国内外学者对管式间接蒸发冷却器做了大量研究并开发出采用聚氯乙烯管，外包黄麻或纱布等吸水性材料的管式间接蒸发冷却器，以及包覆吸水性材料的椭圆管式间接蒸发冷却器等。

间接蒸发冷却过程有两种形式：一种是将一部分空气进行直接蒸发冷却处理(常称为二次空气)后，空气温度降低，再将这部分空气经过热交换器冷却需要处理的另一部分空气(常称为一次空气)，进行减湿降温处理，一次空气送到室内，二次空气排出；另一种是将水直接喷淋在间壁式换热器的二次空气侧，使之进行直接蒸发吸热，需要处理的一次空气流经换热器的另一侧，实现等湿降温。

间接蒸发冷却过程的送风干球温度与室外空气的干湿球温度都有关系。在室外空气湿球温度不变的情况下，间接蒸发冷却送风干球温度随着室外空气干球温度升高而升高。同时，若以室外空气作为二次空气，室外空气湿球温度越低，则二次空气经过直接蒸发冷却后温度也越低，使得一次空气和二次空气之间存在的温差越大，从而获得较好的热交换效果。

5.2.3 热泵应用

热泵是一种利用高位能使热量从低位热源转移到高位热源的机械装置(图5-26)。热泵的作用与水泵类似，它把不能直接利用的低位热能(如空气、土壤、水中所含的热能，工业废热等)转换为可以利用的高位热能，从而达到节约部分高位能(如煤、燃气、油、电能等)的目的。在实际使用中，热泵的性能系数COP(热泵的供热量与输入功能的比值)可达到2.5~4，即用热泵得到的热能是其消耗电能热当量的2.5~4倍。

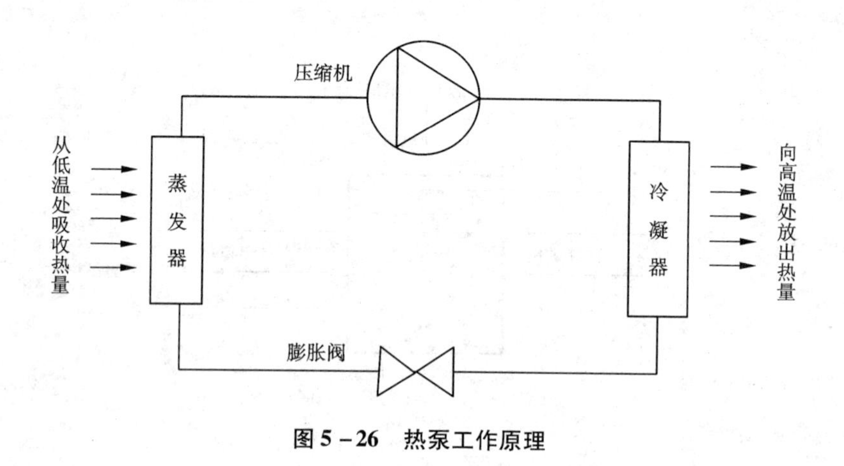

图5-26 热泵工作原理

在建筑中，100℃以下低温用热方面的能耗占总能耗的50%左右。把石油、煤炭、天然气等高品位的一次能源和电能等高品位的二次能源，无效降级而获得100℃以下的低位能，有效损失太大，而同时，由于利用一般换热器来回收低品位余热的效率较低，使大量接近环境温度的低位热能和余热没有被利用。因此，利用热泵为建筑提供100℃以下的低温用能具有重大的现实意义，是一项很有节能潜力的新技术，也是建筑减少CO_2，SO_2，NO_x排放量的一种有效方法。

根据低位热源的不同，热泵可以分为空气源热泵、水源热泵、土壤源热泵等，或由这些热泵组合而成的双级耦合热泵。

1. 空气源热泵

空气源热泵包括空气/空气热泵和空气/水热泵，它使用室外大气作为低位热源，又称为风冷热泵。由于空气随时随地可得，取之不尽，用之不竭，可以无偿获得，因此空气源热泵应用非常广泛。

(1)能量调节

空气源热泵在运行过程中，其产热量受室外空气温度变化的影响。另外，无论是热泵型房间空调器，还是热泵热水器或热泵机组，其负荷都在不断地发生变化。因此，必须对空气源热泵的产热量不断进行调节，以满足其负荷变化的需要。

①热泵型房间空调器能量调节

对于热泵型房间空调器，一般采用间歇调节和变频调节。间歇调节是指空调器在运行过程中，压缩机的转速保持不变，通过对压缩机的启/停来调节室内温度。变频调节通过控制压缩机的转速来调节空调器中制冷剂的循环量，从而调节空调器的制冷量或制热量。另外，当冬天室外温度较低时，为满足室内热环境的要求，热泵型房间空调器还可以启动辅助电热装置为室内提供热量。

②空气源热泵热水器能量调节

空气源热泵热水器工作原理如图5－27所示。由于系统中存在热水箱，因此空气源热泵热水器调节的能量调节比较简单，它一般采用间歇运行调节方式：当热水箱内热水温度低于设定值时，热泵循环系统运行；当热水温度高于设定值时，热泵循环系统停止工作。同样地，当室外温度较低或热水负荷较大时，此时热泵循环系统产生的热量不能满足要求，则要求启动辅助电热装置来加热冷水，以满足用户需求。

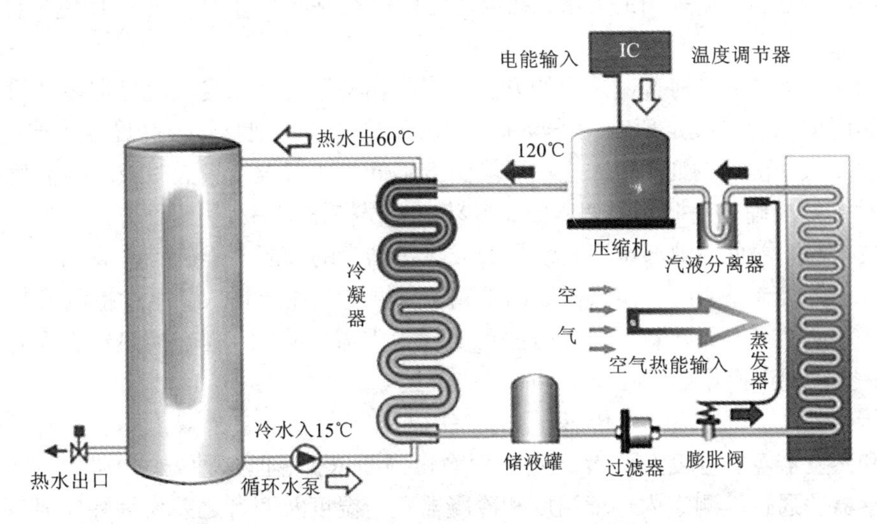

图5－27 空气源热泵热水器工作原理

③空气源热泵冷热水机组能量调节

当室外温度较高时，空气源热泵机组的实际供热量会大于空调系统需要的热负荷，这就要求调节机组的制热能力以减少运行中的能耗。

早期的能量调节方式以分级能量调节为主。在空气源热泵机组中采用3～5台封闭式压缩机，当室内负荷减少或机组出水温度达设定值后，自动停止部分压缩机运行，以此实现分级调节运行。为避免首台启动的压缩机长期处于工作状态而引起的各台压缩机磨损不匀的现象，热泵机组的控制系统必须调节各台压缩机的运行时间，使得各台压缩机磨损均匀。由于压缩机的启动电流较大，开停机过于频繁会对电网产生冲击，也会缩短压缩机的使用寿命。

分级能量调节不能实现热泵机组的制热量随建筑物的热损失及室外空气温度的变化同步调节。只有采用压缩机的变容量调节才能适应不同热负荷的要求，提高热泵的制热系数和制热季节性能系数，减少系统对电网的冲击和室内温度的波动。从节能和舒适性的角度来看，用变容量调节比定速分级起停控制有明显的优越性。

目前常用的变容量压缩机有两种，即变频压缩机和数码涡旋压缩机。在热泵机组中，采用一台变容量压缩机与多台定速压缩机组合，就能实现大容量机组的连续能量组合，并且对延长机组使用寿命，提高房间的舒适性和降低噪声均有好处。

（2）除霜控制

空气源热泵冬季运行时，当室外侧换热器表面温度低于周围空气的露点温度且低于0℃时，换热器表面就会结霜。霜的形成使得换热器传热效果恶化，且增加了空气流动阻力，使得机组的供热能力降低，严重时机组会停止运行。虽然，可以采取一些措施来抑制结霜，但在实际中不可能完全避免结霜，因此空气源热泵结霜后必须采取有效的融霜措施，并采取可靠的控制方式。

除霜控制的最优目标是按需除霜，其原理是利用各种检测元件和方法直接或间接检测换热器表面的结霜状况，判断是否启动除霜循环，在除霜达到预期效果时，及时终止除霜。目前，除霜控制方法主要有以下几种：

①定时控制法：早期采用的方法，在设定时间时往往考虑了最恶劣的环境条件，因此必然会产生不必要的除霜动作。

②时间－温度法：目前普遍采用的方法。当除霜检测元件感受到换热器翅片管表面温度及热泵制热时间均达到设定值时，开始除霜。由于这种方法把盘管温度设定为定值，不能兼顾环境温度高低和湿度的变化，因此在环境温度不低而相对湿度较大时或环境温度低而相对湿度较小时不能准确地把握除霜切入点，容易产生误操作。另外，这种方法对温度传感器的安装位置较敏感，常见的中部位置安装易造成除霜结束的判断不准确，除霜不净。

③空气压差控制法：由于换热器表面结霜，两侧空气压差增大，通过检测换热器两侧的空气压差，确定是否需要除霜。这种方法可实现根据需要除霜，但在换热器表面有异物或严重积灰时，会出现误操作。

④双传感器法：包括室外双传感器法和室内双传感器法。室外双传感器法通过检测室外环境温度和蒸发器盘管温度及两者之差作为除霜判断依据，但这种方法未考虑湿度的影响。室内双传感器法通过检测室内环境温度和冷凝器盘管温度及两者之差作为除霜判断依据，它避开了对室外参数的检测，不受室外环境湿度的影响，避免室外恶劣环境对电控装置的影响，提高了可靠性，且可直接利用室内机温度传感器，降低成本，因此目前采用较多。

⑤霜层传感器法：换热器的结霜情况可由光电或电容探测器直接探测，这种方法原理简单，但涉及高增益信号放大器及昂贵的传感器，实际应用经济性较差。

⑥声音振荡器法：由于共鸣频率与质量有关，随着霜层的积累，共鸣频率会发生显著变化，通过检测安装在蒸发器内的声音振荡器的共鸣频率来推知霜层厚度，以控制除霜动作。这种方法能够较准确地感知结霜量，但造价较高。

以上这些除霜控制方法在工程中均得到应用，但依然存在着不少的缺点，因此，关于除霜控制方法的研究没有停止，提出了不少新的控制方法，如最大平均供热量法、最佳除霜时间控制法、模糊智能控制法，这些方法解决了以前除霜控制方法存在的缺点，但也带来了新的问题，如实施性较差、可靠性较差等。

2. 水源热泵

水源热泵采用地表水（河水、湖水、海水等）、地下水（深井水、泉水、地下热水等）、生活废水(空调冷凝水、生活污水)和工业温水(工业设备冷却水、生产工艺排放的废温水等)作为热源(或热汇)(制热时以水为热源,制冷时以水为热汇)。由于水的质量热容大,传热性能好,传递一定热量所需的水量较少,换热器的尺寸可较少,因此在易于获得大量温度较为稳定的水的地方,水是理想的热源(或热汇)。

(1)地表水水源热泵

地表水水源热泵,是一种典型的使用从水井、湖泊或河流中抽取的水为热源(或热汇)的热泵系统。地表水相对于室外空气是温度较高的热源,且不存在结霜问题,冬季温度也比较稳定。一般情况下,只要地表水冬季不结冰,均可作为低温热源使用。我国有丰富的地表水资源,用其作为热泵的低温热源,可获得较好的经济效益。

一般来说,利用地表水作为热泵的热源(或热汇),要附设取水和水处理设施,如清除浮游生物和垃圾,防止泥沙等进入系统,影响换热设备的传热效率或堵塞系统,而且应考虑设备和管路系统的腐蚀问题。另外,冬季使用时仍须考虑采用辅助加热装置。

(2)地下水水源热泵

地下水位于较深的地层中,由于地层的隔热作用,其温度随季节的波动很小,特别是深井水的温度常年基本不变,对热泵的运行十分有利,是一种很好的低温热源。另外,同环境空气、土壤和江河湖水等其他热源相比,地下水资源丰富,温度较高,且很少受气候变化影响,冬季使用时既不会像环境空气那样易结霜,也不会像地表水那样可能结冰;而且与土壤热源不同,既适用于中、小型建筑,又可用于大型建筑,因此,相对于其他热源而言,地下水是最适合热泵使用的热源。图5-28为常见井-井型地下水热泵系统的原理示意图。

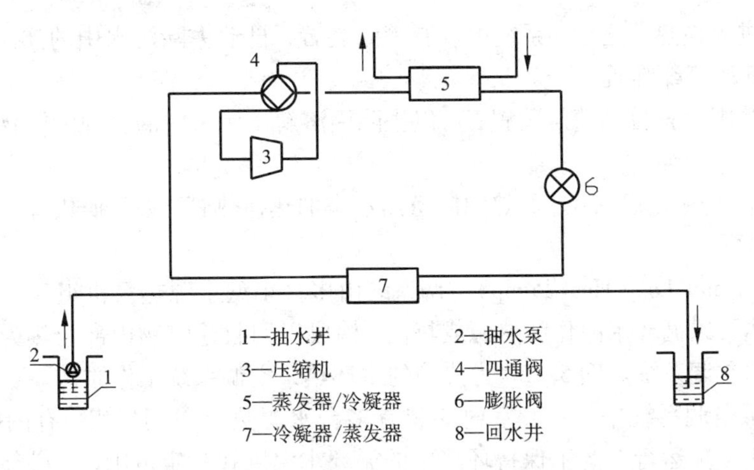

图5-28 地下水源热泵井-井型系统原理

对于地下水源热泵系统,井水泵的能耗占系统能耗的比重很大,有的占到了25%甚至更多,因此必须对井水泵进行控制,常用控制方法有:设置双限温度双位控制、变速控制和多井调节控制等。另外,由于地下水源热泵对水质有一定要求,因此一定要做好水源监测工作,严格遵守水源水质标准。

(3)污水源热泵

污水源热泵属于水源热泵的一种,根据污水冬季温度高于室外温度、夏季温度低于室外温度的特点，通过输入少量高位能（如电能），实现从污水中的低位热能向高位热能转移的热泵空调系统。图5－29为污水源热泵系统工作原理。污水源既可以是城市原生污水，也可以是经过污水处理厂处理后的二级出水。根据是否直接从污水中取热量，污水源热泵分为直接开式和间接闭式两种。

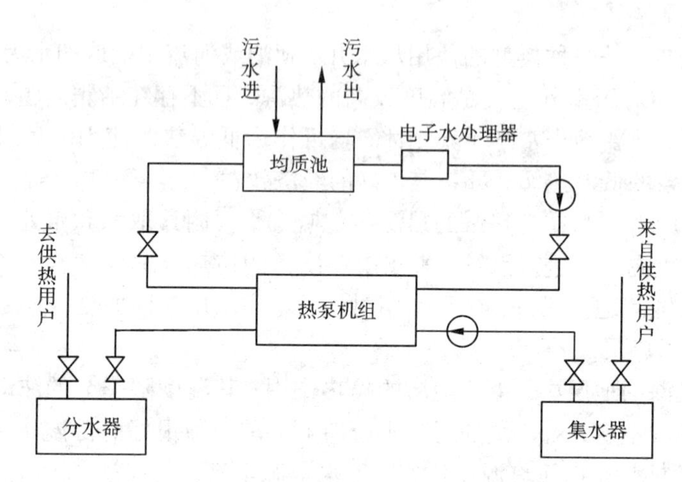

图5－29 污水源热泵系统工作原理

防堵塞与防腐蚀是污水源热泵运行中的关键问题，因此在污水源热泵中经常采用以下技术措施：

①在污水进入换热器之前，系统中设有筛滤装置，自动去除污水中的浮游性物质，如污水中的毛发、纸片等纤维质。

②在换热管中设置自动清洗装置，可以去除因溶解于污水中的各种污染物而沉积在管道内壁的污垢。

③设有清洁加热系统。用外部热源制备热水来加热换热管，去除换热管内壁污物。

（4）水环热泵

水环热泵（Water Loop Heat Pump）空调系统由多台小型水源热泵机组和一个循环水路组成，这些水源热泵以循环水路作为热源或热汇，构成以回收建筑物内部余热为主要特征的热泵供暖、供冷的空调系统。图5－30为典型的水环热泵空调系统工作原理。

在水环热泵空调系统中，一般室内安装有多台水源热泵空调机组，有的按制冷工况运行，有的按制热工况运行。为了保持环路中的循环水温度在一定范围内，必须对系统及相应的设备进行控制。另外，为了确保水环热泵空调系统安全、可靠和经济运行，还必须进行：水源热泵机组的控制与保护；辅助设备（冷却塔、水加热设备、蓄热水箱、循环泵等）的控制保护；系统的控制与保护。

①环路水温的控制：环路设计水温范围一般为13～32℃，要求通过检测水环路的温度来保证环路设计水温，当水温高于32℃时，开启冷却塔进行散热，当水温低于13℃时，开启加热设备进行加热。

②室内水源热泵机组的控制：水源热泵机组均配有手动或自动转换恒温器。手动转换就是采用人工方式将机组从供冷（或供热）运行模式转换为供热（或供冷）运行模式，而自动转

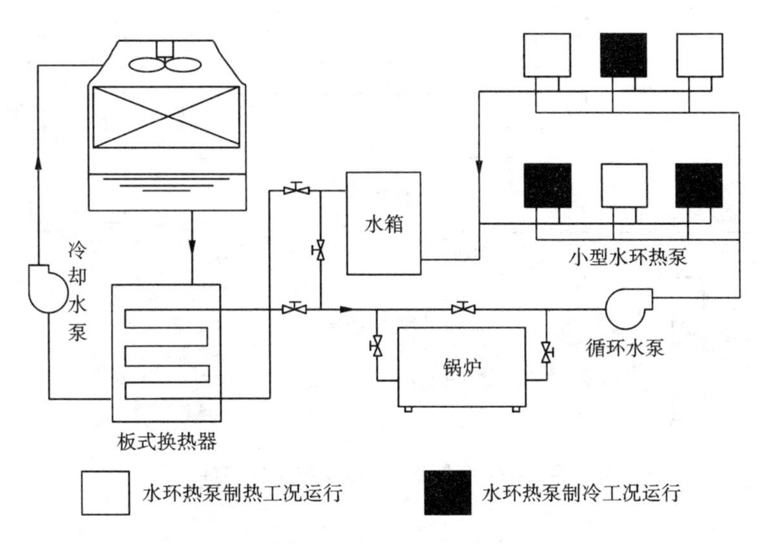

图5-30　典型水环热泵空调系统工作原理

换可以将恒温器整定在某一设定温度，在此设定温度下能自动发出信号使机组按供冷或供热模式运行。

③循环水泵控制：水系统中设两台循环泵，一台运行，另一台备用。在水系统中设置水流开关，在循环水泵出口处设置压差开关，当检测到系统水流缺少时，自动由主循环泵切换到备用水泵，如水流不能恢复，则关闭热泵机组。循环水泵要求与系统中所有水源热泵机组联锁，正常情况下可利用时间控制器使主循环泵和备用泵交替运行以延长泵的使用寿命。

3. 土壤源热泵

土壤源热泵以大地土壤作为热源(或热汇)。它通过中间传热介质(水或以水为主要成分的防冻液)在封闭的地下埋管中流动，实现系统与大地之间的传热。冬季，土壤源热泵将大地中的低位热能提高品位对建筑供暖，同时贮存冷量，以备夏季使用；夏季，它将建筑内的热量转移到地下，对建筑进行降温，同时贮存冷量，以备冬季使用。

土壤源热泵的基本原理是设置一组地下埋管换热器，将埋管内部的换热介质与周围土壤进行热交换，该换热介质将作为热泵机组的低温热源，流经蒸发器从而将热量传递给热泵机组。由于地下土壤的温度在5 m以下十分稳定，全年波动小，所以地源热泵性能稳定，性能系数较高。图5-31为土壤源热泵系统工作原理。

对于土壤源热泵，主要控制内容包括：

(1)机组启停控制

空调水循环泵与地源热泵空调主机一一相对应，当负荷较小，将停止一台主机运行时，控制系统先控制一台主机停止运行，经延时后控制相应的水泵停止运行，同时控制相应机组的地源水和循环水入水管上的电动两通阀关闭，可以起到节能的目的；当负荷增大时需要增加一台机组运行，控制系统控制相应机组地源水和循环水入水管上的电动两通阀开启，同时控制相应的循环水泵启动，经延时后控制相应的机组投入运行。

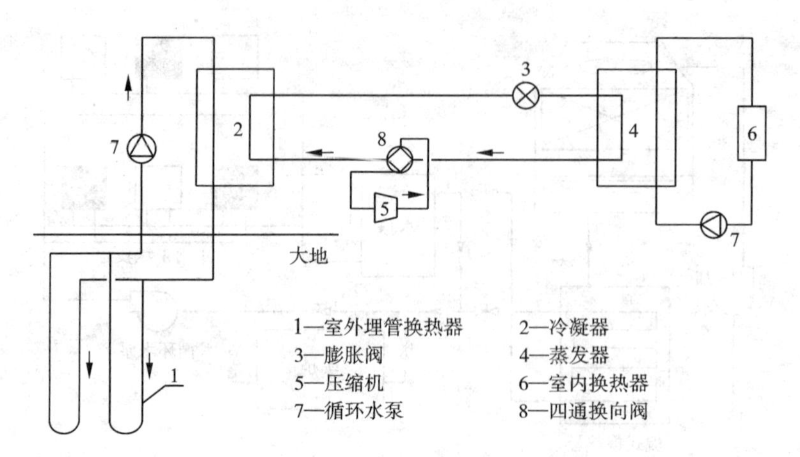

图 5-31　土壤源热泵系统工作原理

(2)地源水泵控制

为减少地源水使用量和节省电能的目的，地源水采用恒压变频供水方式，在每台主机地源水侧的进水管上设有电动两通阀，并在地源水总管上安装一台压力变送器，其中一台潜水泵由变频器控制。控制系统根据压力变送器测得的压力值经计算输出一个信号控制变频器的输出频率以达到恒定压力的目的，当运行水泵不能满足供水量时自动工频投入另一台水泵运行。

(3)分集水器控制

考虑到地源热泵系统日后的维护，整个地埋管系统采用一、二级分集水器方式。这样各个埋管回路都可以单独控制，即使以后出现几个回路损坏，也在可控范围内，不影响整个系统的运行。

(4)供回水压差控制

循环水集分水器之间安装一个压力调节阀和压差变送器，控制系统根据测得的压差经过计算后控制压力调节阀开度以达到平衡压力的目的。

(5)补水泵控制

在定压补水罐上增加一个压力变送器来测量定压补水罐内压力，控制系统根据压力变送器测得的压力值与补水压力低限设定值比较，当低于补水压力低限设定值时启动补水泵，直到达到高限设定值。

(6)冷却塔辅助冷却控制

对于夏季负荷大于冬季负荷较大的地区，经常采用冷却塔辅助冷却的方式将多余的热量排除。对于这种方式，冷却塔有以下五种基本运行策略：

①当热泵机组的进口水温超过某一设定值时，开启冷却塔辅助冷却；

②当热泵机组的进口水温与室外干球温度的差值大于设定值时，开启冷却塔；

③当热泵机组的进口水温与室外湿球温度的差值大于设定值时，开启冷却塔；

④在过渡季非空调时段，热泵机组停运，利用冷却塔来降低土壤温度；

⑤冷却塔定时运行，根据建筑物内部的负荷情况设定开启冷却塔的时间段。

另外，还可在地埋管侧、冷却塔侧的冷却水主管上设置了冷热量计量装置。随着热泵机组的运行，可以根据往年累积在土壤中的散热量(或取热量)数据，逐年调整相关设定值，以期能够更好地保持土壤中的热平衡。当累年在土壤中的散热量大于累年从土壤中的取热量时，可降低该设定值；反之，则应调高此设定值。

5.3 风能利用与监控

空气流动所形成的动能就是风能。与常规能源相比，风能利用不会对环境带来危害，因此，在建筑中充分利用风能是可持续发展的要求。现阶段，风能在建筑的利用形式主要是自然通风及混合通风。另外，随着技术的进步和经济的发展，风力发电在建筑中的应用也越来越多。

5.3.1 自然通风及混合通风

建筑中的通风十分必要，它是决定人们健康和舒适的重要因素之一。合理的通风，可以为人们提供新鲜空气，并带走室内的热量、水分和污染物，降低室内气温、相对湿度及污染物浓度，改善人们的舒适感和室内空气品质。而不合理的通风不仅不会改善热环境和室内空气品质，还会直接导致建筑能耗的增加。

1. 自然通风及控制

烟囱效应

自然通风是当今建筑普遍采取的一项改善建筑室内环境、节约空调能耗的技术，它具有两重意义：一是实现有效被动式制冷，减少建筑能耗。当室外空气温湿度较低时自然通风可以在不消耗不可再生能源的情况下降低室内温度，带走潮湿气体，使人体热舒适。二是可以提供新鲜、清洁的自然空气，稀释室内污染物和减淡室内气味，从而有利于人的生理和心理健康，减少“病态建筑综合征”的发生。

自然通风通常指通过有目的的开口，使建筑内部产生空气流动。自然通风无须机械装置和运动部件，它依靠室外风力造成的风压和室内外空气温度差造成的热压使空气流动，包括风压自然通风、热压自然通风和热压风压同时作用的自然通风。要充分利用自然通风除了需对风环境进行分析，制定有利于自然通风的气流组织形式外，还要根据建筑的特点，选择合理的技术措施来加强自然通风。

(1)定向自然通风

从建筑降温的角度来看，利用风压进行自然通风对改善室内气候条件效果较为显著。大多数情况下，自然通风以窗户来充当风口，窗户的形式、面积大小及安装位置影响通风效率、室内气流组织和室内热舒适，而室外风向、风速的变化对自然通风效果也有很大影响。为保证自然通风的气流方向不随季节和室外风向、风速变化而改变，始终流向同一方向(即定向通风)，可在建筑中安装导风风帽(包括进风风帽和排风风帽)。进风风帽利用导向器的导风原理研制而成，不受室外风向的影响而能把不同风向的风导入室内；排风风帽将排风口设在风帽的负压区，因而产生排风效应。在建筑中，定向自然通风的应用多为多层建筑卫生间定向排风系统，即在排风井的顶端安装了一个最佳排风型风帽。定向排风系统比一般自然排风抽力大，通风阻力小。但由于自然通风自然压差小，层数过多不能保证效果，仅仅局限于低、多层建筑。

(2)天井和通风塔

由于自然风风压的不稳定性，在多数情况下在建筑物周围不能形成足够的风压，此时就需要热压作用来强化自然通风。

方法一是在建筑的中部设天井。如果建筑底层部分架空成为“过街楼”并对着主导风向，就可以导风到天井，有利于后面房间的通风。天井内外墙受太阳照射少，温度较低，可以冷却空气，冷却后的空气流向温度较高的室内，使房间产生热压通风。另外，在室外有风的情况下，天井处于负压区，自由对流比较活跃，热空气上升，冷空气不断进入天井内，起到了“抽风”的作用，房间通风效果良好。

方法二是设置通风塔。风塔由垂直竖井和几个风口组成，在其顶部安装可以升降的玻璃顶帽(图5－32)。夏季时玻璃顶帽能最大限度地吸收太阳能，提高塔内空气温度，从而进一步加强“烟囱效应”，带动各楼层的空气循环，实现自然通风。冬季时可以将顶帽降下以封闭排气口，这样通风塔便成为一个玻璃暖房，有利于节省采暖能耗。

图5－32 通风塔通风方式

图5－33为清华大学低能耗示范楼自然通风控制系统示意。该控制系统可以根据室内、外空气的焓差控制外立面窗的开启度，从而达到控制自然通风的目的。

(3)双层玻璃幕墙

对于高层建筑来说，直接开窗通风容易造成紊流，不易控制，而双层玻璃幕墙结构可以很好地解决此问题。双层玻璃幕墙围护结构在玻璃材料的特性(如低辐射)、除尘、降噪等方面都大大优于直接开窗通风，是当今生态建筑中所采用的一项先进技术，被誉为“可呼吸的皮肤”。

双层玻璃幕墙之间留一个空腔，空腔的两端有可以控制的进风口和出风口。如图5－34所示，图5－34(a)在冬季，关闭进出风口，利用“温室效应”，提高围护结构表面的温度，降低取暖能耗；图5－34(b)在夏季，打开进出风口，利用“烟囱效应”，幕墙通道中的空气被加热，使空气自下而上的流动，从而带走通道中的热空气，在空腔内部实现自然通风，达到降低房间温度的作用。为了更好地实现隔热，放下半透明卷帘，通过卷帘反射后除去大部分太阳辐射，降低房间温度，减少空调负荷，起到节约能源的目的。

(4)屋顶通风器

屋顶通风器的原理主要是通过空气流通的特性和室内外空气温度的差异，使室外流动的

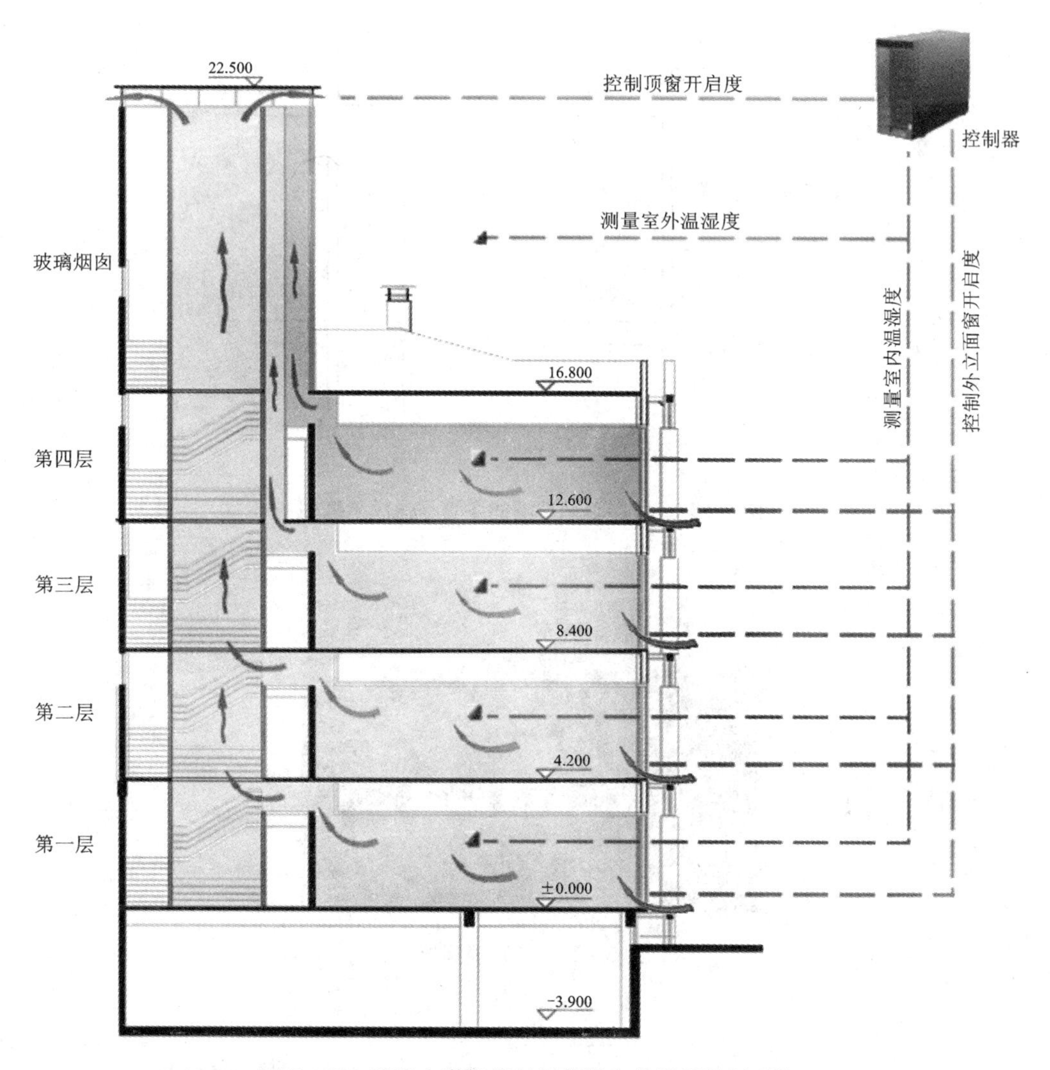

图5-33 清华大学低能耗示范楼自然通风控制系统

空气从屋顶通风器上部的进风口进入室内。当比室内空气密度更大的新鲜空气流入室内的底部空间，室内混浊的空气会上升并从屋顶通风器上部的出风口排出室外，从而实现了室内外空气的对流。屋顶通风器可以在外面窗户全部关闭时，还继续向建筑物继续提供新鲜空气，从而减少了外界噪声和灰尘等对室内环境的影响。图5-35为某建筑屋顶安装的屋顶通风器。

屋顶通风器的喉部设有电动阀板，电动阀板可以自动控制，方便用户操作。阀板在开启时起导流作用，保证通风效果良好，关闭时闭合严密，可保证采暖系统按设计工况正常运行。另外，还可以在屋顶通风器的底部安装流量控制阀，它可以根据室内状况对新鲜空气的流量要求进行调节，从而满足室内新风和温度的要求。图5-36为某型号屋顶通风器的结构示意。

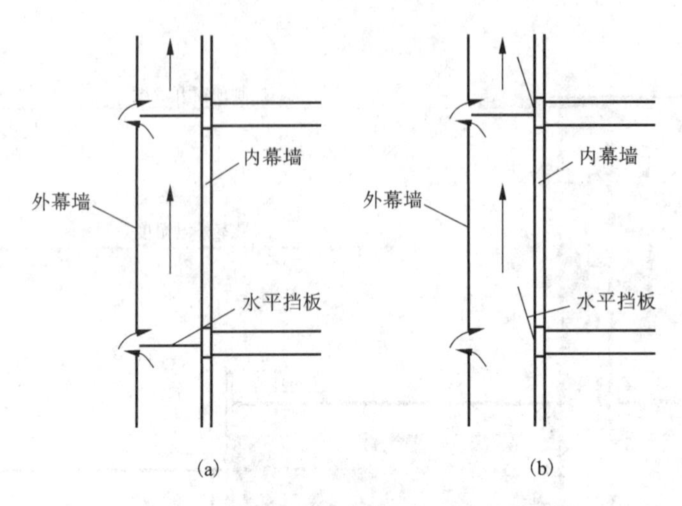

图 5-34 双层玻璃幕墙的冬夏季通风示意图

图 5-35 屋顶通风器

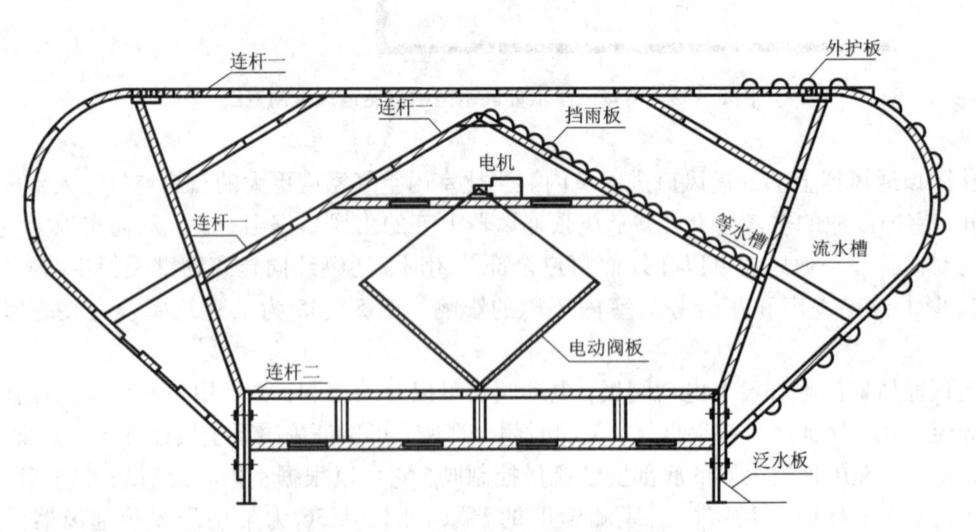

图 5-36 屋顶通风器的结构示意

2. 混合通风及控制

自然通风充分利用可再生能源，因此能耗少，但其局限性大，不易控制，不能满足人们对于舒适的要求。机械通风能够在不受外界环境干扰的情况下，可提供稳定的新风，确保室内空气品质和热舒适，但安装费用高，操作复杂，风机耗能大。因此，单一地利用自然通风或是机械通风并不能很好地解决建筑节能和舒适的问题，而近年来出现的混合通风则为此提供了一种全新的解决方式，它结合了自然和机械通风各自的优点，在满足日益严格的空气品质要求的同时还具有环保节能的特点。

在一年中不同的季节或是一天中不同的时间段，混合通风系统可以变换使用不同的通风模式，及时地、最大限度地利用周边环境以降低能耗。混合通风与传统通风的区别在于混合通风系统中设置了控制系统，能自动切换自然通风和机械通风以减少能耗。

混合通风具有以下三种运行模式：

①自然通风模式和机械通风模式交替运行。当室外条件允许自然通风的情况下，机械通风系统关闭；当室外环境温度升高或降低至某一限度时，自然通风系统关闭而机械通风系统开启。自然通风对机械通风基本上无干扰。

②风机辅助式自然通风。在所有气候条件下都以自然通风为主，但当自然驱动力不足的情况下，可开动风机维持气流的流动和保证气流流速的要求。

③热压和风压辅助式机械通风。在所有气候条件下都以机械通风为主，热压和风压等自然驱动力为辅。

混合通风结合了自然通风和机械通风两种通风模式，因此需控制的项目较多。主要包括：自然通风控制、机械通风控制、通风模式转换控制等。对于任一部分控制，控制参数的定义和选择是混合通风控制设计的重点，而通风模式切换策略是混合通风控制设计的关键。

根据控制目的(舒适度、IAQ、能耗等)的不同，混合通风控制需对温度、压降、CO_2 浓度、气流速度等参数进行测定。另外，根据需要，可以对通风口、风阀和风机采用手动或者自动控制。

混合通风的控制方法通常是基于温度控制，某些建筑特别是学校建筑还需进行 CO_2 控制，即根据室内 CO_2 浓度的变化来自动控制通风量的变化，即需求控制通风(Demand Controlled Ventilation，DCV)。

混合通风采用的自动控制方法主要分为三种：经典控制方法、最优控制方法、人工智能控制方法。

①经典控制方法：相对简单，但有较多限制，参数不能多于一个，对外部扰动敏感。

②最优控制方法：克服了经典控制的一些局限，但由于各种因素的限制，需对各个具体的工程应用分别进行设定。

③人工智能控制方法：包括模糊控制和神经网络控制等。它结合了专家控制系统知识，能控制多个参数，并能对一些定义不严谨的参数(如PMV舒适指数等)进行控制。

混合通风控制一般是多种自动控制技术的结合应用，包括简单的开关控制到先进的神经网络控制或模糊控制等。混合通风如采用了不当的控制方法，则会导致噪声和吹风感等问题的出现。另外，根据实际需要，混合通风控制系统也可采用建筑能源管理系统来实现。

5.3.2 风力发电

将风能转变成电能是风能利用的一种基本方式，风力发电过程就是先将风能转换为机械能，然后再由机械能转换为电能的过程。它通常有三种运行方式：

①独立运行方式。由一台小型风力发电机向一户或几户提供电力，它用蓄电池蓄能，以保证无风时的用电。

②风力发电与其他发电方式（如柴油机发电）相结合，向一个单位或一个村庄供电。

③风力发电并入常规电网运行，向大电网提供电力，常常是一处风场安装几十台甚至几百台风力发电机。

在建筑中，一般采用第一种方式，即家用风力发电机形式。家用风力发电机是大型风力发电机的缩小版，包括风力发电机、蓄电池、控制器、逆变器四大部分，但为了小型化的目的，会在一些结构上做出改进，一般由风轮、小型发电机、尾舵、支架、充电控制器、逆变器、蓄电池等部件组成（图 5－37）。叶片的作用相当于飞机的机翼，当风吹过时，在叶片的顺风侧形成一股低压空气，低压空气推动叶片，带动了转子的运转，在这种情况下的力称为升力。这种上升的力比面向叶片的力要大得多，面向叶片的力称作拉力。在升力和拉力的合力作用下，叶片像螺旋桨一样旋转起来，低速转动的风轮通过传动系统将动力传递给发电机。由于风向经常变化，为了有效地利用风能，尾舵可以使叶片始终朝着来风方向。

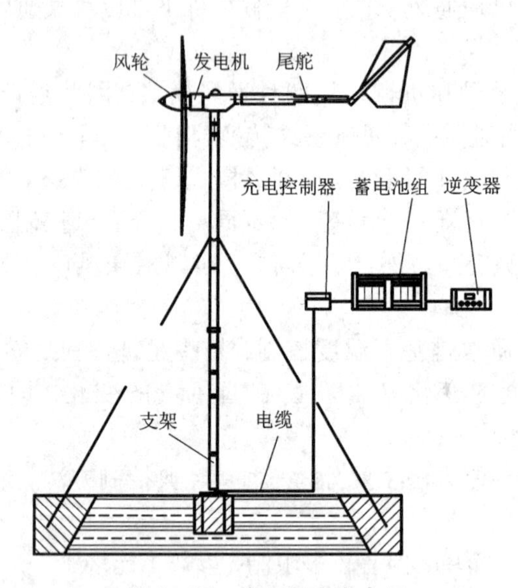

图 5－37 家用风力发电机

风力发电机利用风力发电，向蓄电池充电，把储存的电能以直流和交流两种多制式电源，供给照明、家用电器、通信设备和电动工具使用。目前，在一些发达国家，家用小型风力发电机已经应用非常普遍。一台家用风力发电机一年能够发电约 1000 kWh，在地形条件好的地方能发电 1500 kWh，这能够满足普通家庭所需电量的 1/3。由于风力发电的发电量与风速有关，因此一个地区的平均风速是风力应用的重要因素。为保证较好的应用效果，风力发电机应安装在平均风速大于 5 m/s 的地方。

风力发电机与建筑的结合主要有三种形式：非流线体型、平板型和扩散体型（图5－38）。非流线体型将风力发电机直接安装在建筑物顶上，能保持建筑原有样式，不改变建筑外形；平板型的空气动力效率非常高，其应用前景较好，但需对建筑的形式进行一定的改变和调整；扩散体型利用建筑物的形状和排列形式作为风力发电机的风力集中器，因此其风能利用效率比平板型还要高。

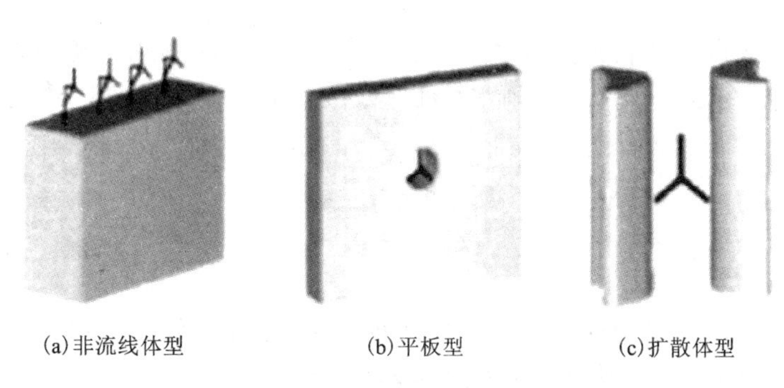

(a)非流线体型　(b)平板型　(c)扩散体型

图5－38　风力发电与建筑的结合形式

现阶段应用风力发电最有名的建筑是巴林世界贸易中心（图5－39）。在这栋建筑中，安装了三台风力发电机，每台发电机的叶片直径达29 m。由于采用的是扩散体型结合方式，建筑外形能有助于气流穿过发电机，大大提高了发电效率，正常工作时，这三台发电机能给大楼提供11%～15%的电力，全年发电量合计达1100～1300 MWh，足够给300个家庭用户提供1年的照明用电。

图5－39　巴林世贸中心风力发电

海绵城市

5.4　雨水/中水利用与监控

地球表面虽然有70%被水覆盖，但是，淡水不到3%，且分布不均匀。随着世界经济的发展，各国城市化速度加快，世界用水量正在不断增长，缺水问题越来越严重。我国的水资源虽然总量不少，但人均占有量只有世界人均占有量的1/4。我国目前约有300多个城市严重缺水，连江南城市也因水污染严重使水质恶化，因此节水已成为建筑所面临的严峻问题。在传统的水资源开发方式已无法再增加水源时，回收利用雨水/中水成为一种既经济又实用的水资源开发方式。

5.4.1 雨水收集利用

雨水作为非传统资源的利用具有多重功能：节约用水，缓解水资源危机；通过渗透增加地下水，改善生态环境；减少和减缓雨水排水量，减低城市雨洪灾害。建筑雨水利用就是将水循环中的天空雨水以天然地形或人工方法收集、截流、储存、处理回用，供建筑及小区日常用水。

1. 雨水收集利用流程

城区包括住宅小区雨水的利用，主要有屋面、路面、绿地三种汇流介质，除绿地雨水以渗流为主外，屋面和路面径流则是雨水收集和利用的重点。

雨水收集利用系统通常由收集管、初期弃流装置、储水池、提升泵、压力滤池、中水池等几部分组成，如图5－40。有的还设有渗透系统，并与贮水池溢流管相连，当集雨量较多或降雨频繁时，部分雨水可进行渗透。

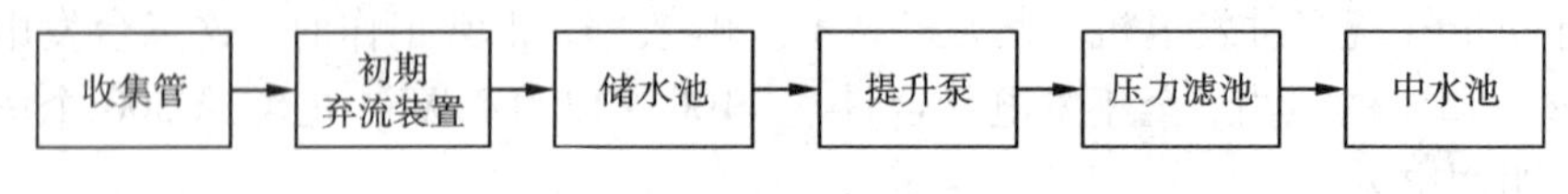

图5－40 雨水收集利用系统的组成

雨水首先经收集管进入初期弃流装置，经初期弃流后的雨水通过储水池收集，然后经泵提升至压力滤池，在进入压力滤池之前即泵的出水管道上通过混凝加药装置加入混凝剂。由于初期弃流后的雨水水质较为稳定，悬浮固体含量较低，所以混凝形成絮体后进入压力滤池直接进行过滤。然后经过消毒进入中水池，用于小区各种生活杂用水。

2. 雨水收集系统的控制

(1)初期弃流装置

一般来说，雨落初期收集的雨水较脏，因此可采用初期弃流装置把初期较脏的雨水排入污水管道。图5－41为一种常用的初期弃流装置示意，它内设有浮球阀，当水位上升时，浮球阀逐渐关闭；当水位上升到一定程度时，浮球阀会完全关闭，雨水沿旁通管经出水管送往储水池。对于已收集的初期弃流，当降雨结束后，可打开放空管上的阀门，使其流入污水管道。

(2)储水池

储水池不仅起到雨水的收集作用，而且还具有调节、沉淀功能。它内设有水位测量装置，如压力传感器，当水位达到最低水位时限制提升泵吸水，提示引入其他水源。储水池一般还设有溢流装置，溢流的过剩雨水直接排入市政雨水管网。

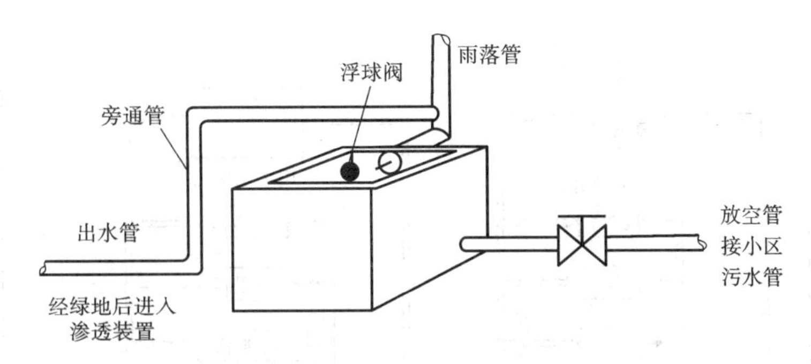

图5-41 雨水初期弃流装置示意

(3)提升泵

带有压力传感器的水泵被安放在储水池边上的泵室里，负责将储水池的雨水送到压力滤池。每个泵室设有故障-安全系统，当工作水泵出现故障时，马上启动备用泵；如果发现水压不足，或电力供应中断，或发现蓄水池水位低，则自动切换供水系统。

(4)自动监测设备

安装在储水池边的泵室里，包括数据记录器、雨量监测器、压力传感器、水质监测器及水质取样器。数据记录器可以记录所有监测结果和过程。

5.4.2 中水回用

所谓中水，就是指其水质介于上水(给水)和下水(排水)之间的杂用水。建筑系统的中水主要是指生活污水和其他污水处理后，达到国家规定的水质标准而回用于建筑或住宅小区内杂用的非饮用水。将中水回用，如用于冲洗厕所、清洗汽车、喷洒道路、绿化、消防等，不仅可以节水，且污水在原使用场所范围内消化，减少了对水域的污染。根据《绿色生态住宅小区建设要点与技术导则》的规定，生态小区应建设中水系统，中水使用量宜达到小区全部用水量的50%。

1. 中水回用系统流程

中水回用系统通常由三部分组成，即中水原水系统、中水处理系统和中水供水系统(图5-42)。中水原水系统是收集、输送中水原水到水处理系统的管道系统和附属构筑物；中水处理系统把中水原水处理成为符合回用水水质标准的设备和装置；中水供水系统是收集、输送中水到中水用水设备的管道系统和附属构筑物。

(1)中水原水系统

中水原水系统一般由建筑内部原水集流管道、小区原水集流管道、建筑内部通气管道、清通设备、计量设备等组成(图5-43)。根据需要，有的原水系统还设有原水提升泵和有压集流管道，用于对汇集的原水进行加压提升。

(2)中水处理系统

中水处理是中水回用的关键阶段，其处理方法和工艺直接影响着中水的水质，一般可分为三个阶段：前处理阶段、中心处理阶段和后处理阶段。

①前处理阶段：此阶段截流中水原水中大的漂浮物、悬浮物及杂质。如用格栅来截留尺

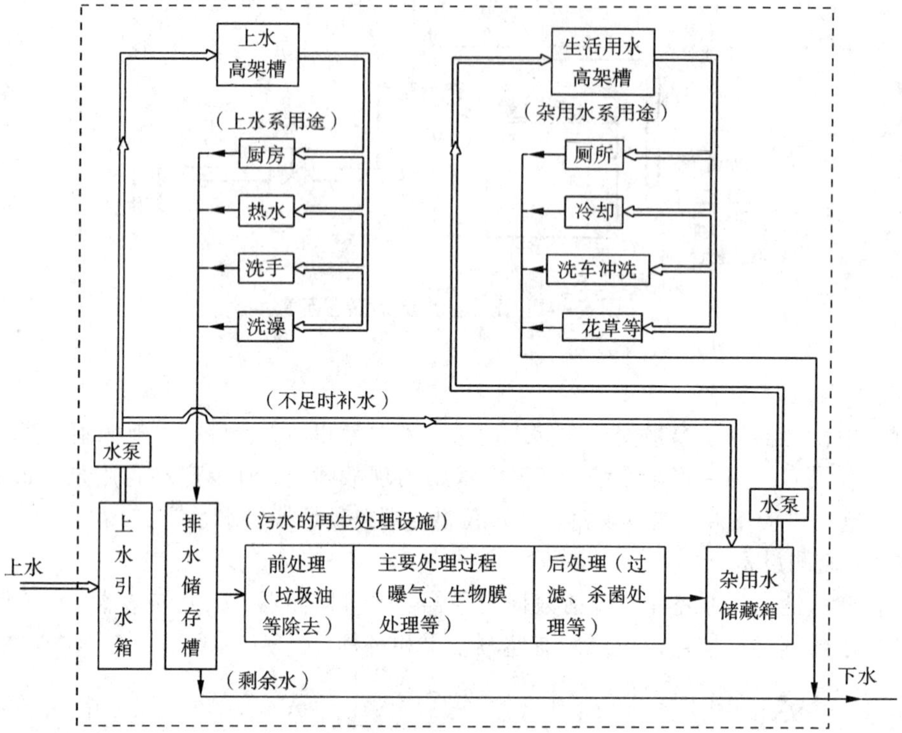

图 5－42　中水回用系统流程

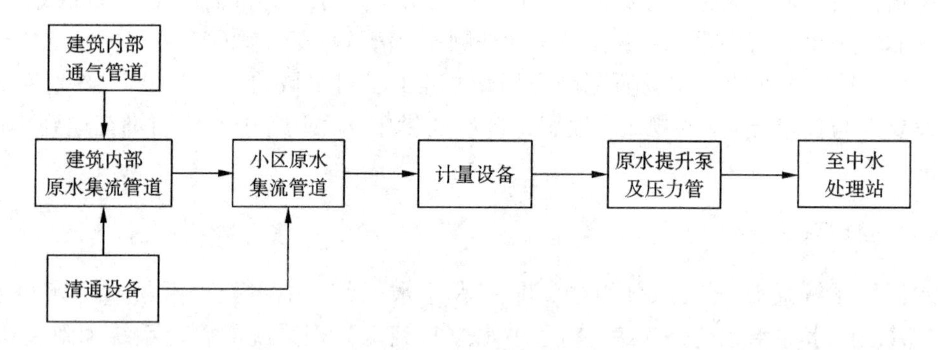

图 5－43　中水原水系统的组成

寸较大的悬浮杂质，用格筛截留格栅所不能截留的细小固体线头、毛发等。同时，利用沉淀池分离砂粒等密度大于水的悬浮颗粒，利用隔油池、气浮池分离密度小于水的悬浮颗粒和油脂。

②中心处理阶段：此阶段去除中水原水中呈胶体和溶解状态的有机物质，并进一步降低悬浮固体的含量。

③后处理阶段：此阶段进一步去除水中残存的有机物、无机物及细菌、病毒等，对中水供水进行浓度处理，使出水满足回用水的各项指标。

(3) 中水供水系统

中水供水系统把处理合格的中水从小区的中水处理站或市政中水供水管网送到各处的用水点，并满足各用水点对水压、水量、水质的要求。中水供水系统通常分生活杂用供水系统和消防供水系统两类，在给水方式上有直接给水和加压给水等多种形式。

2. 中水回用系统的监控

中水回用系统的监控一般包括以下内容：

(1) 沉淀池和中水回用池液位控制

①若沉淀池内水位达到设计要求，而回用池内水位较低，加压泵运行；

②若沉淀池内水位未达到设计水位，即使回用池内水位较低，加压泵也不运行，此时打开自来水补给阀门进行补水；

③若沉淀池内水位未达到设计要求，而回用池内水位达到设计要求，加压泵不运行。

(2) 中水水箱及中水回用池液位控制

①中水回用池内处于低水位时，提升泵不运行；

②中水回用池内水位达到设计要求，各中水水箱内水位处于高水位时，提升泵不运行；

③中水回用池内水位达到设计要求，各中水水箱内水位处于低水位时，提升泵运行。

(3) 反洗控制

系统正常工作时，毛发过滤器、膜系统以及活性炭系统的出水电磁阀打开，反洗电磁阀关闭。每天按设定的时间启动反洗程序，关闭毛发过滤器、膜系统以及活性炭系统的正常出水电磁阀，按以下顺序进行反洗：

①首先是活性炭罐的反洗阀门打开，进行活性炭罐反洗；

②其次是膜系统的反洗阀门打开，进行膜系统反洗；

③最后是毛发过滤器的反洗阀门打开，进行毛发过滤器反洗。

(4) 排污坑内设液位器，可以排掉从调节池、沉淀池、回用池以及从毛发过滤器内排出的污水

本章重点

本章介绍了可再生能源在建筑中的应用及其监控，包括太阳能、环境热能、风能、雨水及中水等可再生能源的利用与监控，重点为太阳能热水系统的监控、各种热泵的监控、自然通风与混合通风监控等。

思考与练习

1. 采光与遮阳为什么需要进行控制？
2. 光导照明系统的主要控制内容有哪些？
3. 采光/遮阳智能控制系统的主要控制方法是哪两种？
4. 什么是“特朗勃墙”？它冬季和夏季是怎样运行控制的？
5. 太阳能热水器有哪些形式？它们的运行控制是怎么实施的？

6. 太阳能热水器为什么要进行防冻保护？具体有哪些方法？
7. 太阳能热水器的过热保护是怎么实施的？
8. 太阳能光电系统的基本控制有哪些内容？
9. 太阳能光电系统为什么要联网？联网时应采取什么措施？
10. 空气源热泵为什么要进行除霜？主要有哪些除霜控制方法？
11. 水环热泵主要有哪些控制内容？
12. 土壤源热泵主要有哪些控制内容？
13. 自然通风需不需要进行控制？怎样实施？
14. 屋顶通风器的作用是什么？怎么对它进行调节？
15. 混合通风有哪几种运行模式？
16. 混合通风控制的目的是什么？什么是需求控制通风？
17. 风力发电有哪几种运行方式？在建筑中一般采用哪种方式？
18. 雨水收集系统的控制内容有哪些？
19. 雨水初期弃流装置的作用是什么？简单介绍其工作原理。
20. 中水回用系统的控制内容有哪些？

第 6 章　消防自动化系统

消防自动化系统包括火灾自动报警与消防联动控制系统两部分，它通过火灾探测器自动探测、监视区域内火灾发生时产生的烟雾、热气或火光，或监视区域内空气中可燃气体的浓度；当现场探测值超过规定值并经系统确认后，发出声光报警信号，同时联动有关消防设备，控制自动灭火系统，接通紧急广播、事故照明等设施，实现监测报警、控制灭火的自动化。其组成如图 6－1 所示。

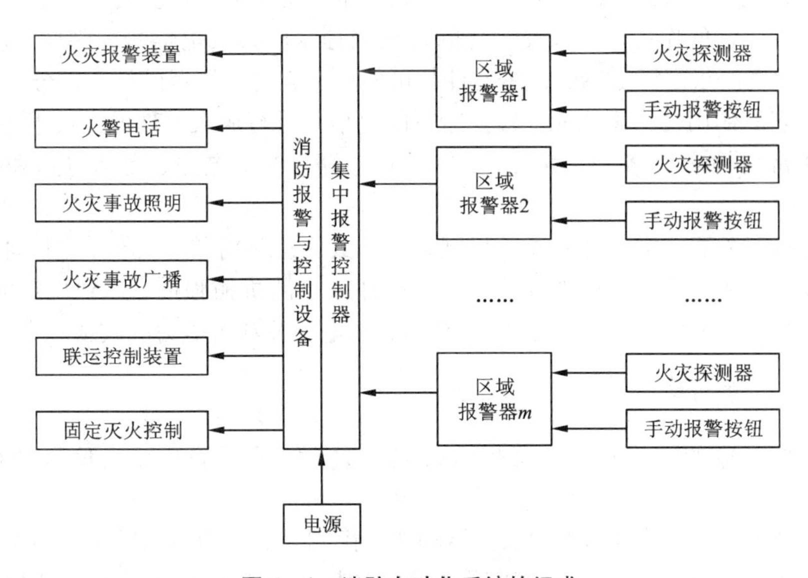

图 6－1　消防自动化系统的组成

6.1　火灾探测器

火灾探测器是火灾自动报警控制系统中的主要检测元件(图 6－2)。火灾的探测，是以探测物质燃烧过程中所产生的各种物理、化学现象，或空气中可燃物的浓度为机理，目的是实现早期发现火情，有利于减少火灾造成的损失，保护生命和财产的安全。

火灾探测器的基本功能是：对火灾参量如气、烟、热和光等，或空气中的可燃物浓度作出有效响应，并转化为电信号，提供给火灾报警控制器。

图 6-2 火灾探测器

6.1.1 火灾探测器的结构与分类

1. 火灾探测器的结构

火灾探测器通常由传感元件、电路、固定部件和外壳等 4 部分组成。

①传感元件。它的作用是将火灾燃烧的特征物理量转换成电信号。因此，凡是对烟雾、温度、辐射光和气体浓度等敏感的传感元件都可使用。它是探测器的核心部分。

②电路。它的作用是将敏感元件转换所得的电信号进行放大处理成火灾报警控制器所需要的信号，通常由检查电路、转换电路、抗干扰电路、保护电路、提示电路和接口电路等组成。

③固定部件和外壳。它是探测器的机械结构。其作用是将传感元件、电路印刷板、接插件、确认灯和紧固件等部件有机地连成一体，保证一定的机械强度，达到规定的电气性能，以防止其所处环境如光源、阳光、灰尘、气流、高频电磁波和机械力的破坏。

2. 火灾探测器的分类

可以按照探测器的结构造型、探测的火灾参数、使用环境和输出信号的形式等进行分类。

①按结构造型分类：可分为点型探测器和线型探测器。点型探测器是探测某一特定点周围火灾参数的火灾探测器；线型火灾探测器是探测某一连续线路周围火灾参数的火灾探测器。在建筑消防自动化系统中，大多数火灾探测器属于点型火灾探测器，而线型探测器多用于工业设备及民用建筑中的一些特定场合。

②按探测的火灾参数分类：可分为感烟探测器、感温探测器、感光探测器和可燃气体探测器等。

③按使用环境分类：陆用型（主要用于陆地、无腐蚀性气体、温度范围 -10 ~ +50℃、相对湿度在 85% 以下的场合中）、船用型（其特点是耐温和耐湿，也可用于其他高温、高湿的场所）、耐酸型、耐碱型和防爆型等。

④其他分类：按探测到火灾信号后是否延时向火灾报警控制器送出火警信号可分为延时型和非延时型；按输出信号的形式可分为模拟型和开关型；按安装方式可分为露出型和埋入型。

6.1.2 感烟火灾探测器

用于探测物质燃烧初期在周围空间所形成的烟雾粒子浓度，并自动向火灾报警控制器发出火灾报警信号的火灾探测器。感烟火灾探测器从作用原理上可分为离子型和光电型两类，其中光电型又可分为点型和线型两类。

1. 点型离子感烟火灾探测器

它是对燃烧产物敏感的探测器，因其电离室内含有少量放射性物质可使电离室内部分空气成电离状态，从而允许一定电流在两个电极之间的空气中通过，故称为离子型。图6-3为点型离子感烟火灾探测器的结构示意图，其工作原理是：火灾发生时，烟雾进入电离室，离子复合速度加快，导致电离室导电性能下降，电离室两端电压则发生变化；烟雾浓度越大，电离室导电性能下降越大，电离室两端电压变化越大。当电压变化超过预定值时，探测器发出信号报警。

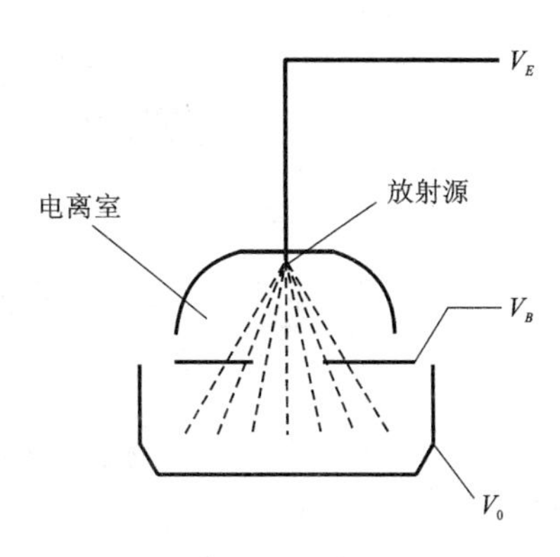

图6-3 点型离子感烟火灾探测器

2. 点型光电感烟火灾探测器

利用火灾时产生的烟雾粒子对光线产生遮挡、散射或吸收的原理，并通过光电效应而制成的一种火灾探测器。它有遮光型和散射型两种。

(1)遮光型光电感烟火灾探测器

如图6-4所示。其检测室由光束发射器(发光二极管)、光电接收器(光敏二极管)和暗室等组成。其工作原理是：当火灾发生，有烟雾进入检测室时，烟粒子将光源发出的光遮挡(吸收)，到达光敏元件的光能将减弱，其减弱程度与进入检测室的烟雾含量有关。当烟雾达到一定量，光敏元件接收的光强度下降到预定值时，通过光敏元件启动开关电路并经以后电路鉴别确认，探测器即动作，向火灾报警控制器送出报警信号。

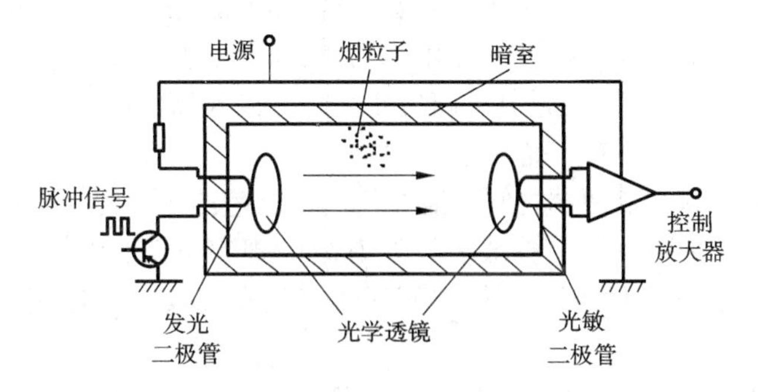

图6-4 遮光型光电感烟火灾探测器原理示意图

(2)散射型光电感烟火灾探测器

如图6－5所示，它是利用烟雾粒子对光的散射作用并通过光电效应而制作的一种火灾探测器。与遮光型光电感烟探测器的主要区别在暗室结构上。其暗室的结构要求光源(红外发光二极管)发出的红外光线在无烟时，不能直接射到光敏元件(光敏二极管)上。其中一种方法是在光源与光敏元件之间加入隔板(黑框)。

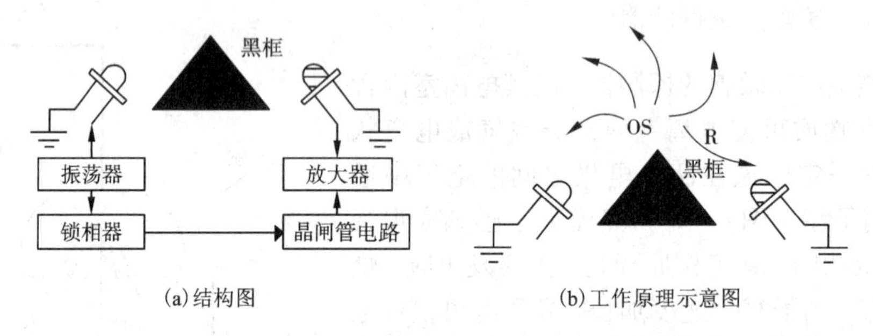

(a)结构图　　(b)工作原理示意图

图6－5　散射型光电感烟火灾探测器结构示意

其工作原理是：无烟雾时，红外光无散射作用，也无光线射在光敏二极管上，二极管不导通，无信号输出，探测器不动作。当烟雾粒子进入暗室时，由于烟粒子对光的散射作用，光敏二极管会接收到一定数量的散射光。接收散射光的数量与烟雾含量有关。当烟的含量达到一定程度时，光敏二极管导通，电路开始工作。由抗干扰电路确认是有两次(或两次以上)超过规定水平的信号时，探测器动作，向报警器发出报警信号。

3. 线型光电感烟火灾探测器

它是一种能探测到被保护范围中某一线路周围烟雾的火灾探测器，分为对射式和反射式两种(图6－6)。对射式由光束发射器、光电接收器两部分组成，它们分别安装在被保护区域的两端，中间用光束连接；反射式的光束发射器、光电接收器位于被保护区域的一端，另一端则安装有反射器，将光束发射器发出的光束反射回光电接收器。

其工作原理是：在无烟情况下，光束发射器发出的光束射到光电接收器(对射式)，或经反射器反射回光电接收器(反射式)，转换成电信号，经电路鉴别后，报警器不报警。当火灾发生并有烟雾进入被保护空间，部分光线束将被烟雾遮挡(吸收)，则光电接收器接收到的光能将减弱，当减弱到预定值时，通过其电路鉴定，光电接收器便向报警器送出报警信号。接收器一旦发出火警信号便自保持，确认灯亮。

线型光电感烟火灾探测器两端之间不能有任何可能遮挡光束的障碍物存在，否则探测器不能正常工作。因此，在接收器中一般还设置有故障报警电路，以便当光束为飞鸟或人遮挡、发射器损坏或丢失、探测器因外因倾斜而不能接收光束等原因时，向报警器送出故障报警信号。

根据光束种类的不同，线型光电感烟火灾探测器可分为红外光束型、紫外光束型和激光型三种。红外光和紫外光感烟探测器是利用烟雾可以吸收或散射红外光束和紫外光束的原理制成，具有技术成熟、性能稳定可靠、探测方位准确、灵敏度高等优点。激光是由单一波长组成的光束，其方向性强、亮度高、单色性和相干性好，也得到了广泛应用。

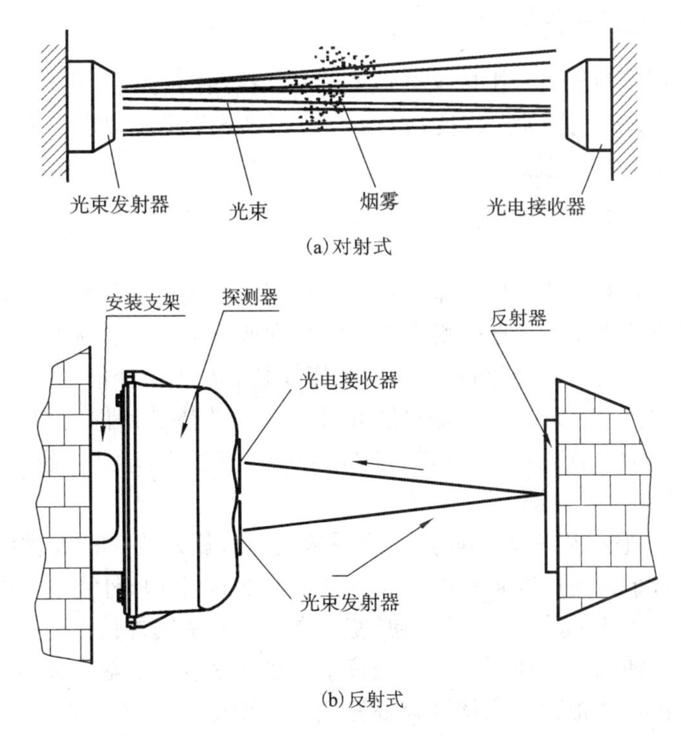

图6-6 线型光电感烟火灾探测器的工作原理

4.感烟火灾探测器的选用

感烟火灾探测器是现阶段使用量最大的火灾探测器，它响应速度快，能及早地发现火情，因此作为前期、早期报警是非常有效。凡是要求火灾损失小的重要地点，对火灾初期有阴燃阶段，即产生大量的烟和少量的热，很少或没有火焰辐射的场所，如棉、麻织物的引燃等，都适于选用。不过，正常情况下有烟的场所，经常有粉尘及水蒸气等固体、液体微粒出现的场所，发火迅速、生烟极少及爆炸性场合等不宜选用。

离子感烟与光电感烟火灾探测器的适用场合基本相同，但由于相对湿度对空气的导电性有影响，因此在相对湿度长期较大的场所不宜选用离子感烟火灾探测器。离子感烟火灾探测器对人眼看不到的微小颗粒同样敏感，例如人能嗅到的油漆味、烤焦味等都能引起探测器动作，甚至一些分子量大的气体分子，也会使探测器发生动作，因此这些场所也不宜选用离子感烟火灾探测器。另外，在风速过大的场合(例如大于6 m/s)将引起离子感烟火灾探测器工作不稳定，且其敏感元件的寿命较光电感烟火灾探测器的短。

光电感烟火灾探测器在一定程度上可克服离子感烟火灾探测器的缺点。除了可在建筑物内部使用，更适用于电气火灾危险较大的场所。使用中应注意，当附近有过强的红外光源或高频电磁干扰时，可导致探测器工作不稳定。另外，由于油雾会影响光敏元件的灵敏度，因此经常有油雾产生的场所也不宜选用。

与点型感烟火灾探测器相比，线型感烟火灾探测器的探测面积广，适用于初始火灾有烟雾形成的高大空间、大范围场所。

6.1.3 感温火灾探测器

感温火灾探测器是对警戒范围内某一点或某一线段周围的温度参数敏感响应的火灾探测器，是仅次于感烟火灾探测器使用广泛的一种火灾早期报警的探测器。根据监测温度参数的不同分类有定温、差温、差定温三种。

1. 定温火灾探测器

定温火灾探测器是对警戒范围中某一点或某一线段周围温度达到或超过规定值时响应的火灾探测器。其工作原理是：当它探测到的温度达到或超过其动作温度值时（动作温度可按其所在的环境温度进行选择），探测器动作向报警控制器送出报警信号。

该探测器结构较简单，关键部件是热敏元件。常用的热敏元件有双金属片、易熔合金、低熔点塑料、水银、酒精、热敏绝缘材料、半导体热敏电阻、膜盒机构等。

（1）双金属型定温火灾探测器

如图6－7所示，它是以具有不同热膨胀系数的双金属片为热敏元件的点型定温火灾探测器。将两块磷铜合金片通过固定块固定在一个不锈钢的圆筒形外壳内，由于不锈钢的热膨胀系数大于磷铜合金，当探测器检测到的温度升高时，不锈钢外筒的伸长大于磷铜合金片，两块合金片被拉伸而使两个触头靠拢。当温度上升到规定值时，触点闭合，探测器动作并送出一个开关信号使报警器报警。当探测器检测到的温度低于规定值时，经过一段时间，两触头又分开，探测器重新自动回复到监视状态。因此，双金属型定温火灾探测器可重复使用，为可恢复型探测器。

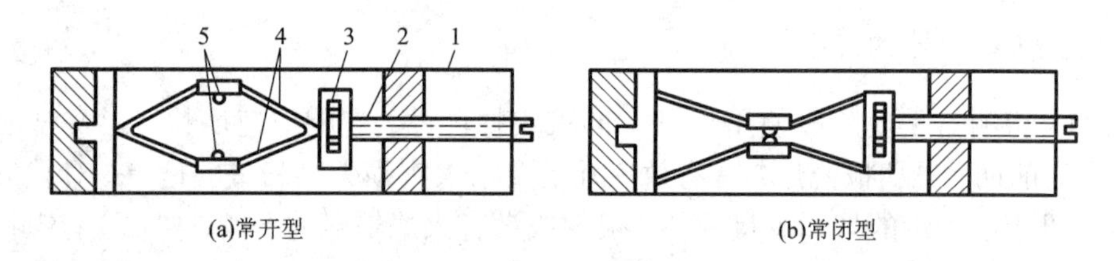

图6－7 圆筒状结构的双金属定温火灾探测器结构示意

1—不锈钢管；2—调节螺栓；3—固定块；4—铜合金片；5—电接点

（2）易熔金属型定温火灾探测器

如图6－8所示，它是一种以能在规定温度值时迅速熔化的易熔合金作为热敏元件的点型定温火灾探测器。该探测器下方吸热片的中心处和顶杆的端面用低熔点合金焊接。弹簧处于压紧状态，在顶杆的上方有一对电接点。无火灾时，电接点处于断开状态。火灾发生后，只要它探测到的温度升到动作温度值，低熔点合金迅速熔化，释放顶杆，使电接点闭合，探测器动作。由于该类型探测器在报警后结构不能恢复到起始状态，因此不能重新使用，为不可恢复型。

（3）缆式定温火灾探测器（感温电缆）

如图6－9所示，它是对警戒范围中某一线路周围的温度升高敏感响应的线型火灾探测器。当感温电缆处于警戒状态时，两导线间为高阻态。当火灾发生，只要该线路上某处的温度升高达到或超过预定温度时，热敏绝缘材料阻抗急剧降低，使两芯线间呈低阻态（可恢复

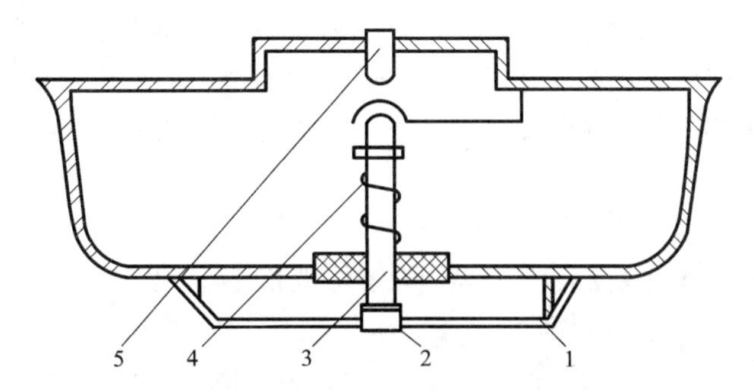

图6-8 易熔合金定温火灾探测器结构示意图

1—吸热片；2—易熔合金；3—顶杆；4—弹簧；5—电接点

型)；或者热敏绝缘材料被熔化，使两芯线短路(不可恢复型)，这都会使报警器发出报警信号。

根据不同的报警温度，感温电缆可以分为68℃、85℃、105℃、138℃、180℃等(可以根据不同的颜色来区分)。感温电缆的长度一般为100～500 m，通常用于地铁、隧道等工程及电缆沟、井、托架、夹层，传输带等一些特定场合。

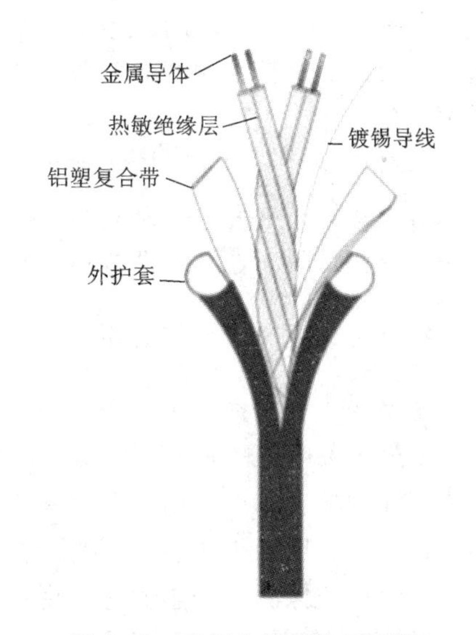

图6-9 感温电缆结构示意图

2. 差温火灾探测器

它是对警戒范围中某一点或某一线段周围的温度上升速率超过规定值时响应的火灾探测器。根据工作原理的不同，可分为膜盒差温火灾探测器和电子差温探测器。

膜盒点型差温探测器如图6-10所示，其工作原理是：由于常温变化缓慢，温度升高时，气室内的气体压力增高，可从漏气孔中泄放出去。当发生火灾时，温升速率增高，气室内空气迅速膨胀来不及从漏气孔跑掉，气压推动波纹板，接通电接点，报警器报警。该探测器为可恢复型，报警后可继续使用。

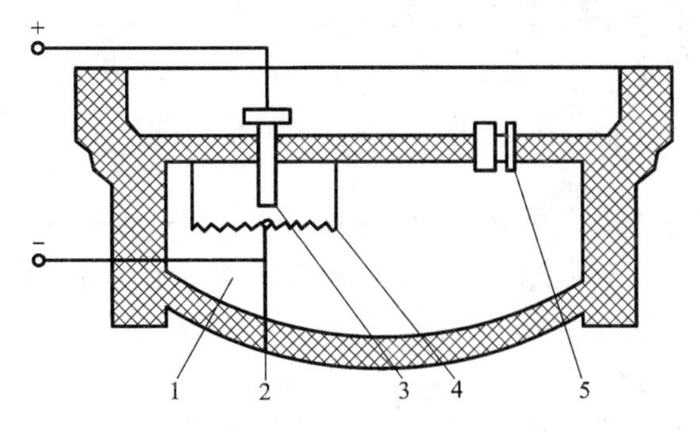

图6-10 膜合差温火灾探测器结构示意

1—气室；2—动触点；3—静触头；4—波纹板；5—漏气孔

电子点型差温火灾探测器应用两个热时间常数不等的热敏电阻。在相同温升环境下，这两个热敏电阻的电阻变化不相同，分别检测出通过这两个电阻的电压变化值，当两者差值大于设定值时点亮报警灯，并且输出报警信号。该探测器为可恢复型，报警后可继续使用。

3. 差定温火灾探测器

差定温火灾探测器兼有差温和定温两种功能，既能响应预定温度报警，又能响应预定温升速率报警，因而扩大了使用范围。

在图6-8中只要另用一个弹簧片，并用易熔合金将此弹簧片的一端焊在吸热外罩上，就形成膜盒型差定温火灾探测器。其中，气室是差温的敏感元件，它在环境温度速率剧增时，其差温部分起作用；易熔元件是定温的敏感元件，当环境温度升高到易熔合金标定的动作温度时，该定温部分起作用，此时易熔合金熔化，弹簧片向上弹起，推动波纹膜片，使电接点接通。这种做法的膜合型差定温探测器的定温部分动作后，其性能即失效，但差温部分动作后仍可反复使用。

也可采用三个热敏电阻组成电子型差定温火灾探测器。其中，一个热敏电阻用作定温报警部分，另两个热敏电阻组成差温报警部分，只要任一部分达到报警设定值，就点亮报警灯，并输出报警信号。该探测器为可恢复型，报警后可继续使用。

4. 感温火灾探测器的选用

感温火灾探测器的可靠性较高，工作稳定，不受非火灾性烟雾、水蒸气、粉尘等干扰，但对初期火灾的响应要迟钝些，因此，凡无法应用感烟火灾探测器、允许产生一定的物质损失、非爆炸性的场合都可采用感温火灾探测器，特别适用于经常存在大量粉尘、烟雾、水蒸气的场所及相对湿度高于95%的房间，但不宜于有可能产生阴燃火的场所。

定温火灾探测器需温度达到规定温度时才会动作，因此受环境温度影响比较大，故初期环境温度在0℃以下的场所不宜选用；当温升速率越大时，差温式火灾探测器动作的时间越短，因此，差温火灾探测器特别适于火灾时温升速率大的场所，但正常情况下温度变化较大的场所不宜选用；差定温探测器既能响应预定温度报警，又能响应预定温升速率报警，扩大了使用范围，因此在火灾初期环境温度难以肯定时，宜选用差定温火灾探测器。

双金属片、易熔合金型等机械型感温火灾探测器不需要配置电路，牢固可靠，不易产生误动作，价格低廉。电子型感温火灾探测器比机械型的分辨能力高，动作温度的准确性容易实现，适用于某些要求动作温度较低，而机械型又难以胜任的场合。

6.1.4 感光火灾探测器

感光火灾探测器又称为火焰探测器，是一种能对物质燃烧火焰的光谱特性、光照强度和火焰的闪烁频率敏感响应的火灾探测器。它能响应火焰辐射出的红外、紫外和可见光，工程中主要用红外火焰型和紫外火焰型两种。

(1)红外感光火灾探测器

它是一种对火焰辐射的红外光敏感响应的火灾探测器。红外线波长较长，烟粒对其吸收和衰减能力较弱，即使有大量烟雾存在的火场，在距火焰一定距离内，仍可使红外线敏感元件感应，发出报警信号。因此这种探测器误报少，响应时间快，抗干扰能力强，工作可靠。

(2)紫外感光火灾探测器

它是一种对紫外光辐射敏感响应的火灾探测器，具有响应速度快、灵敏度高的特点，可以对易燃物火灾进行有效报警。由于火焰温度越高，火焰强度越大，紫外光辐射强度也越高，因此它特别适用于有机化合物燃烧的场合，例如：油井、输油站、飞机库、可燃气罐、液化气罐、易燃易爆品仓库等。特别适用于火灾初期不产生烟雾的场所，如生产储存酒精、石油等场所。

感光火灾探测器的响应速度快，其敏感元件在接收到火焰辐射光后的几毫秒，甚至几个微秒内就发出信号，特别适用于突然起火无烟的易燃易爆场所；不受环境气流的影响，是唯一能在室外使用的火灾探测器；性能稳定、可靠、探测方位准确。因此，感光火灾探测器适用于在火灾发展迅速，有强烈的火焰和少量烟、热的场所，如有轻金属及它们的化合物的场所的火灾。

感光火灾探测器不适用的情况有：在可能发生无焰火灾；在火焰出现前有浓烟扩散；探测器的镜头易被污染；探测器的“视线”(光束)易被遮挡；探测器易受阳光或其他光源直接或间接照射；在正常情况下有明火作业及X射线、电焊弧光影响等情形的场所。

6.1.5 可燃气体火灾探测器

可燃气体包括天然气、煤气、烷、醇、醛、炔等。可燃气体火灾探测器是一种能对空气中可燃气体含量进行检测，并发出报警信号的火灾探测器。它通过测量空气中可燃气体爆炸下限以内的含量，以便当空气中可燃气体含量达到或超过报警设定值时，自动发出报警信号，提醒人们及早采取安全措施，避免事故发生。常见的有催化型可燃气体探测器和半导体可燃气体探测器，主要适用于易燃易爆场合。

(1)催化型可燃气体火灾探测器

催化型是用难熔的铂金丝作为探测器的气敏元件。工作时，铂金丝要先被靠近它的电热体预热到工作温度。铂金丝在接触到可燃气体时，会产生催化作用，并在自身表面引起强烈的氧化反应，使铂金丝的温度升高，电阻增大，并通过由铂金丝组成的不平衡电桥将这一变化取出，通过电路发出报警信号。

(2)半导体可燃气体火灾探测器

采用对可燃气体高度敏感的半导体元件作为气敏元件，可以对空气中散发的可燃气体进行有效监测。气敏半导体元件灵敏度高，即使浓度很低的可燃气体也能使半导体元件的电阻发生极明显的变化，因此半导体可燃气体探测器的制作工艺简单、价廉、适用范围广，对多种可燃气体都有较高的敏感能力，但选择性差，不能分辨混合气体中的某单一成分的气体。

可燃气体火灾探测器需与专用的可燃气体报警器配套使用。预报的报警点通常设在20% ~25%的爆炸含量的下限范围内。

6.1.6 火灾探测器选择和数量确定

(1)火灾探测器的选择

火灾探测器应根据探测区域内的环境条件、火灾特点、安装场所的气流状况等进行选用，表6-1和表6-2详细列出了部分火灾探测器的适合场所及不适合场所。

表 6－1 点型火灾探测器的选择

探测器	适合场所	不适合场所
离子感烟火灾探测器	饭店、旅馆、教学楼、办公楼的厅堂、卧室、办公室等；电子计算机房、通信机房、电影或电视放映室等；楼梯、走道、电梯机房等；书库、档案库等；有电气火灾危险的场所	相对湿度经常大于 95%；气流速度大于 5 m/s；有大量粉尘，水雾滞留；可能产生腐蚀性气体；在正常情况下有烟滞留；产生醇类、醚类等有机物质
光电感烟火灾探测器	同上	可能产生黑烟；有大量粉尘，水雾滞留；可能产生蒸汽和油雾；在正常情况下有烟滞留
感温火灾探测器	相对湿度经常大于 95%；无烟火灾；有大量粉尘；在正常情况下有烟和蒸汽滞留；厨房、锅炉房、发电机房，烘干车间等；吸烟室等；其他不宜安装感烟火灾探测器的厅堂和公共场所	可能产生阴燃火或发生火灾不及时报警时将造成重大损失的场所（温度在 0℃ 以下的场所不宜选用定温，温度变化较大的场所不宜选用差温）
火焰探测器	火灾时有强烈的火焰辐射；液体燃烧火灾等无阴燃阶段的火灾；需要对火焰作出快速反应	可能发生无焰火灾；在火焰出现前有浓烟扩散；探测器的镜头易被污染；探测器的视线易被遮挡；探测器易受阳光或其他光源直接或间接照射；在正常情况下有明火作业以及 X 射线、弧光等影响
可燃气体火灾探测器	使用管道煤气或天然气的场所；煤气站和煤气表房以及存储液化石油气罐的场所；其他散发可燃气体和可燃蒸汽的场所；有可能产生一氧化碳气体的场所，宜选择一氧化碳气体探测器	

表 6－2 线型火灾探测器的选择

探测器	适合场所
红外光束感烟火灾探测器	隧道工程，古建筑、文物保护的厅堂馆所等，档案馆、博物馆、飞机库、无遮挡大空间的库房等，发电厂、变电站等
缆式线型定温火灾探测器	电缆隧道、电缆竖井、电缆夹层、电缆桥架等，配电装置、开关设备、变压器等，各种带输送装置，控制室，计算机室的闷顶内、地板下及重要设施隐蔽处等，其他环境恶劣不适合点型火灾探测器安装的危险场所

由于各种探测器特点各异，其适用房间高度也不尽一致，表 6－3 列举了几种常用的探测器适用房间高度的情况。应注意具体选用时尚需结合火灾的危险度和探测器本身的灵敏度档次来进行。若判断不准时，需作模拟试验后最后确定。

表6－3 根据房间高度选择火灾探测器

房间高度 h /m	感烟探测器	感温探测器			火焰探测器
		一级	二级	三级	
$12<h\leqslant 20$	不适合	不适合	不适合	不适合	适合
$8<h\leqslant 12$	适合	不适合	不适合	不适合	适合
$6<h\leqslant 8$	适合	适合	不适合	不适合	适合
$4<h\leqslant 6$	适合	适合	适合	不适合	适合
$h\leqslant 4$	适合	适合	适合	适合	适合

另外，对于一些重要或特殊的场所，还可选用几种探测器的组合，只要其中一个火灾探测器感应到火灾信号就进行报警。例如，大中型计算机房、洁净厂房以及防火卷帘等可采用感烟与感温探测器的组合。对于蔓延迅速、有大量的烟和热产生、有火焰辐射的火灾，如油品燃烧等，宜选用三种探测器的组合。在工程实际中，在危险性大又很重要的场所，即需设置自动灭火系统或设有联动装置的场所，均应采用感烟、感温、火焰探测器的组合。

(2)火灾探测器的设置数量

规范规定：探测区域内每个房间应至少设置一只火灾探测器。一个探测区域内所设置探测器的数量则按式(6－1)计算。

$$N\geqslant S/(kA) \tag{6-1}$$

式中 N——探测器的数量，个；

S——探测区域的地面面积，m^2；

A——探测器的保护面积，m^2；

k——安全修正系数，重点保护建筑 k 取0.7～0.9，非重点保护建筑 k 取1。

对于一个探测器而言，其保护面积 A 和保护半径 R 的大小与其探测器的类型、探测区域的面积、房间高度及屋顶坡度都有一定的联系。表6－4以两种常用的探测器反映了保护面积、保护半径与其他参量的相互关系。

表6－4 感烟、感温探测器的保护面积和保护半径

火灾探测器种类	地面面积 S/m^2	房间高度 H/m	探测器的保护面积 A 和保护半径 R					
			房顶坡度 θ					
			$\theta\leqslant 15°$		$15°<\theta\leqslant 30°$		$\theta>30°$	
			A/m^2	R/m	A/m^2	R/m	A/m^2	R/m
感烟探测器	$\leqslant 80$	$\leqslant 12$	80	6.7	80	7.2	80	8.0
	>80	$6<h\leqslant 12$	80	6.7	100	8.0	120	9.9
		$\leqslant 6$	60	5.8	80	7.2	100	9.0
感温探测器	$\leqslant 30$	$\leqslant 8$	30	4.4	30	4.9	30	5.5
	>30	$\leqslant 3$	20	3.6	30	4.9	40	6.3

6.2 火灾报警控制器

火灾报警控制器是消防自动化系统的核心部分，可以独立构成自动监测报警系统，也可以与灭火装置构成完整的火灾自动监控消防系统。对于联网的系统，火灾报警控制器还要将报警信息传送给上一级的报警管理中心。火灾报警控制器将报警与控制融为一体。

6.2.1 火灾报警控制器功能

火灾报警控制器将报警与控制融为一体，其功能可归纳如下：

(1)迅速而准确地发送火警信号

直接或间接地接收来自火灾探测器及其他火灾报警触发器件(如手动报警按钮)的火灾报警信号，经判断确认后，立即发出声、光报警信号，指示火灾发生部位，并予保持。火灾报警控制器除本身的报警装置发出报警外，同时也控制现场的声、光报警装置发出报警。光报警信号采用红色信号灯，声报警信号一般采用警铃。

报警可以分为预告报警和紧急报警。预告报警表示探测器已经探测到火灾信息，但火灾处于燃烧初期，如果此时能用人工方法及时扑灭火灾，则不必动用消防系统的灭火设备，可以减少损失；紧急报警则是表示火灾已经被确认，火灾已经发生，需要动用消防系统的灭火设备快速扑灭火灾。实现两者的区别，最简单的方法就是在被保护现场安置两种灵敏度的探测器，其中高灵敏度探测器作为预告报警用，低灵敏度探测器则用作紧急报警。

(2)发出信号联动控制灭火设备

火灾报警控制器在发出火警信号的同时，经适当延时，还能发出灭火控制信号，启动联动灭火设备。

(3)自动监测系统故障

为了保证安全可靠长期不间断地运行，需要自动对系统进行故障监测。当火灾报警控制器内部，或控制器与火灾探测器传输火灾报警信号的部件发生故障时，应能在100 s内发出与火灾报警信号有明显区别的声、光故障信号。但火灾与故障同时发生或者先故障而后火灾时，故障声、光报警应让位于火灾的声、光报警，即火灾报警优先。

(4)具有记忆功能

当出现火灾报警或故障报警，能立即记忆火灾或事故地址与时间，尽管火灾或事故信号已消失，但记忆并不消失。只有当人工复位后，记忆才消失，恢复正常监控状态。火灾报警控制器还能自动启动记录设备，记下火灾状况，以备事后查询。

(5)提供电源

除为火灾报警控制器本身供电外，也可为其连接的其他部件，如火灾探测器、手动报警按钮等供电。

关于火灾报警控制器详细的功能和要求，可参考《火灾报警控制器通用技术条件》(GB 4717—2005)。

6.2.2 区域控制器和集中控制器

火灾报警控制器通常按其用途分为区域报警控制器和集中报警控制器。区域火灾报警控制器容量小，一般无联动控制功能，或仅有少量的联动控制功能。集中火灾报警控制器容量大，有较强的联动控制功能。

区域报警控制器用于对火灾探测器的监测、巡检、供电与备电，接收监测区域内火灾探测器的报警信号，并转换为声、光报警输出，显示火灾部位等。其主要功能有火灾信号处理与判断，声、光报警，故障检测，模拟检查，报警计时，备电切换和联动控制等。

消防报警按钮

集中报警控制器用于接收区域控制器火灾信号，显示火灾部位，记录火灾信息，协调联动控制和构成终端显示等，主要功能包括报警显示、控制显示计时、联动控制、信息传输处理等。

对于小型建筑，其火灾报警装置由单个区域控制器及火灾探测器、手动报警器、火灾警报装置即可组成。其工作原理如图6－11(a)所示。如果报警区域内的区域控制器超过3台，就要使用集中报警系统，它由火灾探测器、区域控制器和集中控制器等组成，集中报警系统的典型结构如图6－11(b)所示。

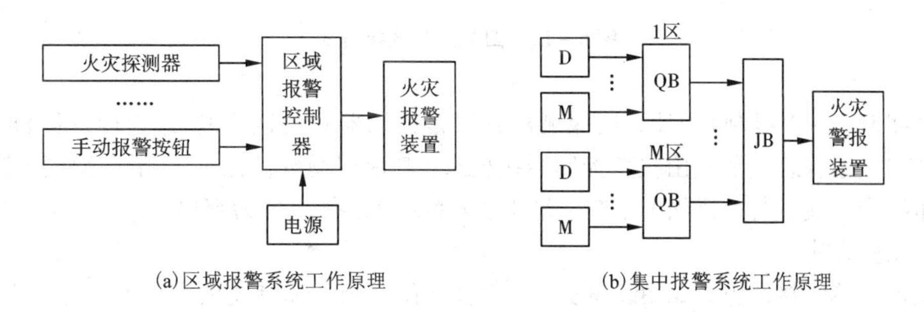

(a)区域报警系统工作原理　(b)集中报警系统工作原理

图6－11　火灾报警系统工作原理

D—火灾探测器；JB—集中报警控制器；M—手动报警按钮；QB—区域报警控制器

6.2.3 探测器与控制器的连接

探测器布置后，须与控制器进行连接方能发挥其作用。对于不同厂家生产的不同型号的探测器其接线形式也不一样。

1. 多线制

多线制也称 $n+1$ 线制，即每个探测器除共用一条地线外，还单独连有一条专线用来供电、选通信息与自检。这种方式可完成电源供电、故障检查、火灾报警、断线报警(包括接触不良、探测器被取走)等功能，但由于系统中布线较多，只适应于小型火灾报警系统，现在已基本被淘汰。

2. 总线制

总线制系统采用地址编码技术，整个系统只用几根总线，建筑内布线极其简单，给设计、施工及维护带来了极大的方便，因此目前被广泛采用。现阶段，常见的有二总线制和四总线制两种方式。

(1)四总线制

如图 6－12 所示。四条总线为：P 线给出探测器的电源、编码、选址信号；T 线给出自检信号以判断探测部位或传输线是否有故障；控制器从 S 线上获得探测部位的信息；G 为公共地线。P、T、S、G 均为并联方式连接，S 线上的信号对探测部位而言是分时的，从逻辑实现方式上看是“线或”逻辑。

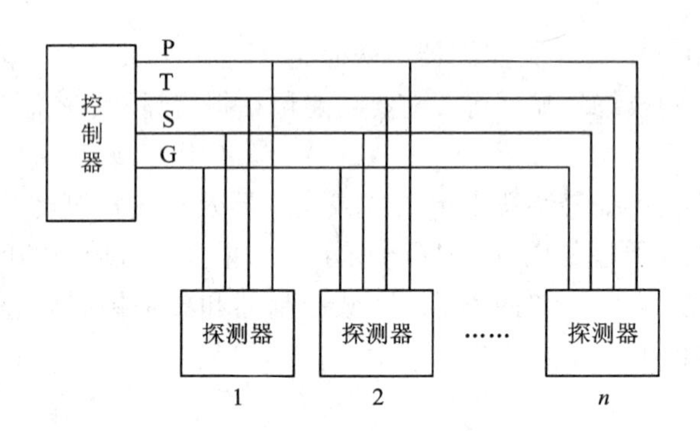

图 6－12　四总线制连接方式

与两线制($n+1$ 线制)相比，从探测器到报警控制器只用四根总线，有时可增加一根 V 线(DC24V)，也以总线形式由报警控制器接出来，其他现场设备也可使用。这样控制器与报警器的布线为 5 线，大大简化了系统，尤其是大系统中，优点更为突出。

(2)二总线制

这是最简单的接线方式，用线量更少，但技术的复杂性和难度也提高了。总线中的 G 线为公共地线，P 线则完成供电、选址、自检、获取信息等功能。总线系统有树枝形和环形两种。

图 6－13 所示为树枝形接线方式，这种方式应用广泛，这种方式如果发生断线，可以报出断线故障点，但断点之后的探测器不能工作。

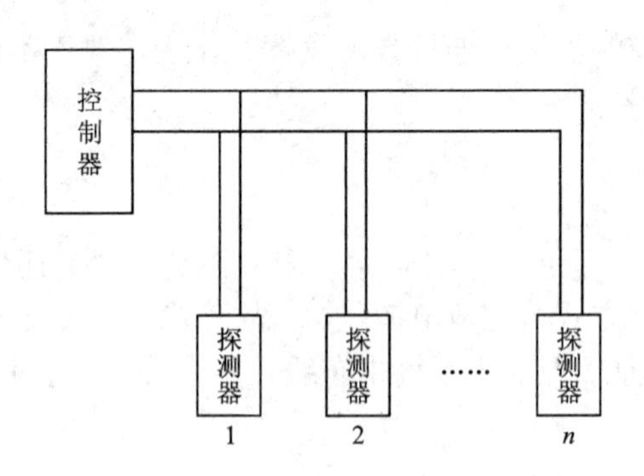

图 6－13　树枝形接线(二总线制)

图 6－14 所示为环形接线方式，这种系统要求输出的两根总线再返回控制器另两个输出端子构成环形。这种接线方式如中间发生断线不影响系统正常工作。

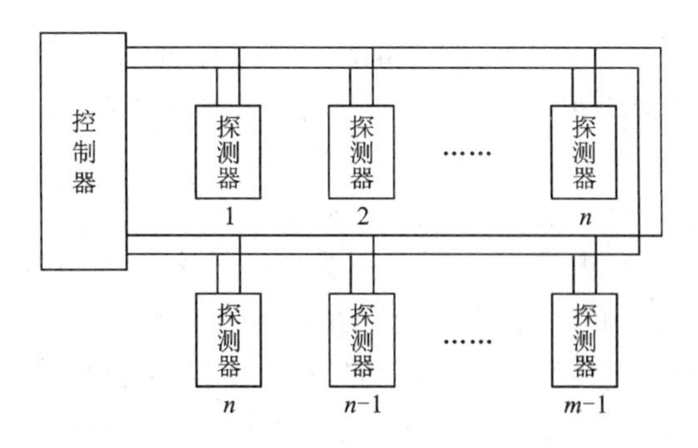

图6－14 环形接线(二总线制)

6.3 灭火系统

火灾的种类及灭火方法

建筑物尤其是高层建筑一旦发生火灾，损失是巨大的。依靠先进的控制技术完成早期灭火应该是首选的方法。根据灭火介质的不同，建筑灭火系统通常分为水灭火系统和气体灭火系统，水灭火系统又包括室内消火栓灭火系统及室内喷洒水灭火系统。我国《高层民用建筑设计防火规范》中规定，在高层建筑及建筑群体中，除了设置消火栓灭火系统以外，还要求设置自动喷洒水灭火系统。

6.3.1 室内消火栓灭火系统

室内消火栓灭火系统由高位水箱(蓄水池)、消防水泵(加压泵)、管网、室内消火栓设备(水枪、水带和消火栓)、室外露天消火栓以及水泵接合器等组成，如图6－15所示。

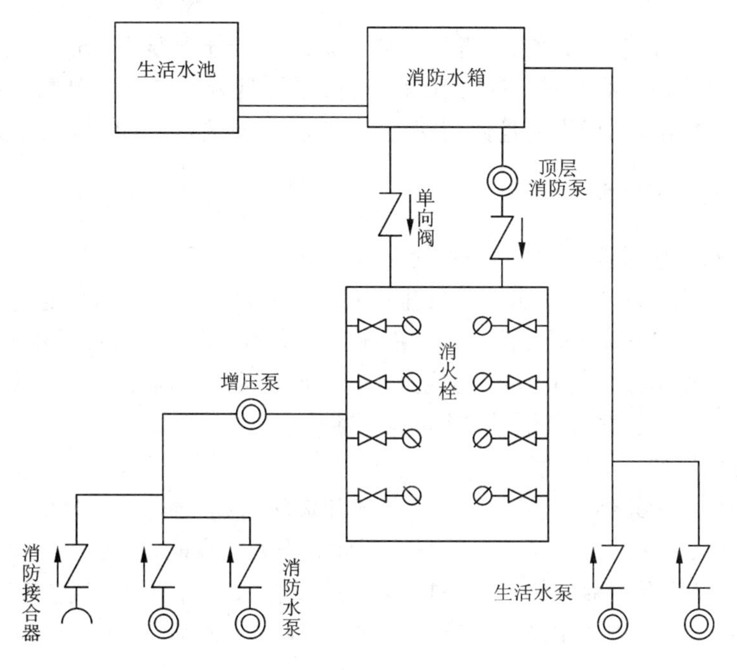

图6－15 室内消火栓灭火系统示意图

①高位水箱设置在屋顶，应充满足够的消防用水，一般规定贮水量应能提供火灾初期消防水泵投入前10 min的消防用水。10 min后的灭火用水由消防水泵从低位蓄水池或市政供水管网将水注入室内消防管网。

②高位水箱下部的单向阀门是为防止消防水泵启动后消防管网的水进入消防水箱而设。

③为保证楼内最不利点消火栓设备所需压力，满足喷水枪喷水灭火需要的充实水柱高度，常需采用加压设备。常用的加压设备有消防水泵和气压给水泵。采用消防水泵时，可用消火栓内设置的消防报警按钮报警，并给出信号启动消防水泵。采用气压给水装置时，由于采用了气压水罐，所以水泵功率较小，可采用电接点压力表，通过测量供水压力来控制水泵的启动。

④水泵接合器是消防车往室内管网供水的接口，在水泵接合器与室内管网的连接管上，应设置单向阀及安全阀，可防止消防车送水压力过高而损坏室内供水管网。

⑤在一些高层建筑中，为弥补消防水泵供水时扬程不足，或降低单台消防水泵的容量以达到降低自备应急发电机组的额定容量，往往在消火栓灭火系统中增设中途接力泵。

⑥在消火栓箱内的按钮盒，通常是联动的一常开一常闭按钮触点(无火灾时，常开触点闭合，常闭触点断开；有火灾时，常闭触点闭合，常开触点断开)，可用于远距离启动消防水泵，如图6-16所示。

图6-16 消火栓按钮

6.3.2 室内喷洒水灭火系统

根据使用环境及技术要求，室内喷洒水灭火系统又可分为湿式、干式、预作用式、雨淋式、喷雾式及水幕式等多种类型。室内喷洒水灭火系统具有系统安全可靠，灭火效率高，结构简单，使用、维护方便，成本低且使用期长等特点，在火灾的初期，灭火效果尤为明显。

1. 湿式自动喷水灭火系统

湿式自动喷水灭火系统如图6-17所示。无火灾时，由于高位水箱的作用，湿式自动喷水灭火系统使得管网内充以压力水。当发生火灾时，室内温度上升到一定程度，闭式喷头自动开启喷水，管网压力下降，报警阀也因阀后压力下降而开启，接通管网和水源以供水灭火。管网中设置的水流指示器(水流开关)感应到水流动时，发出电信号。管网中压力开关因管网压力下降到一定值时，也发出电信号，启动水泵供水。

各主要部件作用如下：

①闭式喷头可分为易熔合金式、双金属片式和玻璃球式三种。应用最多的是玻璃球式喷头，如图6-18所示。正常情况下，喷头处于封闭状态。火灾时，开启喷水是由感温部件(充液玻璃器)控制，当装有热敏液体(乙醚或酒精)的玻璃球达到动作温度(57℃、68℃、79℃、93℃、141℃、182℃)时，因球内液体膨胀，内部压力增大，使玻璃球炸裂，密封垫脱开，喷出压力水。

②水喷出后，流动水会使水流指示器动作，它可以把水的流动转换成电信号报警(一般

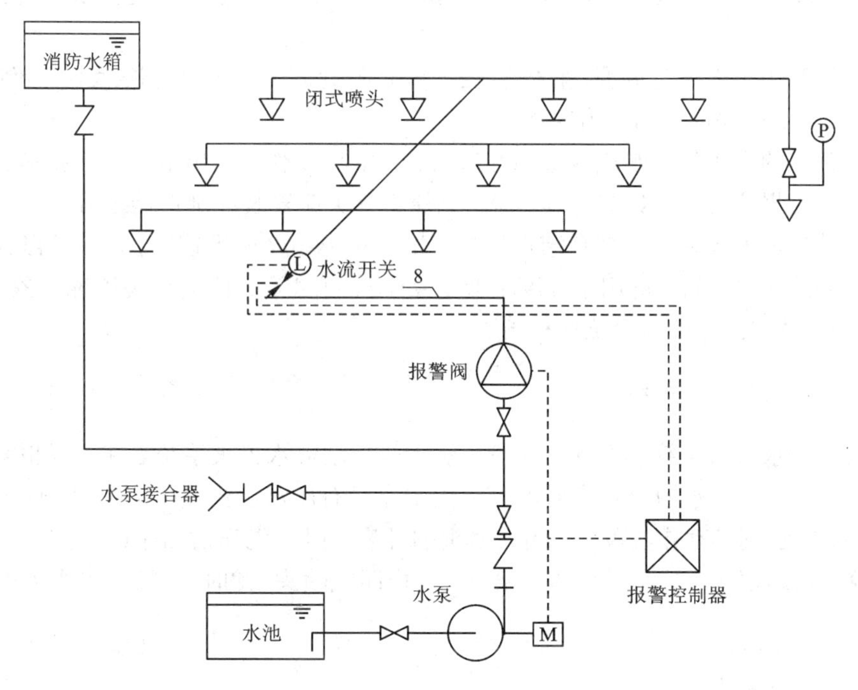

图6－17 湿式自动喷水灭火系统示意图

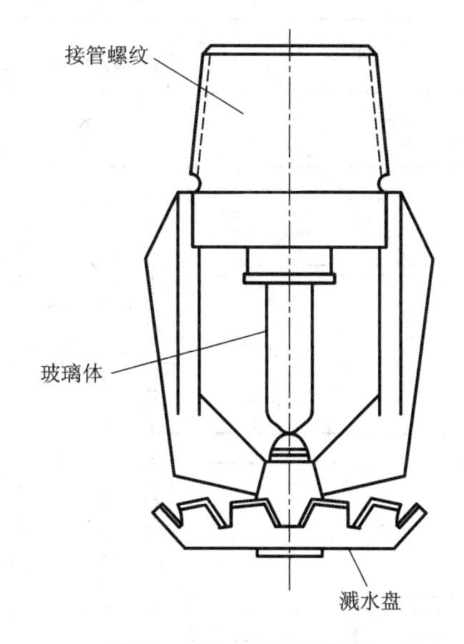

图6－18 玻璃球式喷

延时20～30 s)，其电触点可发出声光信号给控制室，以识别火灾区域。因此，在多层或大型建筑的自动喷水灭火系统中，在每一层或每分区的干管或支管的始端须安装一个水流指示器。

③湿式报警阀安装在供水立管上，是一种直立式单向阀，连接供水设备和配水管网。湿式报警阀必须十分灵敏，当管网中即使只有一个喷头喷水，破坏了阀门上下的静止平衡压

力，就必须立即开启，接通水源和配水管，同时部分水流经信号管道送至水力警铃，发出音响报警信号。

④水力警铃用于火灾时报警，宜安装在报警阀附近，其连接管的长度不宜超过 6 m，高度不宜超过 2 m，以保证驱动水力警铃的水流有一定的水压。

⑤压力开关的作用是当湿式报警阀开启后，其触点动作，发出电信号至报警控制器，从而启动消防泵。报警管路上如装有延迟器，则压力开关应安装在延迟器之后。

湿式自动喷水灭火系统因具有结构简单、工作可靠、灭火迅速等优点而得到广泛应用，是最安全可靠的灭火装置，适用于温度不低于 4℃（低于 4℃可能会出现冰冻现象）或不高于 70℃（高于 70℃易误动作）的建筑物和场所。

2. 干式自动喷水灭火系统

干式自动喷水灭火系统如图 6 – 19 所示。干式自动喷水灭火系统是在干式报警阀后的管道内充以有压气体，而水源至报警阀的管道内则充以有压水。当发生火灾时，闭式喷头周围的温度升高，在达到其动作温度时，闭式喷头的开启，但首先喷射出来的是空气。随着管网中压力下降，水即顶开干式报警阀流入管网，并由闭式喷头（此时已开启）喷水灭火。

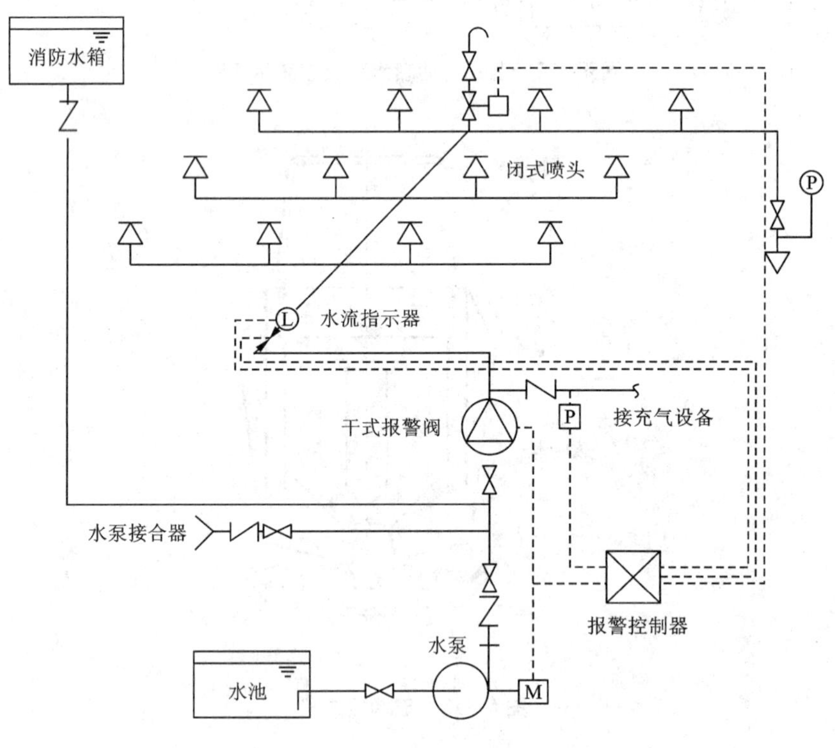

图 6 – 19 干式自动喷水灭火系统

干式自动喷水灭火系统适用于室内温度低于 4℃或年采暖期超过 240 天的不采暖房间，或高于 70 m 的建筑屋内。它是除湿式系统以外使用历史最长的一种闭式自动喷水灭火系统。

3. 预作用喷水灭火系统

与湿式和干式自动喷水灭火系统不同，预作用喷水灭火系统中设有一套火灾自动报警系统，使用感烟探测器，火灾报警更为及时。如图6－20所示，在预作用阀与闭式喷头之间充满压缩空气，而预作用阀与水源之间为消防水。当发生火灾时，火灾自动报警系统首先报警，并通过远程控制打开排气阀，迅速排出管网内预先充好的压缩空气，使消防水进入管网。当火灾现场温度升高至闭式喷头动作温度时，喷头打开，系统开始喷水灭火。

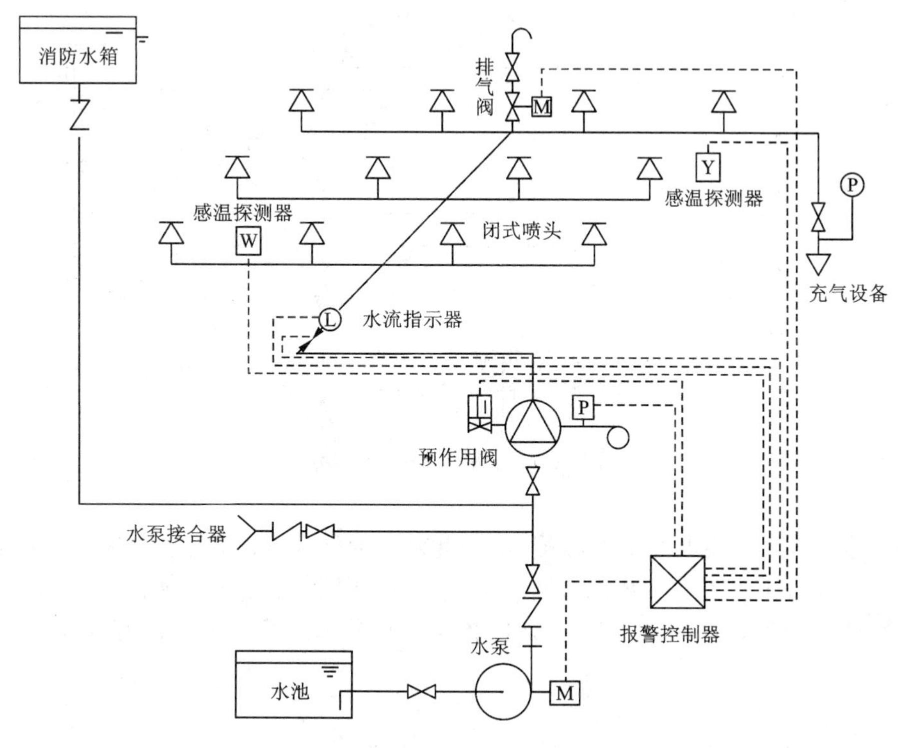

图6－20　预作用自动喷水灭火系统

预作用喷水灭火系统集中了湿式和干式系统的优点。正是由于喷水之前的预作用，不仅能更及时地火灾报警，而且克服了干式系统喷头打开后必须先放空有压气体才能喷水灭火而耽误的灭火时间，也避免了湿式系统存在的消防水渗漏而污染室内装修的弊病，因此在建筑中得到越来越广泛的应用，尤其是不允许发生非火灾原因而误喷水的场所，如高级宾馆、图书馆、档案馆等。

4. 雨淋喷水灭火系统

与湿式、干式和预作用系统不同，该系统采用开式喷头（无温感释放元件）。如图6－21所示，无火灾时，雨淋阀至喷头之间管道内无水，雨淋阀至消防水箱之间管道内充水。火灾发生后，火灾探测器动作，报警控制器在接收探测器发出的信号后，控制雨淋阀打开，保护区域内的开式喷头一起自动喷水。当供水管网水压不足，经压力开关检测并通过控制器启动水泵供水，以保证管网水流的流量及压力。

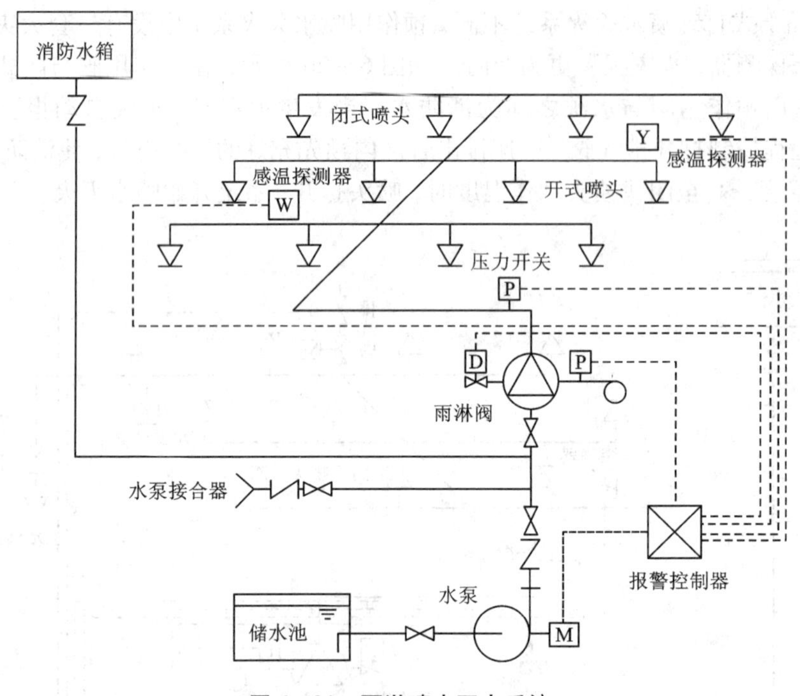

图 6-21 雨淋喷水灭火系统

雨淋喷水灭火系统能大面积均匀灭火，因此效果十分显著。雨淋喷水灭火系统适用于需要大面积灭火并需快速制止火灾蔓延的危险场所，如剧院舞台、大型演播厅，以及化纤类仓库、泡沫橡胶生产车间等。但这种系统对电气控制要求较高，不允许有误动作或不动作现象。

5. 水喷雾系统

水喷雾灭火系统是用开式喷雾喷头把水粉碎成细小的水雾滴之后喷射到正在燃烧的物质表面，通过表面冷却、窒息以及乳化、稀释的同时作用实现灭火。由于水喷雾具有多种灭火机理，不仅可以提高扑灭固体火灾的灭火效率，同时由于水雾具有不会造成液体火飞溅、电气绝缘性好的特点，在扑灭可燃液体火灾、电气火灾中均得到了广泛的应用。

6. 水幕系统

水幕系统的开式喷头沿线状布置，将水喷洒成水帘幕状。发生火灾时其主要起阻火、冷却、隔离作用。它是不以灭火为直接目的的一种系统，适用于需防火隔离的开口部位，如舞台与观众之间的隔离水帘、消防防火卷帘的冷却等。近年来，各地在新建大型会展中心、商品市场及条件类似的高大空间建筑时，经常采用水幕系统代替防火墙，作为防火分区的分隔设施，以解决单层或连通层面积超出防火分区规定的问题。

6.3.3 气体自动灭火系统

气体自动灭火系统是指平时灭火剂以液体或气体状态存贮于压力容器内，灭火时以气体（包括蒸汽、气雾）状态喷射作为灭火介质的灭火系统。它能在防护区空间内形成各方向均一的气体浓度，而且至少能保持该灭火浓度达到规范规定的浸渍时间，实现扑灭该防护区的空间、立体火灾。气体自动灭火系统适用于不能采用水或泡沫灭火的场所，如计算机机房、重要的图书馆档案馆、移动通信基站（房）、UPS 室、电池室、一般的柴油发电机房等。

1. 各种气体灭火系统

按灭火剂分类有二氧化碳、七氟丙烷、烟烙尽气体灭火系统等。

（1）二氧化碳灭火系统

二氧化碳灭火系统依靠对火灾的窒息、冷却和降温作用实现灭火。二氧化碳挤入着火空间时，使空气中的含氧量明显减少，使火灾由于助燃剂（氧气）的减少而最后“窒息”熄灭。同时，二氧化碳由液态变成气态时，将吸收着火现场大量的热量，从而使燃烧区温度大大降低，同样起到灭火作用。二氧化碳灭火系统具有不玷污物品、无水渍损失、不导电及无毒等优点。

应用情况有：扑救各种易燃液体火灾、电气火灾以及智能建筑中的重要设备、机房、电子计算机房、图书馆、珍宝库、科研楼及档案楼等发生的火灾。

（2）七氟丙烷灭火系统

七氟丙烷（HFC－227ea）是一种无色、无味、低毒性、绝缘性好、无二次污染的气体，对大气臭氧层的耗损潜能值（ODP）为零，是目前替代卤代烷 1211、1301 最理想的替代品。七氟丙烷灭火系统具有灭火效率高、速度快、灭火后不留痕迹（水渍）、电绝缘性好、腐蚀性极小、便于贮存且久贮不变质等优点。

主要适用于计算机房、通信机房、配电房、油浸变压器、自备发电机房、图书馆、档案室、博物馆及票据、文物资料库等场所，可用于扑救电气火灾、液体火灾或可熔化的固体火灾，固体表面火灾及灭火前能切断气源的气体火灾。

（3）烟烙尽气体灭火系统

烟烙尽是氮气（52%）、氩气（40%）和二氧化碳气体（8%）的比例混合物，不是化学合成品，无毒，不会因燃烧而产生腐蚀性分解物。采用排放出的气体将保护区域内的氧气含量降低到不可以支持燃烧，从而达到灭火的目的。

该系统主要优点有：不导电；在喷放时没有产生温差和雾化；不会出现冷凝现象；其气体成分会迅速还原到大气中，不遗留残渍，对设备无腐蚀，可以马上恢复生产。烟烙尽是自然界存在的气体混合物，不会破坏大气层，是卤代烷灭火剂的替代品。

一般用来扑灭可燃液体、气体和电气设备的火灾，但不适用于自身带有氧气供给的化学物品（如硝化纤维）、带有氧化剂如氨酸钠或硝酸钠的混合物、能够进行自热分解的化学物品（如某些有机过氧化物、活泼的金属、火能迅速深入到固体材料内部等情况下）。

2. 气体灭火系统控制

自动气体灭火系统主要由贮存钢瓶、容器阀、管网、喷头、控制系统及辅助装置等组成，其自动控制内容包括火灾报警显示、灭火剂的自动释放灭火及切断被保护区的送、排风机，关闭门窗等的联动控制，具有手动控制、自动控制和机械应急操作三种控制启动方式。

(1)手动控制方式

当防护区经常有人工作时且有人值班的情况下，为了防止系统误动作，应将火灾报警控制器上的控制方式选择键置于“手动”位置，并将防护区门外的手动/自动转换开关置于“手动”状态。此时系统处于手动控制状态。当防护区发生火灾时，火灾探测器将探测到的火灾信号输送给控制器，控制器立即发出声、光报警信号，同时发出联动信号，但不会输出启动灭火系统信号，此时需要经值班人员确认火灾后，按下控制器上相对应防护区的紧急启动按钮，即可按预先设定的程序启动灭火系统，释放灭火剂气体进行灭火。这种手动控制实际上还是通过电气方式的手动控制。手动启动后，系统将不经过延时而被直接启动，释放灭火剂。

(2)自动控制方式

当防护区长期无人值班或很少有人出入时，应将火灾报警控制器上的控制方式选择键置于“自动”位置，同时将防护区门外的手动/自动转换开关置于“自动”状态。此时控制系统处于自动工作状态，当防护区发生火灾时，气体灭火系统自动完成防护区内的火灾报测、报警联动控制及喷气灭火整个过程。防护区内的单一探测回路探测火灾信号后，控制盘启动设在该防护区内的警铃。同时向消防自动化系统提供火灾预报警信号。同一防护区内的两个回路都探测到火灾信号后，控制盘启动设在该防护区域内外的声光报警器，经过 30 s 延时后，火灾报警控制器输出 24 V 直流电，启动灭火系统。灭火剂经管网释放到防护区，控制面板喷放指示灯亮，同时报警控制器接收压力讯号器反馈信号，开启防护区内门灯，避免人员进入，直至确认火灾已经扑灭。

设置于防护区门外的手动/自动转换开关应具有较强的抗冲击能力，且应采取有效防止误操作的措施。在系统处于自动工作状态下，当报警系统误报警进入延时时间时，手动/自动转换开关应能停止系统喷放灭火药剂。

(3)应急机械手动控制方式

在发现火灾后，系统自动、手动两种启动方式均失灵的情况下，可在储瓶间内实行应急机械手动控制方式，人为开启启动装置，进行灭火。应急机械手动操作实际上是机械方式的操作，此时可通过操作设在钢瓶间的气体钢瓶瓶头阀上的手动按钮来开启整个气体灭火系统。手动按钮上应挂有明显防护标志，防止人员误操作。

6.4 联动控制

在消防自动化系统中，当接收到来自火灾探测器的报警信号后，除启动自动灭火系统进行灭火，消防自动化系统还需对如下设备或系统进行联动控制：防排烟系统及空调通风系统、防火门与防火卷帘、普通电梯及应急电梯、火灾应急广播、火灾应急照明与疏散指示标志等，如图 6－22 所示。

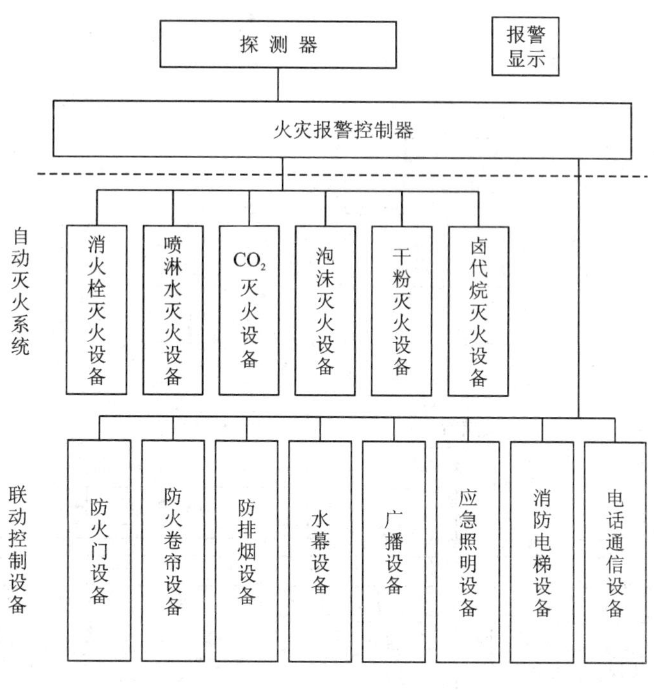

图6-22 火灾联动控制系统

6.4.1 防排烟系统

建筑中发生火灾时，必须对火灾区域实行防排烟控制，确保建筑物内人员逃生时不被火灾产生的烟气熏死，为消防队员创造有利的扑救条件，并尽量避免火灾通过防排烟管道及空调通风管道向未着火区域蔓延。因此，需在相关部位装设机械防排烟设备并进行必要的联动控制。

1. 排烟与排风不共用

灭火剂灭火常用方法

排烟系统和排风系统不共用，各为独立系统。排烟系统一般由排烟风机、风机入口处的排烟防火阀、每层竖直风道与水平风管交接处的水平管道上的排烟防火阀、设在每层每个防烟分区的常闭排烟口或排烟防火阀组成。平时，楼层中的通风系统、空调系统正常运行，排烟系统中排烟阀均关闭，防排烟风机不运行。火灾发生后，其联动控制工作原理如图6-23所示。

火灾信号送至消防控制中心经确认后，控制中心发送信号切断火灾区的非消防动力电源，停止使用通风系统、空调系统，以防止烟气和火焰沿通风管道蔓延；开启着火区走道或防烟分区的排烟口及排烟阀，并联动排烟风机运行，把火灾产生的烟气和热量排至室外。当烟气温度超过280℃时，关闭排烟口及排烟阀，联动关闭排烟风机，避免火灾通过排烟管道蔓延。当保护区域无法自然补风时，需设置平时送风火警时补风的补风系统，火警时，排烟风机启动或停止时，补风系统需联动启动或停止。

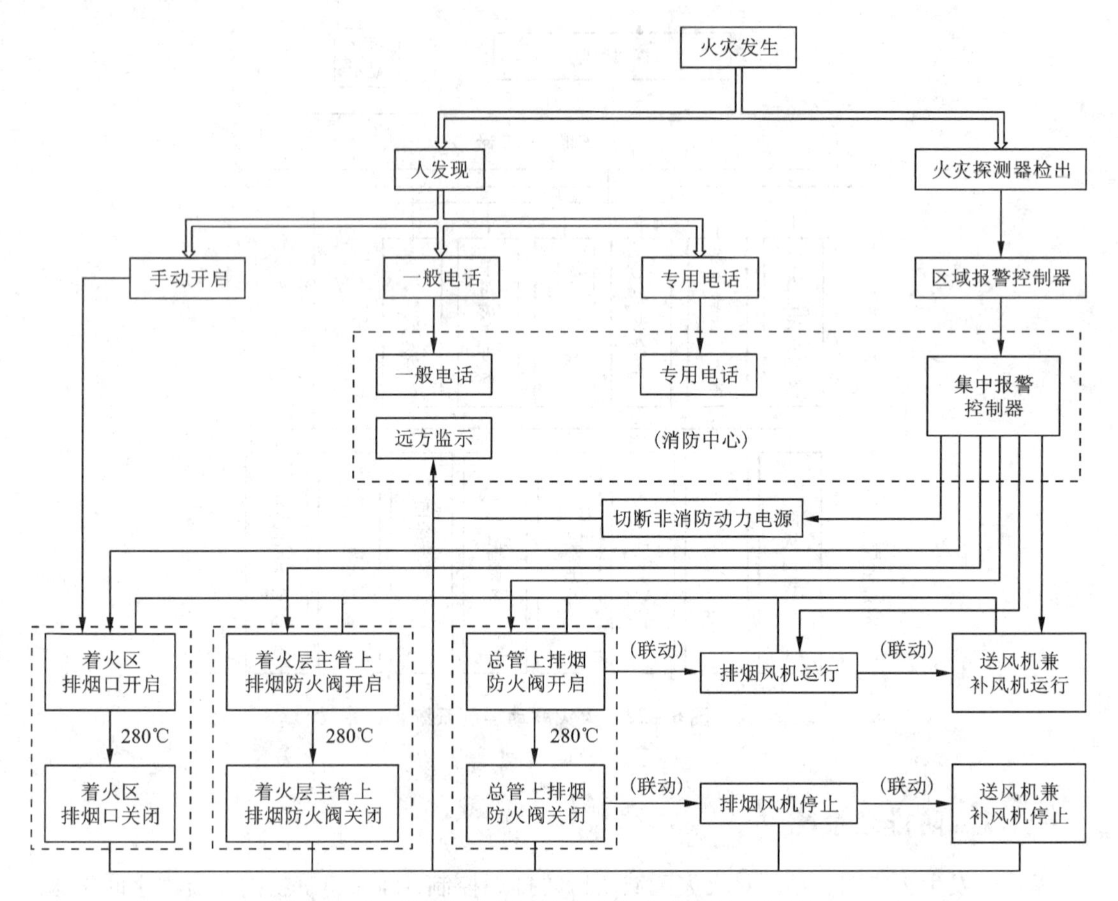

图 6－23 排烟与排风不共用系统联动控制工作原理

2. 排烟与排风共用

排烟系统与排风系统共用风机、风管、风口和排烟防火阀。支管设 280℃ 常开防烟防火阀，平时常开排风口兼排烟口，风机为双速风机，平时低速运行，火警时高速运行。其联动控制工作原理如图 6－24 所示。

火灾信号送至消防控制中心经确认后，控制中心发送信号切断火灾区的非消防动力电源，停止通风系统、空调系统使用，防止烟气和火焰沿通风管道蔓延；控制非着火区排烟阀关闭，着火区和排风兼排烟总管上的排烟阀保持常开，排风兼排烟风机由低速运行转为高速运行，进行排烟。当烟气温度超过 280℃ 时，着火区和排烟支管上的排烟阀关闭，并联动关闭排风兼排烟风机。当保护区域无法自然补风时，还需设置平时送风火警时补风的补风系统。排风兼排烟风机高速启动的同时需开启补风机，向着火的防火分区补风。火警时，排风兼排烟风机停止时，联动关闭补风机，停止向着火的防火分区补风。

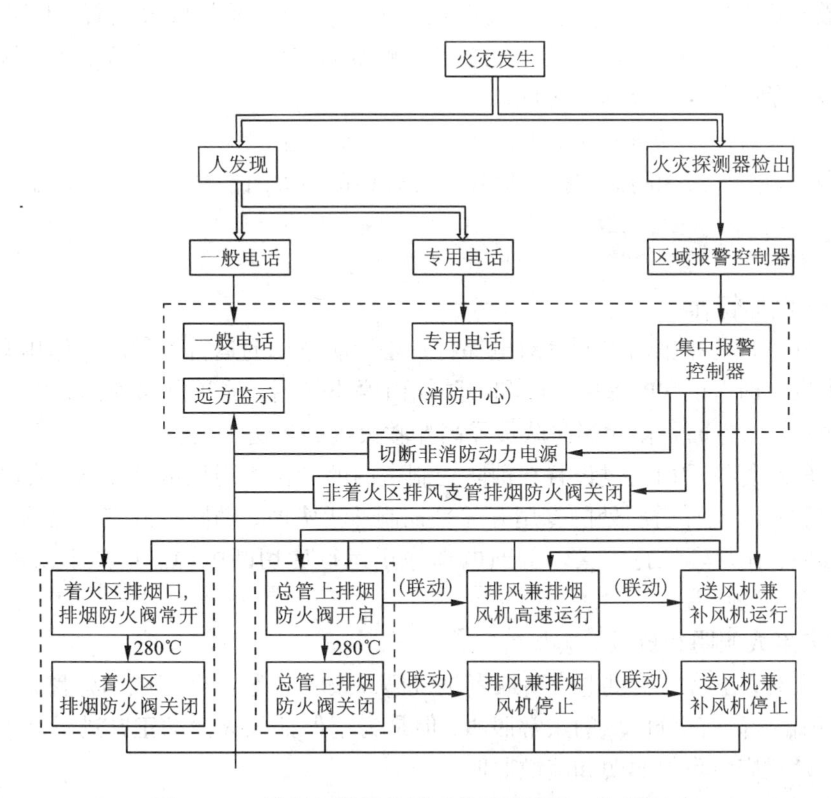

图6－24 排烟与排风共用系统联动控制工作原理

6.4.2 防火分隔设施

对于一个大的建筑群或高层建筑，为了将火灾限制在一个小的范围内，防止火灾向其他区域蔓延，往往将它分为若干区域，这就是防火分区。防火门、防火卷帘都属于防火、防烟的分隔设施，是水平方向防火分区的“界门”。

防火阀

(1)防火门

防火门在一定时间内能满足耐火稳定性、完整性和隔热性的要求。它设置在防火分区间、疏散楼梯间、垂直竖井等场所，除具有普通门的作用外，更具有阻止火势蔓延和烟气扩散的作用，确保人员疏散。一般分为常开防火门和常闭防火门两种。

①常开防火门除应设普通的闭门器及顺序器外，特别要求设置防火门释放开关，当防火门任一侧的感烟火灾探测器报警后，防火门应自动关闭，同时将防火门被关闭的信号反馈至消防控制室。

②设置在疏散通道上的常闭防火门可设置专门的安全疏散门控制器，当火灾发生时，消防控制中心可联动安全疏散门控制器开启防火门，安全疏散门控制器同时发出声、光报警，引导人员疏散。

(2)防火卷帘

防火卷帘适用于建筑物较大洞口处的防火、隔热设施，能有效地阻止火势蔓延，保障生命财产安全，是现代建筑中不可缺少的防火设施。其具体控制要求如下：

①疏散通道上的防火卷帘两侧，应设置火灾探测器组及其警报装置，且应设置手动按钮。该防火卷帘采用两次下降方式：在感烟探测器动作后，卷帘下降至距地(楼)面1.8 m；在感温探测器动作后，卷帘下降到底。

②用作防火分隔的防火卷帘，火灾探测器动作后，卷帘应一次下降到底。

③感烟、感温火灾探测器的报警信号及防火卷帘的关闭信号应送至消防控制室。

6.4.3 其他联动装置

(1)消防电梯管理

消防电梯管理是指消防控制室对电梯特别是消防电梯的运行管理。其作用有两个：一方面是当火灾发生时，正常电梯因断电和不防烟而停止使用，消防电梯则作为垂直疏散的通道之一被启用；另一方面是作为消防队员登高扑救火灾的运送工具。

对电梯的运行管理由通过设置在消防控制室内的电梯控制显示盘控制，或通过设置在建筑物消防控制室或电梯轿厢处的专用开关来控制。火灾时，消防控制室发出信号，强制所有电梯降至底层，让乘客先行离去。普通电梯停止运行后切断电源。应急消防电梯则原地待命，只供消防人员使用。

(2)火灾事故照明和疏散标志

发生火灾时，正常照明供电线路或者被烧毁，或者为避免电气线路短路而使事故扩大，必须人为切断全部或部分区域的正常照明，但是为了保证灭火活动正常进行和人员疏散，在建筑内必须设置应急事故照明和疏散照明标志。

事故照明的照度不应低于一般照明的10%，消防控制室、消防水泵房、防烟排烟机房、配电室及自备发电机房、电话总机房以及火灾时仍需坚持工作的其他房间的事故照明，仍应保证正常照明的照度。备用照明电源的切换时间不应超过15 s，商业区不应超过1.5 s，因此一般均采用低压备用电源自动投入方式恢复供电，并必须选用瞬时点燃的白炽灯、荧光灯等作为光源。

疏散照明是确保人员从室内向安全地点撤离而设置的照明，一般在疏散通道、公共出口处，如疏散楼梯、防烟楼梯间及前室、消防电梯及其前室，疏散走道等处，须设置疏散照明指示灯(图6-25)。灯位高度以宜于人们观察为准，如出口顶部、疏散走道及其转角处距该层地面1 m以下的墙面等处，且间距不应大于20 m。用蓄电池作备用电源，其连续供电时间不应小于20 min，高度超过100 m的超高层建筑连续供电时间不应少于30 min。火灾事故照明及疏散标志应在消防控制室内进行电源切换控制。

(3)火灾紧急广播及警铃

发生火灾后，为了便于组织人员安全疏散和通告有关灭火事项，消防自动化系统中通常设置火灾紧急广播及警铃。

紧急广播系统可以单独设置，或与建筑内的背景音乐广播系统合并，平时按照正常程序广播节目、音乐等。当发生火灾等事故时，消防控制室可将本层和上下两个相关层的正常广播系统强制切换至应急广播状态，并能在消防控制室用传声器播音。合用的线路应按照火灾紧急广播系统分层分区控制，当一路扬声器或配线短路、开路时，应该仅使该路广播中断而不影响其他各路广播。

警铃一般设置在建筑的走道、楼梯及公共场所处，其报警控制方式与火灾紧急广播相

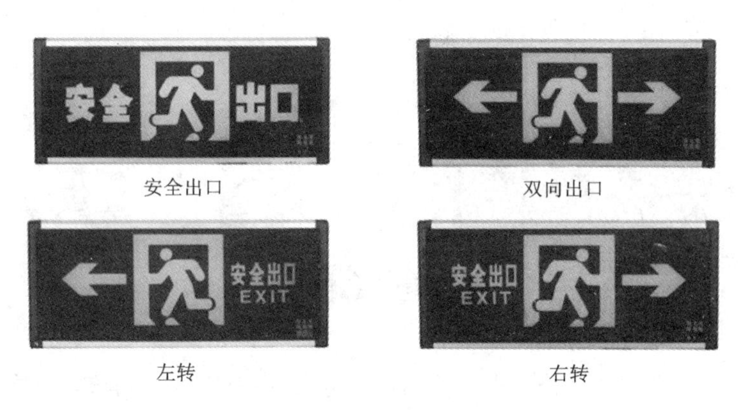

图 6－25 疏散照明指示灯

同，也采取分区报警，即火灾时一般开启着火层及上下相关层的警铃。

本章重点

本章介绍了消防自动化系统，包括火灾探测器，火灾报警控制器，灭火系统及联动设备等，重点为各种火灾探测器的工作原理、特点及选用，火灾报警控制器的功能及报警机制，各种灭火系统的工作原理及特点，以及各种联动设备的监控等。

思考与练习

1. 消防自动化系统由哪几部分组成？各部分主要功能是什么？
2. 感烟火灾探测器有哪几类？它们的工作原理是什么？主要适用于什么场合？
3. 感温火灾探测器分为哪几类？它们的工作原理是什么？主要适用于什么场合？
4. 感光火灾探测器有什么优点？它主要适用于什么场合？
5. 可燃气体探测器的报警值是怎么设定的？
6. 复合式火灾探测器的优点是什么？它是根据什么原则报警的？
7. 火灾报警控制器有哪些主要功能？
8. 简述湿式自动喷水灭火系统的工作原理和适用场合。
9. 简单介绍闭式喷头的工作原理。
10. 简述干式自动喷水灭火系统的工作原理和适用场合。
11. 简述预作用式自动喷水灭火系统的工作原理和适用场合。
12. 简述雨淋式自动喷水灭火系统的工作原理和适用场合。
13. 简述二氧化碳灭火系统的工作原理和适用场合。
14. 消防自动化系统的联动装置有哪些？为什么要对这些装置进行联动？
15. 简单介绍防排烟系统的联动控制。
16. 根据用途防火卷帘可分为哪几两类？发生火灾时是怎么进行联动控制的？
17. 简单介绍消防电梯的联动控制。

第7章 安防自动化系统

安全防范是指以维护社会公共安全为目的，防入侵、防被盗、防破坏、防火、防暴和安全检查等的措施，是社会公共安全的一部分。通常所说的安全防范主要是指安全技术防范，即为了达到上述安全保障目的采用了以电子技术、传感器技术和计算机技术为基础的安全防范技术的器材设备，并将其构成一个系统，即安全防范系统。它包括防盗报警、电视监控、出入口控制、访客对讲和电子巡更等子系统。

7.1 入侵报警系统

入侵报警系统就是用探测器对建筑内外重要地点和区域进行布防。它可以及时探测非法入侵并及时向有关人员示警，同时自动记录下非法入侵的时间、地点，还可控制视频系统录下现场情况，供有关人员破案分析。

7.1.1 入侵报警系统组成

入侵报警系统的组成如图7－1所示。

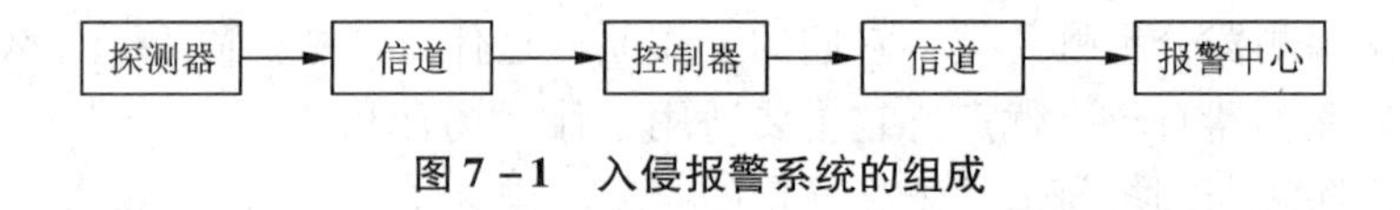

图7－1 入侵报警系统的组成

(1)入侵探测器

入侵探测器用来探测入侵者的入侵行为。需要防范入侵的地方很多，应该根据防范场所的不同地理特征、外部环境及警戒要求，选用适当的探测器，达到安全防范目的。

入侵探测器的基本要求有：

①应具有防拆保护和防破坏保护功能；

②应具有抗小动物干扰的能力；

③应具有抗外界干扰能力；

④应具有步行试验功能；

⑤在下列条件下工作：室内温度－10～55℃，相对湿度不大于95%；室外温度－20～75℃，相对湿度不大于95%。

(2)信道

信道是探测电信号传送的通道。信道的种类很多，通常分为有线信道和无线信道。有线信道是指探测电信号通过双绞线、电话线、电力线、电缆或光缆等向控制器或控制中心传输。无线信道则是将探测电信号先调制到专用的无线电频道由发送天线发出，控制器或控制中心的无线接收机将无线电波接收下来后，解调还原出控制报警信号。

(3)控制器

入侵探测报警控制器是报警系统的主控部分，置于用户端的值班中心，它可向报警探测器提供电源，接收报警探测器送出的报警电信号，并对此电信号进行进一步的处理。报警控制器通常又可称为报警控制/通信主机。

(4)控制中心(报警中心)

为了实现区域性的防范，通常把几个需要防范的小区，联网到一个警戒中心，一旦出现危险情况，可以集中力量打击犯罪分子。而各个区域的报警控制器的电信号，通过电话线、电缆、光缆，或用无线电波传到控制中心，同样控制中心的命令或指令也能回送到各区域的报警值班室，以加强防范的力度。控制中心通常设在市、区的公安保卫部门。

7.1.2 入侵探测器

1. 入侵探测器的分类

(1)按传感器种类分类

入侵探测器的分类可按其所用传感器的特点分为开关型入侵探测器、振动型入侵探测器、声音探测器、超声波入侵探测器、次声波入侵探测器、主动与被动红外入侵探测器、微波入侵探测器、激光入侵探测器、视频运动入侵探测器和多种技术复合入侵探测器。

(2)按工作方式来分类

按工作方式可分为主动和被动探测报警器。被动探测报警器，在工作时不需要向探测现场发出信号，而对被测物体自身存在的能量进行检测。主动探测报警器工作时，探测器要向探测现场发出某种形式的能量，经反向或直射在传感器上形成一个稳定信号，当出现异常情况时，稳定信号被破坏，信号处理后，产生报警信号。

(3)按警戒范围分类

按防范警戒区域可分为点型入侵探测器、直线型入侵探测器、面型入侵探测器和空间型入侵探测器。点型入侵探测器警戒的是某一点，如门窗、柜台、保险柜，当这一监控点出现危险情况时，即发出报警信号，通常由微动开关或磁控开关方式报警控制。直线型入侵探测器警戒的是条线，当这条警戒线上出现危险情况时，发出报警信号，如光电报警器或激光报警器。面型入侵探测器警戒范围为一个面，当警戒面上出现危害时，即发出报警信号，如震动报警器。空间型入侵探测器警戒的范围是一个空间，当这个空间的任意处出现入侵危害时，即发出报警信号，如微波多普勒报警器。

(4)按报警信号传输方式分类

按报警信号传输方式可分为有线型和无线型。探测器在检测到非法入侵者后，以导线或无线电两种方式将报警信号传输给报警控制主机。有线型与无线型的选取由报警系统或应用环境决定。无线探测器无任何外接连线，内置电池均可正常连续工作 2 ~4 年。

2. 开关入侵探测器

开关入侵探测器是由开关型传感器构成，可以是微动开关、干簧继电器、易断金属导线或压力垫等。不论是常开型或是常闭型，当其状态改变时均可直接向报警控制器发出报警信号，由报警控制器发出声光警报信号。开关式探测器结构简单、稳定可靠、抗干扰性强、易于安装维修、价格低廉，从而获得广泛的应用。

(1)磁控开关(又称磁控管开关或磁簧开关)

磁控开关是由永久磁铁及干簧管两部分组成的。干簧管是内部充有惰性气体(或氮气)的玻璃管，内装有两个金属簧片，形成触点。当需要用磁控开关去警戒多个门、窗时，可采用图7-2所示的方式。

(2)微动开关

这种开关做成一个整体部件，需要靠外部的作用力通过传动部件带动，将内部簧片的接点接通或断开。微动开关的优点是结构简单、安装方便、价格便宜、防震性能好、触点可承受较大电流，可以安装在金属物体上；其缺点是抗腐蚀性及动作灵敏程度不如磁控开关。

(3)紧急报警开关

当银行、家庭、机关、工厂等场合出现入室抢劫、盗窃等险情或其他异常情况时，往往需要采用人工操作来实现紧急报警，则可采用紧急报警开关和脚挑式/脚踏式开关。

(4)压力垫

压力垫是由两根平行放置的具有弹性的金属带构成的，中间有几处用很薄的绝缘材料(如泡沫塑料)将两根金属带支撑着绝缘隔开，如图7-3所示。两根金属带分别接到报警电路中，相当于一个接点断开的开关。压力垫通常放在窗户、保险柜周围的地毯下面。当入侵者踏上地毯时，人体的压力会使两根金属带相通，使终端电阻被短路，从而触发报警。

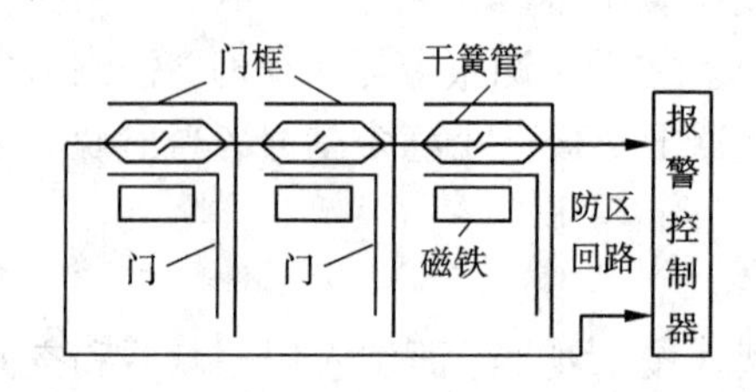

图7-2 磁控开关的串联使用

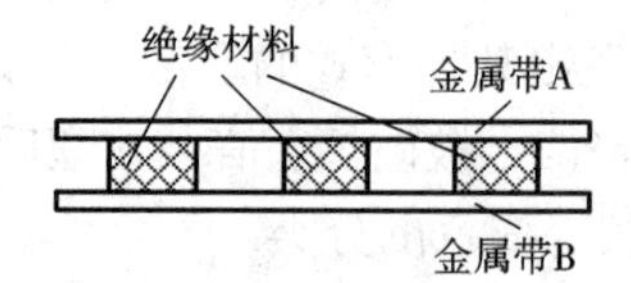

图7-3 压力垫

3. 声控探测器

声控探测器是用来探测入侵者在防范区域室内的走动或进行盗窃和破坏活动(如撬锁、开启门窗、搬运、拆卸东西等)时所发出的声响，并以探测声音的声强来作为报警的依据。这种探测系统比较简单，只需在防护区域内安装一定数量的声控头，把接收到的声音信号转换为电信号，并经电路处理后送到报警控制器，当声音的强度超过一定电平时，就可触发电路发出声、光等报警信号。声控报警系统主要由声控头和报警监听控制器两个部分组成。

4. 振动探测器

入侵者在进行凿墙、钻洞、破坏门、窗、撬保险柜等破坏活动时，都会引起这些物体的振动，以这些振动信号来触发报警的探测器就称为振动探测器。常用的振动探测器包括机械式振动探测器、惯性棒电子式振动探测器、电动式振动探测器、压电晶体振动探测器、电子式全面型振动探测器等多种类型。

振动探测器安装使用时应注意探测器安装牢固，安装的位置应远离其他振动源。

5. 玻璃破碎探测器

玻璃破碎探测器是专门用来探测玻璃破碎功能的一种探测器，当入侵者打碎玻璃试图作案时，即可发出报警信号。玻璃破碎探测器有声控型单技术和双技术玻璃破碎探测器（声控—振动型和次声波—玻璃破碎高频声响）。

（1）声控型单技术玻璃破碎探测器

玻璃破碎时发出的响亮而刺耳的声响频率是处于10～15 kHz的高频段内。将带通放大器的带宽选在10～15 kHz时，就可将玻璃破碎时产生的高频声音信号取出而触发报警。但对人的走路、说话、雷声等却具有较强的抑制作用，从而可以降低误报率。

（2）声控—振动型双技术玻璃破碎探测器

声控—振动型双技术玻璃破碎探测器是将声控探测与振动探测两种技术组合在一起，只有同时探测到玻璃破碎时发出的高频声音信号和敲击玻璃引起的振动时，才能输出报警信号。因此，与单技术玻璃破碎探测器相比，可以降低误报率，增加探测系统的可靠性。它不会因周围环境中其他声响而发生误报警。因此，可以全天候地进行防范工作。

（3）次声波－玻璃破碎高频声响双技术玻璃破碎探测器

这种双技术玻璃破碎探测器是目前较好的一种玻璃破碎探测器。次声波是频率低于20 Hz的声波，属于不可闻声波。实验分析表明：当敲击门、窗等的玻璃（此时玻璃还未破碎）时，会产生一个超低频的弹性振动波，这时的机械振动波就属于次声波范围，而当玻璃破碎时，才会发出高频的声音。次声波探测技术与探测玻璃破碎高频声响的原理相似，采用具有选频作用的声控探测技术，即可探测到次声波的存在。

6. 被动红外入侵探测器

被动红外入侵探测器是靠探测人体发射的红外线而进行工作的。在被动红外探测器中通过热释电红外传感器，将波长为8～12 μm（人体辐射的红外峰值波长约在10 μm处）的红外信号转变为电信号，并能对自然界中的白光信号具有抑制作用，因此在被动红外探测器的警戒区内（图7－4），当无人体移动时，热释电红外感应器感应到的只是背景温度，当人体进入警戒区时，通过菲涅尔透镜（起聚焦作用），热释电红外感应器感应到的是人体温度与背景温度的差异信号，因此，红外探测器红外探测的基本概念就是感应移动物体与背景物体的温度的差异。

被动式红外探测器的使用注意要点：红外线的穿透性能较差，在监控区域内不应有障碍物，否则会造成探测“盲区”；为了防止误报警，不应将被动式红外探测器探头对准任何温度会快速改变的物体，特别是发热体，如电暖气，白炽灯等强光源以及受阳光直射的窗口等。

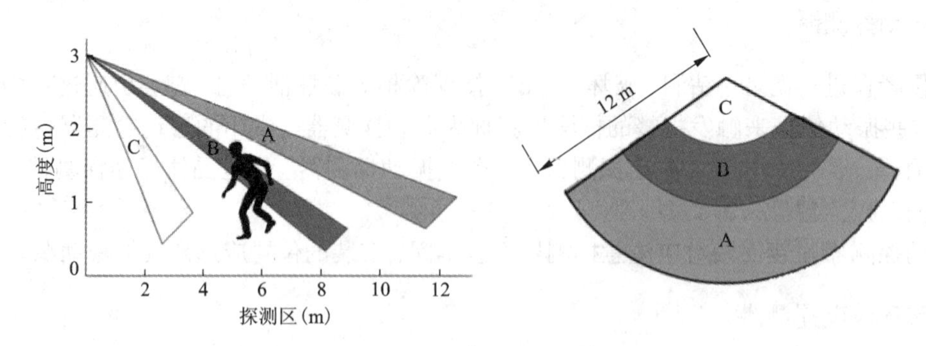

图 7-4 被动式红外探测器的探测区域

应使探测器具有最大的警戒范围，使可能的入侵者都能处于红外警戒的光束范围之内，并使入侵者的活动有利于横向穿越光束带区，这样可以提高探测的灵敏度。

7. 主动式红外探测器

主动式红外探测器是由发射和接收装置两部分组成的。分别置于收、发端的光学系统，一般采用的是光学透镜，它起到将红外光聚焦成较细的平行光束的作用，以使红外光的能量集中传送。红外发光管是置于发端光学透镜的焦点上，而光敏晶体管是置于收端光学透镜的焦点上。

主动式红外探测器可根据防范要求、防范区的大小和形状的不同，分别构成警戒线、警戒网、多层警戒等不同的防范布局方式。根据红外发射机及红外接收机设置的位置不同，主动式红外探测器又可分为对向型安装方式(图 7-5)及反射型安装方式(图 7-6)两种，而对向型安装方式又可分为对射式和接力式两种方式(图 7-7)。

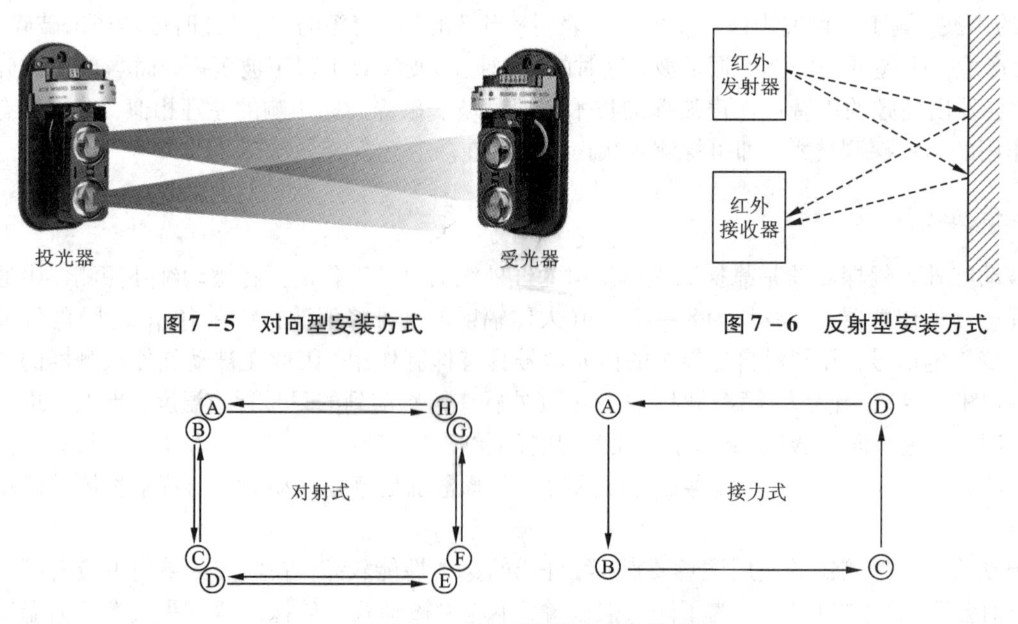

图 7-5 对向型安装方式

图 7-6 反射型安装方式

图 7-7 对射式和接力式安装方式

8. 多普勒型超声波探测器

多普勒型超声波探测器是利用超声波对运动目标产生的多普勒效应构成的报警装置。多普勒效应是指在辐射源（超声波发生器）与探测目标之间有相对运动时，接收的回波信号频率会发生变化。如超声波发射器发射 25 ~ 40 kHz 的超声波充满室内空间，超声波接收器接收从墙壁、天花板、地板及室内其他物体反射回来的超声能量，并不断地与发射波的频率加以比较。当室内没有移动物体时，反射波与发射波的频率相同，不报警；当入侵者在探测区内移动时，超声反射波会产生大约 ±100 Hz 的多普勒频移，接收机检测出发射波与反射波之间的频率差异后，即发出报警信号。

9. 视频探测器

视频探测器又称为视频运动探测器或移动目标检测器，是将电视监视技术与报警技术相结合的一种新型安全防范报警设备。它是用电视摄像机来作为遥测传感器，通过检测被监视区域的图像变化，从而报警的一种装置。

10. 微波 - 被动红外双技术探测器

微波 - 被动红外双技术探测器实际上是将微波和被动红外两种探测技术的探测器封装在一个壳体内，并将两个探测器的输出信号共同送到“与门”电路去触发报警，即只有当两种探测技术的传感器都探测到移动的人体时，才可触发报警，其可靠性要远高于单技术探测器。

7.1.3 入侵报警控制器

入侵报警控制器由信号处理器和报警装置组成。信号处理器是对信号中传来的探测电信号进行处理，判断出电信号中“有”或“无”情况，并输出相应的判断信号。若探测电信号中含有入侵信号时，则信号处理器发出告警信号，报警装置发出声光报警，引起工作人员的警觉。智能型的控制器还能判断系统出现的故障，及时报告故障的性质、发生位置等。

入侵探测报警控制器包括可驱动外围设备、系统自检功能、故障报警功能、对系统的编程等功能。入侵探测报警控制器主要有布防（又称设防），撤防，旁路，24 h 监控（不受布防、撤防操作的影响），系统自检、测试 5 种工作状态。

入侵报警控制器应能直接或间接接收来自入侵探测器发出的报警信号，发出声、光报警并能指示入侵发生的部位。声、光报警信号需保持到手动复位，复位后，如果再有入侵报警信号输入时，应能重新发出声、光报警信号。另外，入侵报警控制器还能向与该机接口的全部探测器提供直流工作电压。入侵报警控制器的主要功能如图 7 - 8 所示。

入侵报警控制器应有防破坏功能，当连接入侵报警探测器和控制器的传输线发生断路、短路或并接其他负载时应能发出声、光报警信号。报警信号应能保持到引起报警的原因排除后才能实现复位；而在报警信号存在期间，如有其他入侵信号输入，仍能发出相应的报警信号。

入侵报警控制器能对控制的系统进行自检，检查系统各个部分的工作状态是否处于正常工作状态。

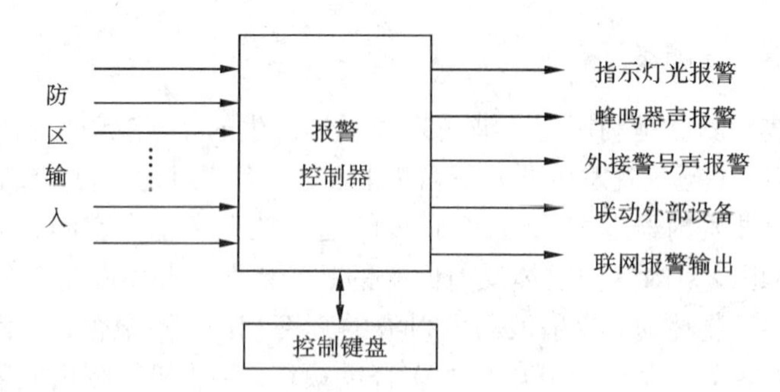

图 7－8　报警控制器的主要功能

入侵报警控制器应有较宽的电源适应范围，当主电源电压变化 ±15% 时，不需调整仍能正常工作。主电源的容量应保证在最大负载条件下工作 4 h 以上。

入侵报警控制器应有备用电源。当主电源断电时能自动换到备用电源上，而当主电源恢复后又能自动转换到主电源上。转换时控制器仍能正常工作，不产生误报。备用电源应能满足系统要求，并连续工作 24 h。

入侵报警控制器应有较高的稳定性：在正常大气条件下连续工作 7 天，不出现误报、漏报；在额定电压和额定负载电流下进行警戒、报警、复位，循环 6000 次，而不允许出现电的或机械的故障，也不应有器件的损坏和触点粘连。入侵报警控制器按平均无故障工作时间分为 3 个等级：A 级 5000 h，B 级 20000 h，C 级 60000 h。

入侵报警控制器应能接受各种性能的报警输入如下：

①瞬时入侵。为入侵探测器提供的瞬时入侵报警。

②紧急报警。接入按钮可提供 24 h 的紧急呼救，不受电源开关影响，能保证昼夜工作。

③防拆报警。提供 24 h 的防拆保护，不受电源开关影响，能保证昼夜工作。

④延时报警。实现 0～40 s 可调进入延迟和 100 s 固定外出延迟。

凡 4 路以上的防盗报警器必须有①、②、③三种报警输入。

入侵报警控制器按其容量可分为单路或多路报警控制器。而多路报警控制器则多为 2、4、8、16、24、32 路。根据用户的管理机制及对报警的要求，可组成独立的小系统、区域互联互防的区域报警系统和大规模的集中报警系统。

7.2　视频监控系统

世界上最大的视频监控网：天网工程

视频监控系统采用现代传感技术、控制技术、计算机多媒体技术等对远端现场图像进行摄取、传输、处理、记录，从而达到监视与控制的目的。视频监控系统广泛应用于宾馆、小区、商场、银行、写字楼、工厂、医院、学校等场所的安全防范和管理。

7.2.1　视频监控系统结构

视频监控系统按功能可以分为摄像、传输、控制、显示与记录四个部分，其系统结构如图 7－9 所示。

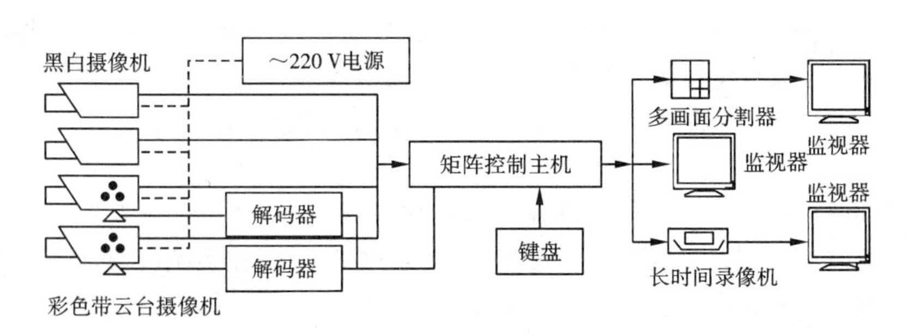

图7-9 视频监控系统组成

摄像部分(图7-10)安装在现场，包括摄像机、镜头、防护罩、支架和电动云台等。它的任务是对被摄体进行摄像并将其转换成电信号。

图7-10 摄像部分

传输部分的任务是把现场摄像机发出的电信号传送到控制中心，它一般包括线缆、调制与解调设备、线路驱动设备等。

控制部分则负责所有设备的控制与图像信号的处理。控制的种类如图7-11所示。

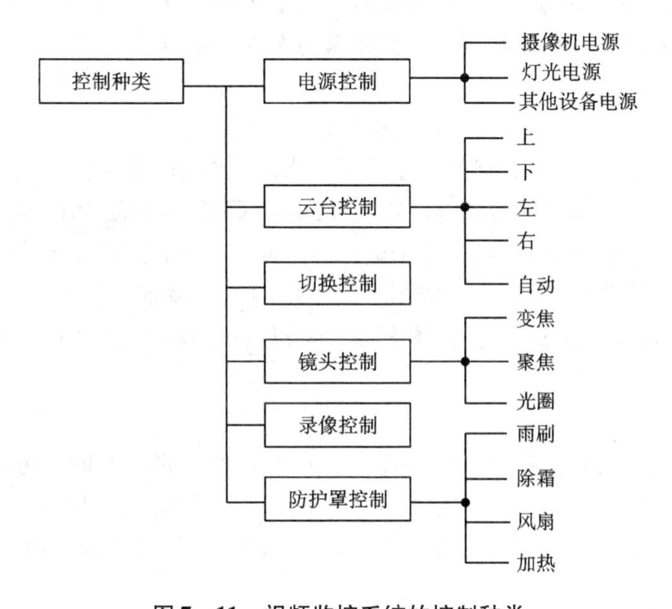

图7-11 视频监控系统的控制种类

显示与记录部分把从现场传来的电信号转换成图像在监视设备上显示，如果有必要，就用录像机录下来，所以它包含的主要设备是监视器和录像机。

视频监控系统的规模可根据监视范围的大小、监视目标的多少来确定。一般由摄像机的数量来划分。

①小型视频监控系统。一般摄像机数量小于 10 个。

②中型视频监控系统。一般摄像机数量有 10 ~ 100 个。监控系统可根据管理需要设置若干级管理的控制键盘及相应的监视器。

③大型视频监控系统。一般摄像机数量大于 100 个，它是将中型监控系统联网组合而成的，系统设总控制器和分控制器进行监控管理。

7.2.2 视频监控系统设备

1. 摄像机

摄像机可根据摄像机的性能、功能、使用环境、结构、颜色等进行分类。按性能分类有普通摄像机、暗光摄像机、微光摄像机、红外摄像机。按功能分类有视频报警摄像机、广角摄像机、针孔摄像机。按使用环境分类有室内摄像机、室外摄像机。按结构组成分类有固定式摄像机、带旋转云台的可旋转式摄像机、球形摄像机、半球形摄像机。按图像颜色分类有黑白摄像机、彩色摄像机。

摄像机的性能指标主要有色彩、清晰度、照度、同步、电源、自动增益控制、自动白平衡、电子亮度控制、光补偿等。

摄像机能够以支撑点为中心，在垂直和水平两个方向的一定角度之内自由活动，这个在支撑点上能够固定摄像机并带动它做自由转动的机械结构就称为云台。根据构成原理的不同，云台可以分为手动式及电动式两类。随着遥控设备的发展，电动式云台得到了广泛的应用。电动云台的机械转动部分受到两个伺服电动机及传动机械的推动。对于电动云台的遥控，可以采用电缆传输的有线控制方式，也可以用无线控制方式。

2. 解码器

对镜头和云台的控制，除近距离和小系统采用多芯电缆作直接控制外，一般由主机通过总线方式(通常是双绞线)先送到称为解码器的装置，由解码器先对总线信号进行译码，即确定对哪台摄像单元执行何种控制动作，再经电子电路功率放大，驱动指定云台和镜头做相应动作。

解码器可以完成的动作主要有：前端摄像机的电源开关控制；云台左右、上下旋转运动控制；云台快速定位；镜头光圈变焦变倍、焦距调准；摄像机防护装置(雨刷、除霜、加热)控制。

3. 传输电缆

①同轴电缆。用于传输短距离的视频信号。根据传输频带的不同，同轴电缆可分为基带同轴电缆和宽带同轴电缆两种类型。按直径的不同，同轴电缆可分为粗缆和细缆两种。粗缆适用于布线距离较长，可靠性较好，安装时采用特殊的装置，不需切断电缆，两端头装有终端器。

②光缆。当需要长距离传输视频及控制信号时，采用光缆传输。传输距离在几十公里内

无须加中继器。光缆不仅是目前可用的媒体，而且是今后若干年后将会继续使用的媒体，其主要原因是这种媒体具有很大的带宽。与传统电缆相比，光纤具有损耗小、传输距离长、抗干扰性好、保密性强、使用安全等的优点。由于光纤传输损耗低，所以其中继距离达到几十公里至上百公里，而传统的电传输线中继距离仅为几公里。

4. 控制设备

(1)视频切换器

具有画面切换输出、固定画面输出等功能。

(2)多画面分割控制器

具有顺序切换、画中画、多画面输出显示回放影像，互联的摄像机报警显示，点触式暂停画面，报警记录回放，时间、日期、标题显示等功能。

(3)矩阵切换系统

矩阵切换系统的主要功能有：

①分区控制功能：对键盘、监视器、摄像机进行授权。

②分组同步切换：将系统中全部或部分摄像机分成若干组，每一组摄像机可以同步地切换到一组监视器上。

③任意切换：是指摄像机的任意组合，而且任一台摄像机画面的显示时间独立可调，同一台摄像机的画面可以多次出现在同一组切换中，随时将任意一组切换调到任意一台监视器上。

④任意切换定时自动启动：任意一组万能切换可编程在任意一台监视器上定时自动执行。

⑤报警自动切换：具有报警信号输入接口和输出接口，当系统收到报警信号时将自动切换到报警画面及启动录像机设备，并将报警状态输出到指定的监视器上。

5. 显示终端及录像机

显示终端(监视器)的作用是把送来的摄像机信号重现成图像。在系统中，一般需配备录像机，尤其在大型的保安系统中，录像系统还应具备如下功能：

①在进行监视的同时，可以根据需要定时记录监视目标的图像或数据，以便存档；

②根据对视频信号的分析或在指令控制下，能自动启动录像机。系统应设有时标装置，以便在录像带上打上相应的时标，以备分析处理。

随着计算机技术的发展，图像处理、控制和记录多由计算机完成，计算机的硬盘代替了录像机，完成对图像的记录。

7.2.3 视频监控系统的监控形式

视频监控系统的监控形式一般有如下几种。

(1)摄像机加监视器和录像机的简单系统

图7-12所示是最简单的组成方式，这种由一台摄像机和一台监视器组成的方式用在一处连续监视一个固定目标的场合。这种最简单的组成方式也增加了一些功能，比如摄像镜头焦距的长短、光圈的大小。远近焦距都可以调整，还可以遥控电动云台的左右上下运动和接通摄像机的电源。摄像机加上专用外罩就可以在特殊的环境条件下工作。这些功能的调节都

是靠控制器完成的。

(2)摄像机加多画面处理器监视录像处理系统

如果摄像机不是一台，而是多台；选择控制的功能不是单一的，而是复杂多样的，通常选用摄像机加多画面处理器监视录像处理系统，如图 7－13 所示。

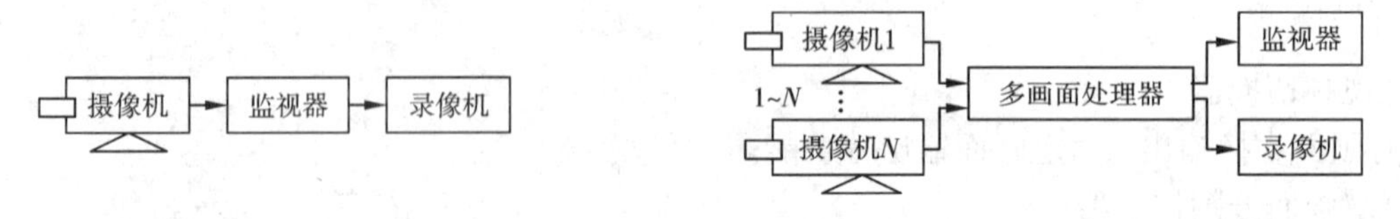

图 7－12　简单系统

图 7－13　摄像机加多画面处理器监视录像处理系统

(3)摄像机加视频主机处理矩阵主机监视录像系统

这种加视频主机处理矩阵主机监视录像系统如图 7－14 所示。

(4)摄像机加硬盘录像主机监视录像系统

摄像机加硬盘录像主机监视录像系统如图 7－15 所示。

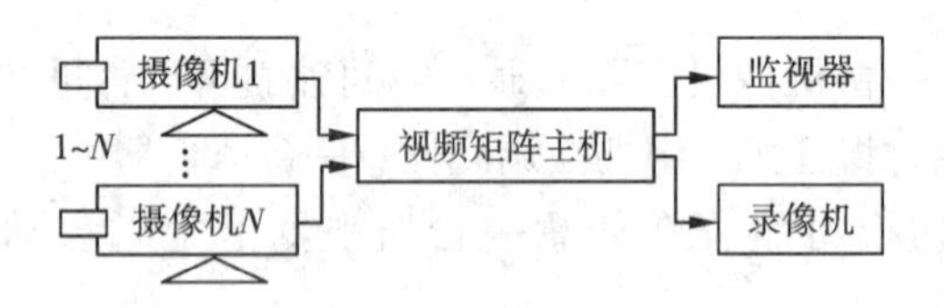

图 7－14　摄像机加视频矩阵主机监视录像系统

图 7－15　摄像机加硬盘录像主机监视录像系统

此外，根据实际需要，系统除了图像系统以外有时还配置控制系统、报警输入、报警输出联动接口、语音复核系统等。

7.2.4　网络数字视频监控系统

网络摄像机

网络数字视频监控系统与传统的视频监控有着本质的区别，实现了真正的数字化网络传输图像和声音，具有强大的可扩展性，在网络可以到达的任意地点，都可以安装前端设备以达到视频传输的目的。与模拟监控系统相比，大大减少了扩容系统所需费用。高性能的硬件产品和功能强大的管理软件共同组成了网络视频监控系统。它是视频监控技术的发展方向。网络化数字视频监控系统组成如图 7－16 所示。

网络数字视频监控系统将多画面分割、多画面混合、远程访问、视频图像的记录全部集成在一个产品中，这个产品就是装备了嵌入式微计算机的“数字视频服务器”。视频摄像机只需要直接连到数字视频服务器的接口即可，比模拟系统要容易许多。数字视频监控系统提供远程访问能力，这意味着从世界上任何有通信线路的地方，用户能够通过一个网络连接到他们的数字视频服务器，从而能在他们选择的 PC 计算机上观看到所需的视频图像，连接的网络既可是局域网也可是广域网，也可以是一个通过电话线的拨号网络。

网络数字视频监控系统的另一个优点是取消了视频录像带。与记录在视频录像带上不

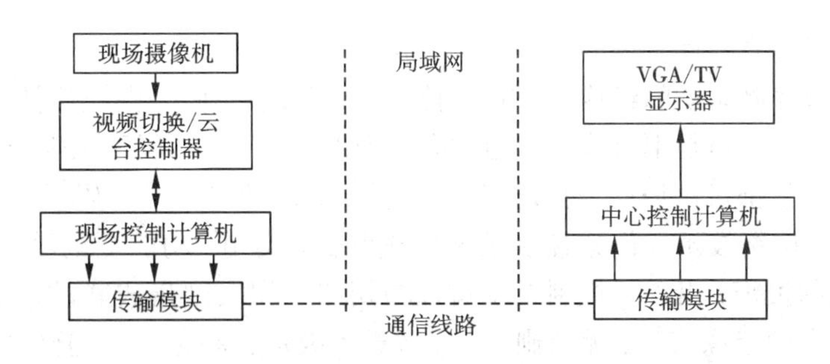

图7-16 网络数字视频监控系统

同，网络数字视频监控系统是将视频图像记录在视频服务器中的计算机硬盘上，其最大优点是既能够提高存储图像的清晰度又能够快速检索到所存储的图像。

7.3 其他楼宇安防系统

7.3.1 出入口控制系统

出入口控制系统也称为门禁控制系统，就是对建筑内外正常的出入进行管理。该系统主要控制人员的出入及在楼内相关区域的行动。通常在大楼的入口处、金库门、档案室门和电梯等处安装出入控制装置，用户要想进入，必须被控制器有效识别才被允许通过。图7-17为出入口控制系统的基本组成结构。

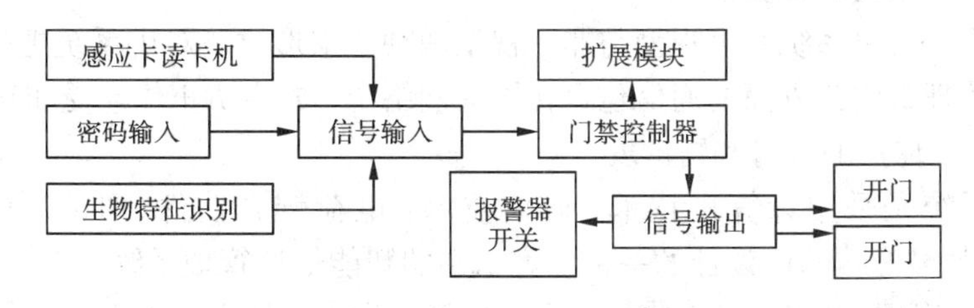

图7-17 出入口控制系统的基本组成结构

控制出入门口的凭证有卡片、密码和生物特征等三大类，也可以将这三种方式复合使用，以提高安全性。

(1)卡片读出式

卡片读出式也称为刷卡机，应用最为普及，依卡片工作方式的不同，可受理的卡片有磁卡、集成电路智能卡等接触式卡和非接触式的感应卡两大类，其特点是以各类卡片作为信息输入源，经读出装置判别后决定是否允许持卡人出入。

生物特征识别

(2)密码输入方式

密码输入方式将通过固定式键盘或乱序键盘输入的代码与系统中预先存储的代码相比较，两者一致则开门。

(3)生物特征识别系统

生物特征识别系统包括指纹、掌纹、脸面、眼视网膜图、声音、DNA、气味、签名等多种

识别方式，具有唯一之特性。

过去，出入口控制系统的组成部分具有独用性，即使现在，要将不同厂家生产的产品连接起来也相当困难，甚至是不可能的。但在同一个以太网中，不同厂家生产的门锁、控制器、报警单元、数据库等都可以彼此连接起来。因此，出入口控制系统的发展将越来越多地与网络技术紧密相连，网络技术令门禁控制系统更成熟、更实用、功能更全面。例如，为了复核出入口控制发生的报警，出入口控制系统可以与闭路电视实现集成联动，如图 7 - 18 所示。主要用于有效刷卡的卡像核实、无效刷卡、无效进入级别、无效时区、防反传、防跟随、防重入、无效进入/退出、发生报警等情况，更可取的是采用摄像机的视频移动检测报警功能。

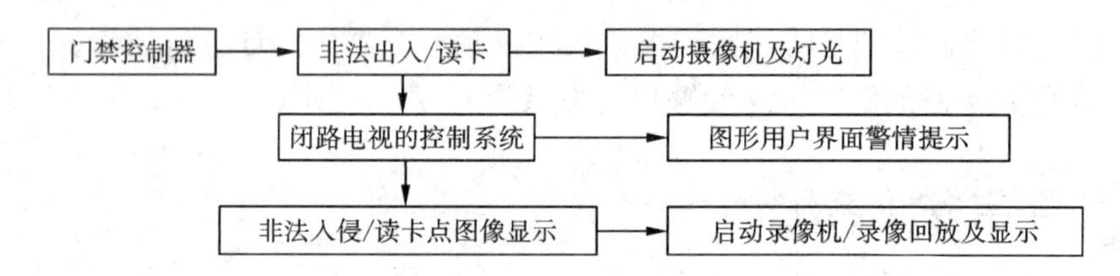

图 7 - 18 出入口控制系统与闭路电视的联动控制功能示意图

7.3.2 楼宇对讲系统

在住宅楼（高层商住楼）或居住小区，设立来访客人与居室中的人们双向可视、非可视通话，经住户确认可遥控入口大门的电磁门锁，允许来访客人进入。同时住户又能通过对讲系统向物业中心发出求助或报警信号。

住宅小区楼宇对讲系统有可视型与非可视型两种基本形式。对讲系统把楼宇的入口、住户及小区物业管理部门三方面的通信包含在同一网络中，成为防止住宅受非法侵入的重要防线，有效地保护了住户的人身和财产安全。

楼宇对讲系统是采用计算机技术、通信技术、电荷耦合器件（Charge Coupled Device，CCD）摄像及视频显像技术而设计的一种访客识别的智能信息管理系统。

楼门平时处于闭锁状态，避免非本楼人员未经允许进入楼内。本楼内的住户可以用钥匙或密码开门、自由出入。当有客人来访时，需在楼门外的对讲主机键盘上按出被访住户的房间号，呼叫被访住户的对讲分机，接通后与被访住户的主人进行双向通话或可视通话。通过对话或图像确认来访者的身份后，住户主人允许来访者进入，就用对讲分机上的开锁按键打开大楼入口门上的电控门锁，来访客人便可进入楼内。

住宅小区的物业管理部门通过小区对讲管理主机，对小区内各住宅楼宇对讲系统的工作情况进行监视。如有住宅楼入口门被非法打开或对讲系统出现故障，小区对讲管理主机会发出报警信号和显示出报警的内容及地点。

小区楼宇对讲系统的主要设备有对讲管理主机、门口主机、用户主机、电控门锁、多路保护器、电源等相关设备。对讲管理主机设置在住宅小区物业管理部门的安全保卫值班室内，门口主机设置安装在各住户大门内附近的墙上或门上。可视对讲系统是在对讲系统的基础上增加了影像传输功能。

7.3.3 电子巡更系统

电子巡更系统是在规定的巡查线上设置巡更开关或读卡器，要求保安人员在规定时间里在规定的路线上进行巡逻，保障保安人员的安全以及大楼的安全。电子巡更系统是技术防范与人工防范的结合，作用是要求保安值班人员能够按照预先设定的路线顺序地对各巡更点进行巡视，同时也保护巡更人员的安全。它主要用于在下班之后特别是夜间的保卫与管理，实行定时定点巡查，是防患于未然的一种措施。电子巡更系统包括离线式和在线式两种。

(1)离线式电子巡更系统

保安值班人员开始巡更时，必须沿设定的巡视路线，在规定时间范围内顺序到达每一个巡更点，以信息采集器去触碰巡更点处的信息钮。如果途中发生意外情况时，及时与保安中控值班室联系。

组成离线电子巡更系统，除需一台 PC 电脑外，还应包括信息采集器、信息钮和数据发送器三种装置，如图 7－19 所示。

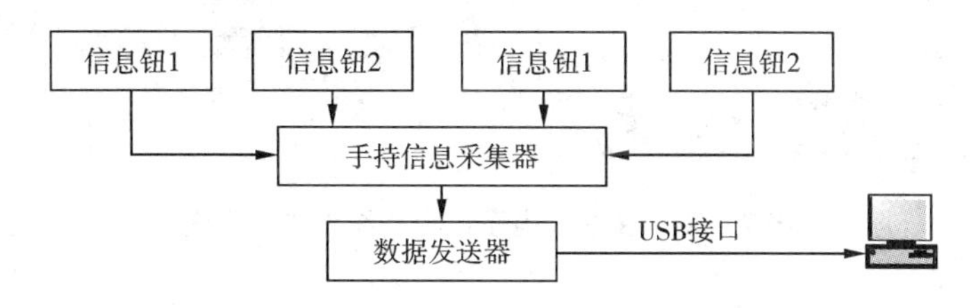

图 7－19　电子巡更系统结构框图

信息采集器内有锂电池供电的存储器，内置日期和时间，有防水外壳，能存储多达几千条信息。信息钮是由不锈钢封装的存储器芯片，每个信息钮在制作时均被注册了一个唯一性的序列号，用强力胶将其封装在巡更点上，这样巡更员只要将其信息采集器放在巡更点的信息钮上时，才会发出蜂鸣声作声音提示，互相连通的电路就会将信息钮中的数据存入信息采集器的存贮单元中，完成一次存读。数据发送器是计算机的外部设备，其上有电源、发送、接收状态指示灯。每个信息采集器在插入数据发送器后，就可通过串行口与计算机联通，从而通过软件读出其中的巡更记录。

离线式电子巡更系统灵活、方便，也不需要布线，可应用于智能建筑或小区的安全保卫，也可作为巡更人员的考勤资料，以便核对保安巡更人员是否尽责，确保智能建筑或小区周围的安全。

(2)在线式电子巡更系统

图 7－20 为在线式电子巡更系统工作示意图。各巡更点安装控制器，通过有线或无线方式与中央控制主机联网，有相应的读入设备，保安人员用接触式或非接触式卡把自己的信息输入控制器送到控制主机。相对于离线式，在线式巡更更要考虑布线或其他相关设备，因此投资较大，一般在需要较大范围的巡更场合较少使用。不过在线式有一个优点是离线式所无法取代的，那就是它的实时性好，比如当巡更人员没有在指定的时间到达某个巡更点时，中央管理人员或计算机能立刻警觉并作出相应反应，适合对实时性要求较高的场合。

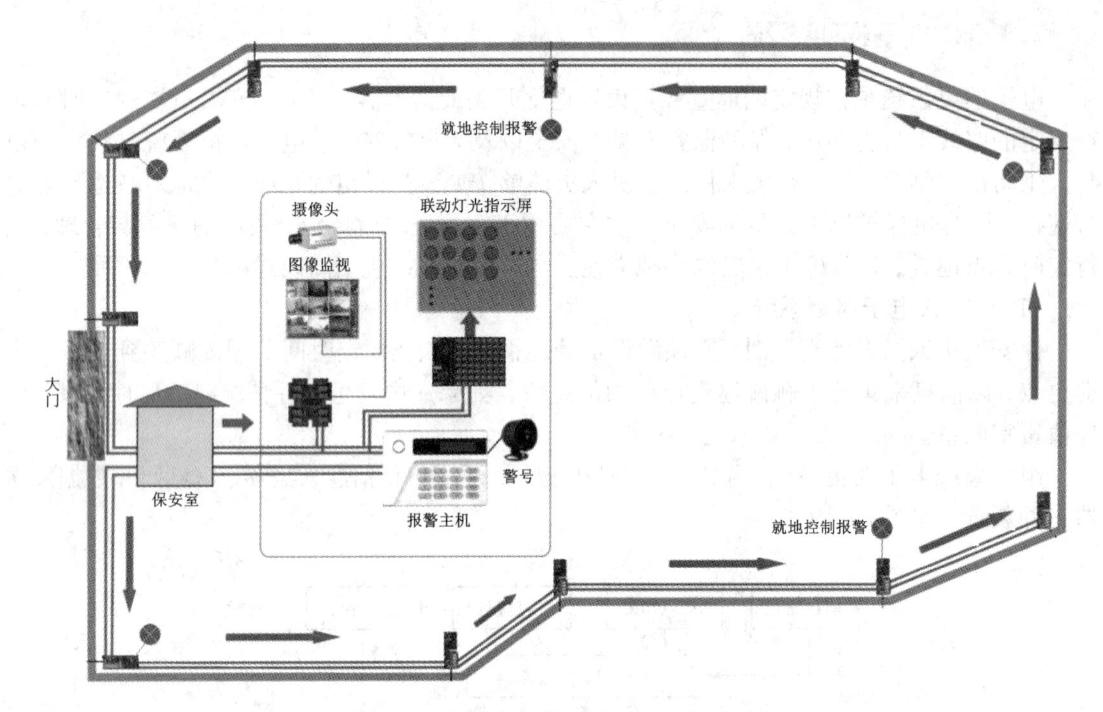

图 7-20 在线式电子巡更系统工作示意图

为减少投资，在线式电子巡更系统可与入侵报警系统合用一套装置，因为在某个巡更点的巡查可以视为一个已知的报警，此时巡更点可以是门锁或读卡机，巡更人员在走到巡更点处时，通过按钮、刷卡、开锁等手段，将以无声报警表示该防区巡更信号，将巡更人员到达每个巡更点时间、巡更点动作等信息记录到系统中，从而在中央控制室，通过查阅巡更记录就可以对巡更质量进行考核，也可以此判别发案大概时间。倘若巡更管理系统与闭路电视系统综合在一起，更能检查是否巡更到位以确保安全。监控中心也可以通过对讲系统或内部通信方式与巡更人员沟通和查询。

本章重点

本章介绍了安防自动化系统，它包括入侵报警系统、视频监控系统、出入口控制系统、楼宇对讲系统及电子巡更系统等，重点为各种入侵报警控制器的工作原理、视频监控系统的组成及出入口控制系统的结构等。

思考与练习

1. 安全防范系统包括哪些子系统？
2. 防入侵系统的作用是什么？它由哪几部分组成？
3. 入侵探测器的基本要求有哪些？
4. 入侵探测器按传感器种类分类有哪些？

5. 开关入侵探测器有哪些种类？它的特点是什么？
6. 被动式红外探测器与主动式红外探测器的工作原理有什么不同？
7. 视频监控系统的作用是什么？它由哪几部分组成？
8. 什么是网络数字视频监控系统？它有什么特点？
9. 出入口控制系统的作用是什么？它的识别方式有哪些？
10. 什么是离线式电子巡更系统和在线式电子巡更系统？它们各自的优缺点是什么？

第 8 章　系统集成

从整个技术角度来看，建筑设备自动化系统融合了计算机技术、现代控制技术、现代通信技术、微电子技术、建筑技术以及其他很多先进技术，几乎涵盖了信息社会中人类所有的智慧。建筑设备自动化系统通过系统集成技术将各子系统在物理上、逻辑上和功能上连接在一起，实现信息综合、资源共享，使之成为有机的整体。

8.1　系统集成概述

系统集成是指将各自分散的、相互独立的系统，有机地集中于一个统一的环境之中，运行于同一个操作平台之下，高效率地完成规定的任务。集成后的系统不是原来各个系统的简单叠加，而是各系统的有机综合，使系统的运行机制与结构、系统服务与管理等功能产生质的提高与飞跃。

8.1.1　系统集成的目的

系统集成的目的主要包括以下几个方面：

(1)有利于设备的集中管理

建筑设备自动化系统如果不进行系统集成，各子系统都要设置各自的控制室，造成值班人员重复、管理效率低下、人力和物力的大量浪费。系统集成把各个子系统的操作集成于同一计算机系统中，用统一的监控和管理的界面环境，在同一监控室内进行监视和控制操作，减少了管理人员，提高了管理效率，降低了人员培训费用，增强了对事件的综合控制能力，实现了物业管理的现代化。

(2)可实现信息资源共享

集成管理系统提供了一个开放的平台，来采集、传输、管理各子系统的数据，建立了统一开放的数据库，使信息系统能够根据功能需要自由地选择、处理、使用所需要的数据，以提高信息利用率、发挥增值服务的功能。

(3)有利于系统功能的发挥和增强全局事件处理能力

通过系统集成可实现建筑设备自动化各子系统的联动控制功能，提高系统的整体运行效率和对全局事件的控制能力，充分发挥综合应用的优势。例如，当火灾报警发生时，除了消防系统需要对发生地点进行自动灭火外，火灾探测器向主机发出报警信息，并通过集成系统对相关系统和设备进行联动控制。如消防水泵、送风机、补风机、排烟机启动，空调机组关闭，电梯归位，消防紧急广播，电力系统控制，门禁通道紧急控制等，以保障人身及设备安全、提高消防灭火效率、减少火灾损失。

(4)提高建筑设备自动化系统的可靠性

一方面集成系统对系统设备状态和运行信息的实时监测和快速采集、处理，以及对系统与设备可能出现故障的预测能力，能够事先预测故障的发生而采取措施以减少损失，或缩短故障发现时间，从而使建筑设备自动化系统的可靠性提高。另一方面，在集成系统辅助维护与管理功能的支持下，系统故障的原因确认和修复时间也会大幅降低，这些都会使建筑设备自动化系统的可靠性提高。

(5)降低运行成本

通过减少上岗人员数量、缩短培训时间、降低专业化要求，减少人力费用支出；通过及时、有效地利用现场设备检测信息及其他信息资源，减少设备故障、降低维护费用；通过联动控制与综合调度，实现系统运行的全面优化，以降低系统能耗。统计资料表明，通过系统集成可节约人员20% ~30%，节省维护费10% ~30%，提高工作效率20% ~30%，节约培训费20% ~30%。

8.1.2 系统集成的设计原则

系统集成的设计应遵循以下原则：

(1)实用性原则

由于建筑的地域、用途与功能不一样，建筑设备自动化系统的总体结构和功能需求有所不同。在集成系统设计时，应根据具体情况，按照建筑的特点和实际需要，制定实用、可行的系统集成方案。

(2)可实施性原则

由于多种(资金、市场、技术等)因素的影响，大型建筑项目的工程有可能分阶段实施，这一点在进行建筑设备自动化系统集成设计时应予以充分考虑。优秀的系统集成设计，最终的集成系统功能并不会由于工程的分段建设而受到影响；同时还应兼顾系统未来的扩容和功能的提升需要。

(3)开放性原则

开放性原则在系统集成的过程中主要解决不同系统和产品间接口与协议的“标准化”，以便它们之间实现“互操作性”。这是当今各种产品和技术的发展趋势。系统开放性的特征表现为：系统灵活性好且具有可扩展性、系统兼容性，应用软件可移植性强、系统技术生命周期长且系统可维护性好。

(4)经济性原则

经济性是衡量集成系统优劣的重要标志之一。这就要求系统设计者从系统目标和用户需求实际出发，进行前期建设投入与后期管理投入的综合评价，尽可能地使集成的建设费用和管理费用经济合理。后期的管理费用有四大项：能耗费、管理人员费、设备维修保养费和设备更新与系统升级换代费用。

(5)信息与资源共享原则

集成系统可实现整个建筑设备自动化系统物理的硬件设备和逻辑上的软件资源的共享，利用最低限度的设备和资源来最大限度地满足用户对功能的要求。

(6)运行优化原则

通过系统集成，能够在建筑设备自动化各子系统功能的基础上，方便地实现整个系统的联动与综合调度，优化系统运行。

(7)方便管理与便于决策原则

系统集成应注意发挥信息综合利用的作用，优化信息结构，便于企业决策者把握全局，从而能够及时作出正确的判断和决策。

(8)先进性原则

采用与技术发展潮流相吻合的产品，使系统保持相对的先进性，以保证前期工程与后期工程的可衔接性和系统建设投资的保值。

(9)可靠性原则

必须采取多种措施保证设计出的系统具有高可靠性和高容错性，系统应能够不间断运行，对突发事件迅速响应，有足够的延时处理突发性事件。

8.1.3 系统集成设计步骤

系统集成设计的过程是根据用户提出的需求优选各种先进的技术和设备，并使之组成为一个完整的系统解决方案，最终为用户提供一个完整的、一体化的集成系统。系统集成设计过程可按以下步骤进行：

①确认集成系统设计的需求。根据业主对建筑的初步需求，结合建筑的功能用途以及其建设和投资规模，为业主提供一个主要体现功能性的初步设计方案，同时结合初步设计方案向业主介绍方案的功能组成、投资与效益之间的关系，以引导业主进一步确定实际需求。上述过程经过多次反复确认，最终形成业主在建筑设备自动化方面明确的基本功能需求。

②系统组成结构的设计。按照业主明确的需求，即可进行系统组成结构的设计。根据业主需求中不同的功能，确定相应的子系统，同时根据不同子系统的实际情况和资金情况，决定系统集成方式是分层次进行集成，还是整体直接进行系统集成；是分阶段进行系统集成，还是一次性实施集成。

③集成系统的深化设计。这一设计步骤是系统集成设计中的重点。系统组成结构确定以后，即可着手各子系统的功能深化设计，同时汇总各子系统对外的接口，分析各个接口的通信和协议要求，以确定各子系统互联的方式，具体进行系统集成的深化设计。在系统集成深化设计的同时，应考虑到系统的投资。系统功能越完善，投资的费用就会越高，因此，系统功能的需求应该是合理的，并符合实际需要，量力而行。

④集成系统现场监控点和信息点的设置。进行集成系统的深化设计以后，各子系统的功能要求均已具体明确，根据这些功能要求便可确定这些子系统监控点和信息点在建筑平面图上的设计位置和数量，还可确定楼层信息点的分布和数量。

⑤集成系统设备清单的编制。根据集成系统中各子系统的监控点与信息点的配置和数量，可具体统计出相应硬件设备的数量。同时根据每一个监控点的功能要求，来确定硬件设备的传感器或执行器的精度，可进一步确定产品的型号。从而可编制出集成系统的设备清单，以供集成系统的工程预算。

8.2 集成模式与技术

为了达到系统集成这一目标，需要在建筑物内建立一个综合集成的通信网络系统。该系统应该能够将建筑物内的各个设备监控子系统、消防自动化系统、安防自动化系统以及具有人工智能的智能卡系统、多媒体音像系统等汇集成为一体化的综合管理系统。

8.2.1 集成模式

目前智能建筑系统集成的主要模式有下面几种：

1. 网络互联模式

①专用网关互联模式。在系统集成时，采用由直接设备供应商(如楼宇自控设备供应商)与第三方互联设备供应商(如消防、保安、冷水机组)联合生产的、针对各种设备的专用网关，实现与第三方设备互联和信息共享。由于技术与产品成熟，可靠性高，费用较低，但第三方设备选择范围仍受到限制。

②计算机网络互联模式。以这种模式进行系统集成时，系统使用通信网关实现和各子系统的通信连接，采集各类机电设备的实时参数，然后通过实时对象服务程序把它们转变为一致的数据格式向网络上发布，通过网关可以适应不同类型的接口和数据格式，也不会发生数据传输瓶颈。

2. 采用开放式标准实现互联模式

采用开放式标准生产的开放式系统是实现设备及子系统之间无缝连接的最好办法，也是实现建筑设备自动化系统集成的模式之一。

所谓开放式系统即系统所有设备均以公开的工业标准技术制造，符合公开的工业标准与通信协议。它可以实现不同厂商生产的设备与系统之间的无缝连接。这种集成模式具有以下三个特点：

①所有厂商共同遵守标准的系统技术规范；

②由不同厂家生产的同样功能的部件，可以相互兼容、互相替换；

③符合标准的设备、系统之间可以直接互联。

目前，在智能建筑领域有两种开放式标准影响比较大，它们是 LonMark 标准和 BACnet 标准。

BACnet协议

LonMark 标准是在实时控制域中的一个开放式标准，是控制现场传感器与执行器之间实现互操作的网络标准，适合智能建筑中暖通空调系统、电力供配电系统、照明系统、消防系统、安保系统之间进行通信和互操作。

BACnet 标准是为计算机控制的暖通空调系统和其他建筑设备自动化系统规定的协议，使遵守协议标准的不同厂家的产品可以在同一系统内协调工作。它比 LonMark 标准有着更为强大的大数据量通信和运行高级复杂算法的能力，有着更强大的过程处理、组织处理的能力，适用于大型智能建筑。在大型智能建筑系统中可能会有多个不同厂家的不同系统存在，如果希望在一个用户界面进行整个系统的操作，BACnet 标准是最经济、最理想的选择。

因此，在实时控制方面，尤其在设备级可以采用 LonMark 标准，而在信息管理领域方面、在上层网之间互联适于采用 BACnet 标准。

3. 基于分布式控制系统(Distributed Control System，DCS)的集成模式

基于 DCS 的集成模式是面向建筑物内所有设备的管理和监控集成。这种集成方法实现相对简单、实用，造价较低，是工程中常用的一种集成模式。这种集成模式以 DCS 为基础平台，增加相应的通信协议转换模块和控制管理模块实现建筑设备自动化系统集成。各类子系统均以 DCS 为核心，运行在 DCS 的中央监控计算机上，满足基本功能，实现起来相对简单，造价较低，可以很好地实现联动控制功能。

基于 DCS 的集成模式采用开放式网关结构，其中网关接口是决定系统集成的关键。在通信软件接口方式上充分利用现已成熟应用的接口，对于不具备现有接口方式的子系统，将根据实际情况进行软件二次开发。

基于 DCS 的集成模式要兼容多种开发协议。在现场总线网上，可以与 LonTalk、LAN 等协议兼容。在控制网上，要支持 BACnet、Modbus、CAN 等楼宇标准通信协议，保证与楼宇其他系统的互联性。

4. 基于子系统平等方式的系统集成模式

基于子系统平等方式进行系统集成是一种更为先进的解决方案。这种系统集成方式的核心思想是建立系统集成管理网络，将各子系统视为下层现场控制网，并以平等方式集成。系统集成管理网络运行集成系统(实时)数据库。各子系统的实时数据，通过开放的工业标准接口(如 OPC 接口)转换成统一格式存储在系统集成数据库中。系统集成管理网络通过 BMS 系统核心调度程序对各子系统实现统一管理、监控及信息交换。

基于子系统平等方式的系统集成模式，采用符合工业标准的软、硬件技术，接口标准、规范，使得系统结构易于扩展，可真正实现“对集成的各子系统实行统一的管理和监控”“实现各智能化系统之间信息交换”的技术要求。此外，由于采用基于子系统平等方式的系统集成模式，系统通用性强、应用范围广，可适用于各种不同设备制造商子系统的集成，有利于降低系统集成成本，加快项目进度。

8.2.2 集成技术

1. 系统集成开发工具

系统集成软件主要是指网络操作系统、开发工具与编译系统软件、网络互联及公共支撑软件。

(1)网络操作系统软件

目前常用的操作系统软件有多种，可根据需要加以选用。如果是日常办公或上网操作或需要支持图形用户界面，最好选用 Windows 系列操作系统；如果是提供网络服务(Web 服务、e - mail 服务、FTP 服务等)，则可以考虑选用 Unix 或 Linux 操作系统；对于嵌入式设备或控制系统的运行，常选用嵌入式操作系统，如 Palm OS，Windows CE，Linux 等。

(2)系统集成开发工具软件

常用的网络系统开发工具软件主要有以下几类：

①通用类开发工具：目前常用的可视化编程工具软件有 Visual Basic，Visual C/C++，Delphi 等。

②Web 开发工具：常用的有 HTML，ASP，Java 等。

③数据库开发工具：常用的有 ODBC，JDBC，CGI 等。

④嵌入式系统的开发工具：对于嵌入式设备及接口的开发，常选用嵌入式操作系统相对应的开发工具(语言)，如 C，VC，Neuron C 等。

⑤多媒体创作工具：常用的有 Authorware，Visio，3D Max，Photoshop 等。

2. 系统集成技术

实现系统的集成，除了考虑硬件设备的连接、网络的互联之外，必须充分考虑互联的标准协议以及相应的软件工具。

针对不同类型的网络采用不同的协议，常用的网络互联协议有 TCP/IP 协议、BACnet 协议、LonTalk 协议等。

不同类型的网络或系统之间进行信息交换，常采用如下一些工具软件：DDE(动态数据交换)、OLE(对象链接与嵌入)或 OPC(面向过程控制的 OLE)、ODBC(开放型数据库互联)、Web 技术等。

(1)DDE 技术

DDE 是一种应用程序之间通信的技术，是一种简单的客户机/服务器结构的通信协议，主要用于 Windows 应用程序之间的信息传递。当支持 DDE 的两个或多个程序同时运行时，它们之间以会话方式交换数据和命令。所谓 DDE 会话是指建立在两个应用程序之间的双向连接，依据此连接实现两者之间的传输数据。例如，OAS 系统的用户要改变 BAS 系统的开关状态时，通过 DDE 传递信息的过程如下：

①BAS 收到 OAS 发出的“改变状态”的需求信息；

②在数据库中查找相应的目标名和 BAS 事先已设定的控制命令；

③构造 DDE 信息，设定 BAS 网络的开关量；

④使用 BAS 的 Link 软件，为控制命令建立初始化 DDE 连接；

⑤OAS 发送 DDE 请求到 BAS 的 Link 软件中；

⑥BAS 的 Link 软件对请求作出响应，并发送控制命令到相应目标及准确位置；

⑦结束 DDE 与 BAS 的 Link 软件之间的连接。

需要说明的是，DDE 通信是在应用的底层实现的，是在没有用户干预的情况下由应用程序自动实现的，因此当一个应用程序的数据发生变化时，会自动引起与之进行 DDE 会话的应用程序作相应改变。

但是，DDE 也存在较大的局限性。首先，其数据传递是静态的，当把数据从一个应用程序传送到另一个应用程序之后，源应用程序的任何变化已不再影响目标应用程序的数据；其次，其数据处理的交换能力较差，对于图形数据或大批量的数据交换时，效率较低。鉴于此，OLE 技术针对 DDE 的局限性做了较大改进。

(2)OLE 技术

OLE 是由美国微软公司提供的、在多个应用程序之间进行数据交换及通信的协议。OLE 与 DDE 相比，工作的层次更高，用户的使用更方便。采用 OLE 标准不仅使得应用程序之间的通信更可靠，而且还增强了模块化软件的进一步集成的可能性，因为该标准中的技术规范包含了软件集成化的特点，例如可视化编辑器、OLE 自动化以及对象的存储结构等，均是与 OLE 对象集成在一起的。

OLE 定义并实现了一种通信规程，该通信规程允许应用程序链接到其他软件对象中去，以实现包括数据采集和数据处理功能在内的相关功能。OLE 使用的这种通信规程和协议建立在部件对象模式 COM 的基础上，而部件对象模式 COM 是以部件为对象进行描述的。一个部件实际上是一块可重复使用的软件，这个部件被嵌入来自其他软件供应商提供的部件中去。

通过 OLE 的使用，实现了数据对象在应用程序中的嵌入。数据对象既可以嵌入也可以链接，如果数据源保持其原来的形式存入另一应用程序的数据文件中，则称该数据是嵌入的。这种方式有两份相互独立的数据文件副本，只要嵌入的对象没有改变，对原文档所做的改变对其不会产生影响。如果数据对象存在于一个分离的文件中，仅依靠设置指针指向该数据对象，则称数据是链接的。这种方式仅有一份文件存在，对源文件所做的任何改变都会自动地反映到相应的文档中，因此，OLE 的数据传递是动态的。

OLE 优良的性能，促使其应用范围不断扩大，从单机应用扩展到局域网和因特网应用，随之出现了 OLE 的系列扩展工具，如 DCOM，ActiveX 和 OPC 等。DCOM 是 OLE 的网络版本，即 NetWork OLE。在网络上的不同应用程序之间可以通过 DCOM 技术相互交换信息。ActiveX 是 OLE 的国际互联网版本，是基于 Web 方式工作的，特别适用于动态图像应用的场合。OPC 是 OLE 与 COM(部件对象模式)技术相结合应用于过程控制领域的一种接口技术标准。

(3)OPC 技术

OPC 是一种基于 OLE/COM 技术，结合过程控制应用而开发的一种信息交换标准。它提供了信息管理域应用软件与实时域控制设备之间进行数据传输和交换的一致性方法，成为沟通不同应用领域的通信标准。

随着 OPC 被业界广泛接受，越来越多的厂家提供的设备驱动程序采用 OPC 标准，从而使不同厂家的设备可以方便地实现互联，并向应用程序提供所需要的各种数据。OPC 的目标是：为应用软件和过程控制设备之间的数据交互提供标准化、灵活、高效和可靠的方法。

OPC 基于客户/服务器方式工作。OPC 既可以形成 OPC 服务器(如提供数据的网络节点)，为客户应用程序提供服务，又可以作为客户端应用程序的接口向 OPC 服务器发起请求。客户端应用程序可用 C 或 C + +，Visual Basic 等高级语言编写。

(4)ODBC 技术

ODBC 是一种应用程序访问数据库的标准接口。它提供一种开放的、兼容异构数据库类型的数据存取标准，是解决异构数据库之间互联的标准方法。Microsoft 公司已全面支持这一标准，并将其纳入 Windows 95/98/2000/NT/XP 等系统中。

它通过 SQL 结构化查询语言，以应用程序接口 API 的形式实现应用程序对异构数据库的数据存取。

目前，主流的大型数据库(如 Oracle，SQL Server 等)都是基于 C/S(客户/服务器)的体系结构，它们都提供对异构数据库的访问能力。但异构数据库的集成策略则是多样化的，目前常采用的集成策略主要有 API(应用编程接口)、GateWay(公共网关)、FAP(公共协议)等三种类型。其中，API 和 GateWay 是最常用的方法。

(5)Web 技术

Web 技术的迅速发展，使全球互联网改变了人们的工作、通信方式。Web 服务也称为 WWW 服务，它是 Internet 上最为流行的信息服务方式之一，它采用链接的方式进行各种信息的共享与交换。

在传统的 Web 服务器中，文本和其他多媒体信息都是以文件形式进行存储和管理的。随着信息量的增加，系统的速度等性能指标就会明显地下降，同时静态的 Web 页面也越来越不适应信息服务的动态性、实时性和交互性要求。而数据库能够高效地对大批量的数据进行组织、管理和查询，因此将两者有机地结合起来就可以方便地开发动态的 Web 数据库应用。

Web 技术以 TCP/IP 协议为基础，以分布式计算和跨平台应用为特征，采用 C/S 计算模式，可以方便地构建分布式应用系统。在这样的系统中，用户既可以对数据库进行直接访问又可以对具有网络功能的节点进行访问，从而实现不同类型的设备或系统之间的互联互通。因此，Web 技术与数据库技术的有机结合，在建筑设备自动化的系统集成中发挥着重要的作用。利用 Web 技术已成为组织信息、实现系统集成的简易手段之一。

3. 集成技术的发展

近年来，建筑设备自动化系统集成技术本身的发展呈现出两方面的趋势。一方面，知名品牌楼宇自动化系统本身的集成能力不断提升；另一方面，楼宇自动化技术中的现场总线技术的推广与发展，为不同品牌楼宇控制设备与系统的集成提供了强有力的技术支持。

建筑设备自动化系统集成技术发展的方向和趋势有：

①以太网及 TCP/IP 协议已经构成建筑设备自动化系统集成的基础；

②浏览器/服务器(B/S)模式将成为建筑设备自动化系统集成的主要模式；

③OPC(过程控制的对象链接和嵌入)技术及 ODBC(开放型数据库互联)技术为建筑设备自动化系统集成开辟了新的途径。

对于智能建筑而言，要想使建筑设备自动化系统实现高度的集成化，系统必须具备如下一些基本条件：即计算机网络的条件、计算机应用软件的条件、机电设备单机及子系统自动化的条件、系统集成技术的条件等。当系统具备了这些条件后，才有可能真正实现“建筑设备自动化系统高度集成”。近年来，由于 Internet 的发展及千兆位以太网的成功应用，使建筑设备自动化系统具备了计算机网络条件，由于单片机控制技术、现场总线技术的发展，使各种机电设备(或子系统)的自动化越来越高，为其参与系统集成创造了极好的条件。系统的管理层与系统的控制层之间的集成已是大势所趋。随着 OPC 技术与 ODBC 技术的应用，这种集成将逐步达到所谓“无缝集成”的新高度。

8.3 建筑设备自动化系统集成

所谓建筑设备自动化系统集成，就是利用计算机网络技术和分布式数据库技术，通过优化系统设计和优选产品，将建筑设备自动化各子系统有机地连接成为一个整体(各子系统之间可实现联动)，并使之能够实现信息共享和协同工作，提高管理系统对突发事件的响应能力，发挥整体效益，以达到整体优化之目的，从而为用户提供舒适、安全、高效的工作和生活环境。

8.3.1 总体结构

建筑设备自动化系统（BAS）涉及多个相互关联的子系统，集成项目众多，并且随着社会的发展、使用需求的提高、设备产品的更新换代，设备集成的内涵也在不断提高。图 8－1 给出了建筑设备自动化系统集成的总体结构示意。

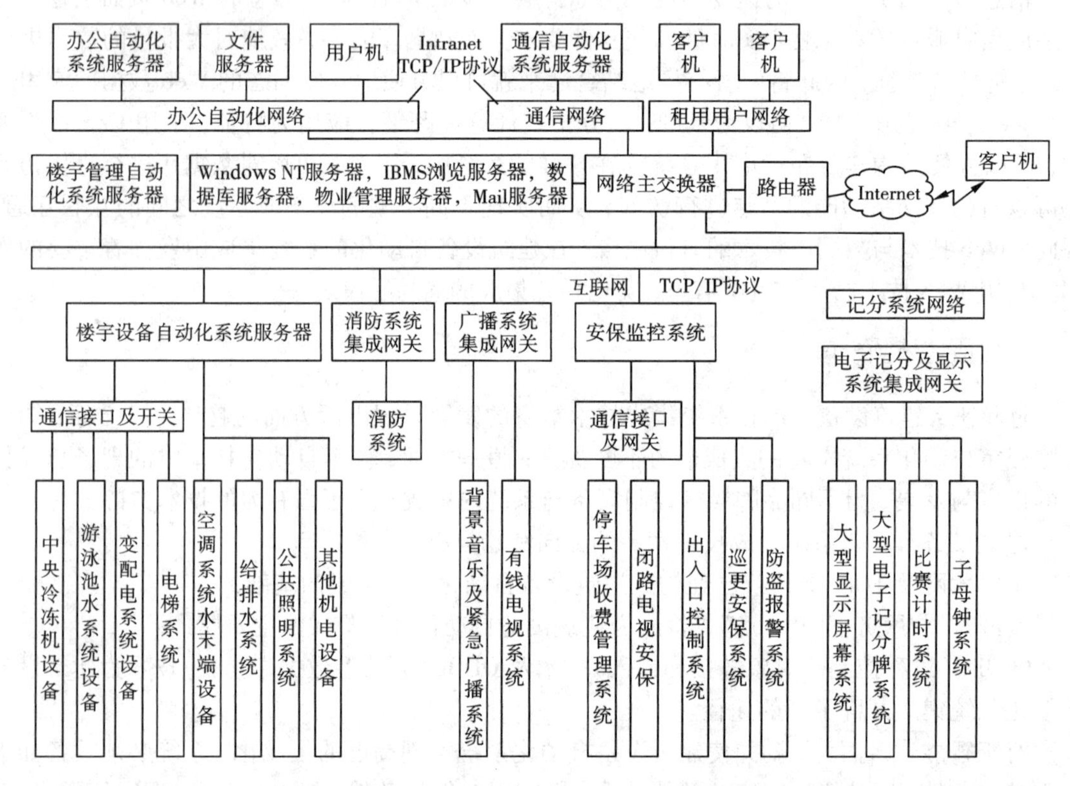

图 8－1 建筑设备自动化系统集成的总体结构示意图

8.3.2 子系统集成设计

1. 冷/热源系统的集成设计

冷/热源系统除本身的合理设计外，监控与管理子系统及其相关集成系统的正确设计也是非常重要的。一般情况下，冷水机组或供热锅炉设备本身均配套提供监控系统，这对保证设备的可靠运行是有利的，但是多数产品制造厂商并不提供与冷冻机（或锅炉）配套的水系统和风系统等部分的控制功能。因此，BAS 及其集成控制系统必须提供整个能源系统的联锁、程序、顺序与协调等控制功能。

为实现上述功能，可以采取多种通信手段，其中常用的有两种方式：一种是集成控制系统提供与被集成冷水机组或锅炉等设备的直接数字控制器（DDC）来实现直接数字通信的集成器，通过该集成器可迅速、全面获取被集成设备的各种状态参数与过程参数，并可直接指挥设备的启动、停车，以及修改设定值与运行工况等功能；另一种是不另加任何计算机控制的装置，只要求被集成设备提供温度等主要参数，以及运行、故障、停机等基本信号，再通过集成系统的计算机接口直接读取集成所必需的信息，也可由集成系统向被集成系统发送各种控制命令。显然，利用集成器的系统的通信变量丰富、集成功能完善、硬件工作量小，但软件工作量相对要大一些，而且价格较高，所以适用于集成要求标准较高的工程。然而，直接利用被集成设备或系统所提供的开关量与模拟量信号，以及集成系统直接向被集成设备或系统发出控制信号，无须数字通信设备即可完成信息的交互，价格较低，但信息量较少，管线施工量大，不宜提出高标准的集成要求。

需要注意的是，在冷/热源系统集成设计中，尤其是冷水机组的功率大、耗能多，应充分重视节约能耗，通常在该系统中可通过冷冻机台数控制、级数(负荷)控制、冷冻水出水温度控制等多种手段来节约用电。

2. 空调系统的集成设计

在智能建筑中，空调系统的设备数量多、地理位置分散，其监控很适合采用集散控制系统。而系统集成设计的基础是被集成的子系统设计的合理性，因此既不应提倡马上采用传感器与执行器均全部数字化的全分布式控制系统，以节约投资，也不宜把两个或多个空调系统合并由一台 DDC 实行半集中控制，因为由此节省下的投资不足以补偿系统可靠性与可维护性的降低。由此可见，采用标准形式的集散控制系统设计是空调系统集成的良好基础。

智能建筑中，不同空调控制子系统服务于不同的楼层、不同的企业(或部门)和不同的空调对象，大多数子系统之间的控制任务不存在关联特性，所以缺乏集成的要求和必要性。大多数情况下，空调控制子系统之间并不需要具备点对点通信功能，但是空调系统在建筑物中的能耗很大，所以应将集成目标主要放在节能上。为此，除空调系统设计本身应避免空气处理过程中冷量与热量抵消，并提供良好的可控性外，自控系统应采取节能工况分区与自动转换、焓值控制、变风量、变设定值与变新回风比等多种节能控制手段，努力实现节能优化控制，在满足控制需求的前提下，将最佳节能作为最优化控制的主要目标函数。为实现上述目标，其系统集成设计的特点，首先表现在通过集中监测与管理，向科学管理要效益，也表现在加强协调控制，力争全面节能。

大多数智能建筑均属民用建筑，其环境控制的主要目标是力求保证人的舒适性，即舒适度是控制的主要目标函数。通过对不同职业、不同年龄段、不同性别等不同人群的人流量调研与直接测试，有如下因素在设计控制系统时需要充分重视：

①大多数人对温度变化并不十分敏感，温度在 18～26℃变化，一般人是可以接受的，如果将温度控制指标提高到在 20～24℃将更为舒服。当然，不同年龄段与不同人种对舒适度的要求不同，年轻人比年长者要求温度低一些；欧美地区比亚非地区冷，一般白种人要求的环境控制温度也低一些。为适应不同使用者的不同要求，控制系统允许的温度设定值调节范围应大于上述要求的变化范围，并保证在工作时段内达到上述指标。

②人们对室内人工环境中温度的控制目标值要求，还与室外气象条件有关。夏天室外温度很高时，提高室内温度的设定值接近上限；冬季室外温度很低时，降低室内温度设定值接近下限，这样不仅节能，而且有利于健康与舒适。但是，当冬季室外温度突降并伴随大风时，

反而要求适当提高温度设定值，除用于补偿通过门窗的热量泄漏外，也会使人感到更温暖、舒适。

③大多数人对湿度变化并不十分敏感，在 35% ~75% 相对湿度范围内变化是可以接受的。因此，夏天时可尽量减少除湿要求，提高室内湿度的设定值接近上限；冬季时则应尽量减少加湿要求，降低室内湿度的设定值接近下限，这样可节约大量除湿或加湿能耗。

④上班时间有人工作与下班之后无人工作的环境温、湿度控制指标不同。上班时，应同时保证人们要求的舒适度与设备安全所要求的温、湿度控制指标；下班后，只要求保证设备安全与通信系统正常运行即可，适当下调控制指标要求，从而节约能量。因此，可考虑空调系统与办公管理系统实现集成，根据办公室的工作状态自动改变相应空调系统的运行工况，从而达到节能运行的目的。

⑤现代化建筑中，照明用电量很大，其发热负荷是空调系统冷负荷的重要组成部分之一。如通过集中技术，将办公状态及照明负荷与空调系统之间实现协调控制，也可节省大量能源。

⑥空调系统必须通过空气的流动来实现人工环境控制，而在火灾事故情况下的空气流通无疑会风助火势，不利于灭火。系统集成的重要目标之一是确保建筑物的安全，因而在火灾事故状态下，相应区域的通风与空调系统应能自动停止运行。

3. 变配电系统的集成设计

高科技深入变配电系统后，出现了很多电子类新产品，传统的继电保护装置也迅速电子化，如今商品化的电子式继电保护装置性能优良，完全适用于智能建筑，但因其价格偏高，暂时未大量推广使用，故现阶段智能建筑的变配电系统仍大多选用可靠的、价格相对便宜的继电保护系统。但是，为了便于管理与系统集成，多数工程的变配电系统均需加装计算机监测装置，对关键的变压器及开关等设备的状态与系统的主要运行参数进行实时监测，并以此为依据进行能量管理。

变配电系统为整个建筑物提供正常运行所必需的电力，保证安全可靠供电是系统集成的主要目标。根据具体工程的功能需求，该系统分别设置不同的多路电源输入、备用发电机与 UPS(不间断电源)，除保证它们相互之间的自动切换外，还应将全部运行状态实时反映至 BAS 集成工作站，以便于全局的能量管理、计费以及在事故等特殊情况下的紧急处理。

4. 照明系统的集成设计

照明系统的耗电量极大，灯具发热又直接影响到智能建筑的其他功能，如灯具发热会增加空调系统能耗，因此在系统集成设计中，均应在确保工作照度要求的前提下，力争最大限度地节电，如照明系统应在一般办公区域做到人走灯熄。

照明系统与安防系统的关系也十分密切。用于电视监控系统的摄像头正常工作的前提是必须保证足够的照度，因此照明系统的集成要求之一，是当工作区内出现非法闯入等事件后，应将相应区域，尤其是公共通道的照明自动打开，以便电视监控系统自动录像。在智能住宅的边界防卫系统设计中，往往提出在发生侵入时，自动打开聚光灯和自动录像等要求。

5. 电梯系统的集成设计

电梯是专业性很强的产品，又直接关系到乘梯人员的生命安全，所以一般智能建筑的系统集成不直接干预电梯的实时控制。一般情况下，电梯的控制系统，除提供单个电梯的全套控制装置外，多台电梯的群控系统也由设备制造厂商配套提供。目前，国内外多数建筑的电梯系统很少全面参与智能建筑系统集成，经常在BAS操作站加装电梯运行状态显示屏，该显示屏可以通过数字通信接口传送集成信息，也可以通过无源的继电器触点，相互传递系统集成所需的信息。

电梯系统与其他系统的集成要求，目前主要表现在建筑物发生火灾事故时，除消防梯外的全部电梯均应迅速驶至底层，并停止继续运行，直到火灾事故报告信号解除为止。

在较重要的电梯轿厢内，通常装有监控用摄像头，并接到电视监控系统，正常情况下，电视监控系统与电梯系统分别独立运行。特殊情况下，如发生安全事件时，安防中心可以手动或自动干预电梯的正常运行程序。

6. 停车场的集成设计

出入控制与计费管理是必需的，但在具体功能指标上不要强求一致。目前，我国的停车场有两类管理方式：一种是停车场完全独立核算，独立运营；另一种是独立核算，但作为智能建筑或智能小区的一个组成部分。前者不需要集中收费，只需就地收费即可，也没有集成要求；而后者为了方便不同的用户，既需要对临时停车者直接收取停车费，又应允许长期用户通过中央收费系统(物业管理系统)直接划拨停车相关费用，因此需要实现停车场管理系统与中央收费管理系统的集成。

7. 出入控制系统的集成设计

随着非接触式智能卡与ID卡技术的高速发展与价格的急剧降低，出入控制的应用已从大型智能建筑迅速普及至智能住宅小区。该系统除直接控制人流的方向外，其集成功能日益增强，通常可包括如下内容：

一卡通

①兼作办公人员上下班考勤用；

②智能卡可支持在智能建筑或智能小区中的消费，即在指定的建筑(或小区)中具有“一卡通”的电子钞票功能，该消费范围包括住房、餐饮、娱乐、交通与停车费用等诸多内容；

③当发生消防事故时，除自动解除“出”方向的控制外，还将相应区域内人员状况迅速提供给消防系统，以保证事故区人员的生命安全，又能正确有效地实施灭火控制，将火灾损失减到最小；

④出入控制系统遭到非法侵犯时，除自动报警功能外，还应及时报告安防工作站与中央集成管理系统，以便采取自动打开灯光照明系统与自动录像等措施；

⑤发生严重安全事件时，通过公众网络自动向所在区域或城市的公安等部门自动报警。

8. 消防报警系统的集成设计

在我国，消防系统属公安部门负责的特殊行业管理范畴，所以任何集成设计都必须首先符合我国消防法规及相关行业管理的规定。但是，参照国外管理模式，为适应未来消防管理的进一步需要，在系统集成设计时应留有足够的发展余地。

当前，消防报警与控制系统必须独立运行，并设置专门的消防监控中心，任何其他系统都不允许直接干预消防系统的控制，但允许消防系统联动控制其他设备或系统，也允许将消防系统的某些工作状态参数提供给机电设备自动控制系统，并进而实现各种集成功能。间接实现的系统集成功能可以包括：

①火灾事故发生时，除消防电梯外，将其他电梯自动直接停在底层，并禁止使用；

②火灾事故发生时，自动切断事故区域及相关区域内的动力电源与照明电源；

③火灾事故发生时，自动关断事故所在楼层及下一层的通风与空调系统，当消防加压风机与排烟风机自动投入运行后，方可关断上一层的通风与空调系统；

④火灾事故发生时，自动启动相关区域的电视监控系统的录像系统；

⑤火灾事故发生时，除自动启动紧急广播系统与事故照明系统外，还可以将客房中的电视机屏幕显示强切到消防事故报警状态，并指示逃离方法与路线等，以帮助住客迅速逃离火区；

⑥火灾事故发生时，通过公众电信网或专门网络迅速向城市消防部门报告，以便及时组织力量灭火；

⑦火灾事故发生时，通过公众电信网或专门网络迅速报告至城市交通管理部门，以便为消防车尽快抵达创造良好的交通环境；

⑧火灾事故发生时，通过公众电信网或专门网络迅速报告至城市公安部门，以便及时调查原因，搞好现场安全环境和做好善后处理。

本章重点

本章介绍了系统集成的目的、设计原则及步骤，集成模式与技术，建筑设备自动化系统的集成，重点为系统集成的目的、系统集成的模式，以及建筑设备自动化各子系统的集成设计等。

思考与练习

1. 什么是系统集成？它的作用是什么？
2. 智能建筑系统集成的主要目的是什么？
3. 智能建筑系统集成的设计原则是什么？
4. 智能建筑系统集成的设计步骤有哪些？
5. 智能建筑集成的模式有哪些？各有什么特点？
6. 什么是建筑设备自动化系统集成设计？它的目的是什么？
7. 简单介绍建筑设备自动化各子系统集成设计内容。

参考文献

[1] 张国强，徐峰，周晋，等. 可持续建筑技术[M]. 北京：中国建筑工业出版社，2009.
[2] 喻李葵，杨建波，张国强，等. 智能建筑与可持续建筑[M]. 北京：中国建筑工业出版社，2010.
[3] 谢秉正. 绿色智能建筑工程技术[M]. 南京：东南大学出版社，2007.
[4] 刘宏. 智能建筑中可持续性技术的设计与应用[D]. 西安：西安建筑科技大学，2006.
[5] 张少军. 建筑智能化系统技术[M]. 北京：中国电力出版社，2006.
[6] 方潜生. 建筑智能化概论[M]. 北京：中国电力出版社，2007.
[7] 许锦标，张振昭. 楼宇智能化技术[M]. 北京：机械工业出版社，2017.
[8] 王可崇，张继梅，丁建梅. 智能建筑自动化系统[M]. 北京：中国电力出版社，2008.
[9] 齐维贵，王艳敏，李战赠，等. 智能建筑设备自动化系统[M]. 北京：机械工业出版社，2010.
[10] 沈晔. 楼宇自动化技术与工程[M]. 北京：机械工业出版社，2005.
[11] 王再英，韩养社，高虎贤. 楼宇自动化系统原理与应用[M]. 北京：电子工业出版社，2011.
[12] 陈虹. 楼宇自动化技术与应用[M]. 北京：机械工业出版社，2005.
[13] 龚威. 现代楼宇自动化控制技术[M]. 北京：中国电力出版社，2012.
[14] 张勇. 智能建筑设备自动化原理与技术[M]. 北京：中国电力出版社，2006.
[15] 赵哲身. 智能建筑控制与节能[M]. 北京：中国电力出版社，2007.
[16] 董春桥，袁昌立. 建筑设备自动化[M]. 北京：中国建筑工业出版社，2006.
[17] 李玉云. 建筑设备自动化[M]. 北京：机械工业出版社，2006.
[18] 李春旺. 建筑设备自动化[M]. 北京：清华大学出版社，2010.
[19] 江萍，王亚娟，王干一. 建筑设备自动化[M]. 北京：中国建材工业出版社，2016.
[20] 李炎锋. 建筑设备自动化系统[M]. 北京：北京工业大学出版社，2012.
[21] 杨绍胤，杨庆. 建筑自动化系统工程及应用[M]. 北京：中国电力出版社，2015.
[22] 曹晴峰. 建筑设备控制工程[M]. 北京：中国电力出版社，2007.
[23] 马少华. 楼宇设备自动控制[M]. 北京：中国水利水电出版社，2004.
[24] 李联友. 建筑设备运行节能技术[M]. 北京：中国电力出版社，2008.
[25] 李惠昇. 电梯控制技术[M]. 北京：机械工业出版社，2005.
[26] 陈志新. 现代建筑电气技术与应用[M]. 北京：机械工业出版社，2005.
[27] 张言荣，高红，花铁森，等. 智能建筑消防自动化技术[M]. 北京：机械工业出版社，2009.
[28] 魏立明，孙萍. 建筑消防与安防技术[M]. 北京：机械工业出版社，2017.
[29] 安大伟. 暖通空调系统自动化[M]. 北京：中国建筑工业出版社，2009 .
[30] 陈芝久，吴静怡. 制冷装置自动化(第 2 版)[M]. 北京：机械工业出版社，2010.
[31] 朱瑞琪. 制冷装置自动化[M]. 西安：西安交通大学出版社，2009.
[32] 杜垲，王铁军，龚延风. 制冷空调装置控制技术[M]. 重庆：重庆大学出版社，2007.
[33] 张建一，李莉. 制冷空调装置节能原理与技术[M]. 北京：机械工业出版社，2007.

[34] 叶大法，杨国荣. 变风量空调系统设计[M]. 北京：中国建筑工业出版社，2007.
[35] 张少军，王亚慧，周渡海，等. 变风量空调系统及控制技术[M]. 北京：中国电力出版社，2015.
[36] 梁春生，智勇. 中央空调变流量控制节能技术[M]. 北京：电子工业出版社，2005.
[37] 黄敏珏. 空调水系统 VWV 节能控制[J]. 制冷技术，2009(4)：11-16.
[38] 李苏泷，邹娜. 空调冷却水变流量控制方法研究[J]. 暖通空调，2005(12)：51-54.
[39] 符永正. 供暖空调水系统稳定性及输配节能[M]. 北京：中国建筑工业出版社，2014.
[40] 潘云钢. 高层民用建筑空调设计[M]. 北京：中国建筑工业出版社，1999.
[41] 瓦特，布朗. 蒸发冷却空调技术手册[M]. 北京：机械工业出版社，2009.
[42] 马最良，姚杨，姜益强. 暖通空调热泵技术[M]. 北京：中国建筑工业出版社，2008.
[43] 张昌. 热泵技术与应用[M]. 北京：机械工业出版社，2008.
[44] 张旭. 热泵技术[M]. 北京：化学工业出版社，2007.
[45] 波依拉兹. 通风双层幕墙办公建筑[M]. 北京：中国电力出版社，2006.
[46] 薛志峰. 超低能耗建筑技术及应用[M]. 北京：中国建筑工业出版社，2005.
[47] 张神树，高辉. 德国低/零能耗建筑实例解析[M]. 北京：中国建筑工业出版社，2007.
[48] 徐吉浣，寿炜炜. 公共建筑节能设计指南[M]. 上海：同济大学出版社，2007.
[49] 徐伟. 可再生能源建筑应用技术指南[M]. 北京：中国建筑工业出版社，2008.
[50] 丁国华. 太阳能建筑一体化研究、应用及实例[M]. 北京：中国建筑工业出版社，2007.
[51] 罗运俊，何梓年，王常贵. 太阳能利用技术[M]. 北京：化学工业出版社，2005.
[52] 张鹤飞. 太阳能热利用原理与计算机模拟[M]. 西安：西北工业大学出版社，2007.
[53] 喜文华. 被动式太阳房的设计与建造[M]. 北京：化学工业出版社，2007.
[54] 郑瑞澄. 民用建筑太阳能热水系统工程技术手册[M]. 北京：化学工业出版社，2006.
[55] 刘宏，吴达成，杨志刚，等. 家用太阳能光伏电源系统[M]. 北京：化学工业出版社，2007.

图书在版编目（CIP）数据

建筑设备自动化／喻李葵主编. --长沙：中南大学出版社，2018.8

ISBN 978－7－5487－3362－1

Ⅰ.①建… Ⅱ.①喻… Ⅲ.①房屋建筑设备—自动化系统 Ⅳ.①TU855

中国版本图书馆 CIP 数据核字(2018)第 192928 号

建筑设备自动化

主编　喻李葵

□责任编辑　刘颖维
□责任印制　易红卫
□出版发行　中南大学出版社
社址：长沙市麓山南路　邮编：410083
发行科电话：0731－88876770　传真：0731－88710482
□印　　装　长沙印通印刷有限公司

□开　　本　787×1092　1/16　□印张 15.5　□字数 380 千字
□版　　次　2018 年 8 月第 1 版　□2018 年 8 月第 1 次印刷
□书　　号　ISBN 978－7－5487－3362－1
□定　　价　54.00 元